砂   冒 口   成品砂芯

  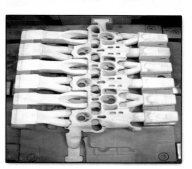

● 发热/保温真空吸附系列   ● 冷芯盒砂芯
● 发热/保温射芯系列   ● 热/温芯盒砂芯
● 易割片   ● 壳芯

Your partner into the future 

燃气隧道式退火

- 以科技为动力
- 以质量求生存
- 创优质品牌
- 铸一流企业形象

 更多信息请登陆
www.snhb.com.cn

苏能
SUNENG

江苏苏能环保科技有限公司

　　江苏苏能环保科技有限公司（原徐州工业炉窑厂）坐落在风景秀丽的江苏徐州高新技术开发区内，总占地 7 万 m^2，建筑面积 5 万 m^2。为中国大型的退火炉、煤气炉、工业炉及压力容器制造基地之一。本公司拥有 300 余名专业筑炉工及持证焊接工人，有较强的自主创新能力，并拥有多项实用新型和发明专利技术。

　　公司已通过 GB/T19001—2000、ISO9001:2000 质量管理体系认证及 GB/T24001—2004 环境管理体系认证，并拥有一、二类压力容器制造资质。

　　本公司自创建以来，立志于中国工业炉领域的拓展与创新，努力打造中国工业炉行业第一品牌。以"质量第一，用户至上"为宗旨，奉行"精益求精、追求卓越，以信誉求发展、以质量求生存"的方针，与您真诚合作，携手并进，共创辉煌！

台车式热处理炉　　　　燃发生炉煤气退火炉群　　　燃气台车式退火炉　　　　　　苏能环保厂貌

地址：徐州市高新技术产业开发区长安路16－18号　　电话：0516－83291999；83394066（总机）　　传真：0516－83291999；83292888
邮编：221116　　手机：13805211108；13805210327　　电邮：snhb888@163.com；q13805211108@163.com

A2

胶、修补剂

消失模专用

优质　诚信　创新

Excellent Quality　Excellent Credit　Continuous Innovation

| H－1胶 | WPH－1胶 | HM－1胶 | EPS修补剂 | 胶棒 | AB胶 | 胶枪 |

北京嘉华天祥科技有限公司

　　北京嘉华天祥科技有限公司是专门从事消失模铸造白模专用胶、修补剂及相关原辅材料开发、研究、生产、销售为一体的高新技术企业，**是行业龙头企业。**

　　公司董事长王佩华教授是国内著名的化工专家，**消失模专用胶的创始人。**上世纪80年代率先在国内研发出快速粘结AB胶，替代了进口产品。随后又相继开发了冷胶、热胶、修补膏等系列产品并在消失模生产厂家广泛应用，推动了我国消失模行业的快速发展。

联　系　人：刘经理：13671235285　　王教授：13910687050

电话/传真：010-62570275　　　　　邮　　箱：liuyajuan1975@126.com

通讯地址：北京市中关村921楼105　　邮　编：100086

OTTO JUNKER

用于熔炼、浇注、保温
和更多用途的感应炉

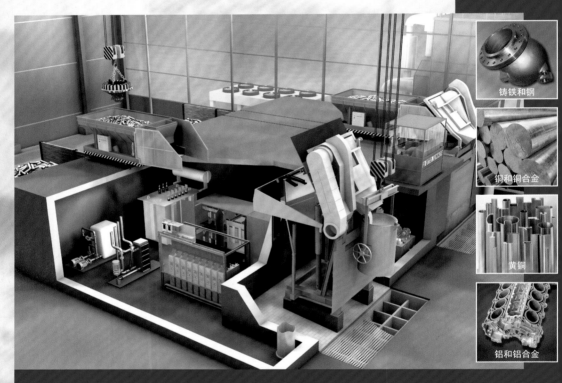

铸铁和钢

铜和铜合金

黄铜

铝和铝合金

MFT Ge 16.000 / 10.000 kW, 250 Hz

www.otto-junker.de

INDUGA

感应炉技术
用于铜和铜合金
熔炼、保温和铸造

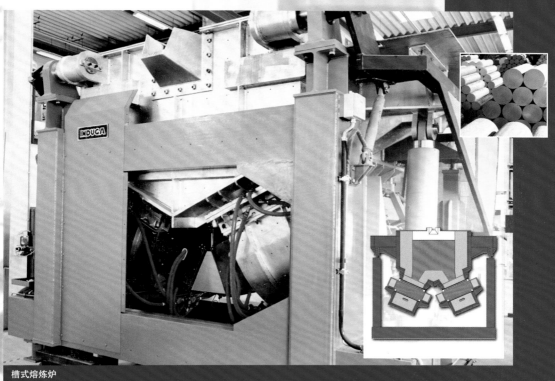

槽式熔炼炉

铜合金熔炼和铸造炉

湿屑料熔炼工艺

压力铸造炉

www.otto-junker.de

OTTO JUNKER

用于铝铸造车间的设备
以及用于铝、铜及其合金的
热处理设备

用于铝带卷热处理的箱式炉

倾动式熔炼炉配备用于7米长挤出型材的上料机

热轧前铸锭加热和均匀化的立推炉

铝中厚板辊底式淬火炉

连续带材处理线与水平式气垫炉用于厚带

www.otto-junker.de

▨ OTTO JUNKER

德国奥托容克有限公司

OTTO JUNKER GmbH
Jägerhausstr. 22,
D-52152 Simmerath / GERMANY

TEL: +49-2473-601-0
FAX: +49-2473-601-600
EMAIL: info@otto-junker.de

OTTO JUNKER Metallurgical Equipment
(Shanghai) Ltd. Beijing Office
Fuxing Lu No.12B Room 927
Beijing 100814
TEL: +86-10-6396 2767
FAX: +86-10-6396 2770
EMAIL: beijing@otto-junker.com.cn

奥托容克冶金设备（上海）
有限公司北京办事处
北京复兴路乙12号927室
邮编 100814
电话：+86-10-6396 2767
传真：+86-10-6396 2770
电邮：beijing@otto-junker.com.cn

OTTO JUNKER Metallurgical
Equipment (Shanghai) Ltd.
Boyang Lu. No.16, Yangpu District
Shanghai 200090
TEL: +86-21-6580 5796
FAX: +86-21-6580 6081
EMAIL: shanghai@otto-junker.com.cn

奥托容克冶金设备（上海）有限公司
上海市杨浦区波阳路16号
邮编 200090
电话：+86-21-6580 5796
传真：+86-21-6580 6081
电邮：shanghai@otto-junker.com.cn

www.otto-junker.de

与真正的一站式供应商携手开创新纪元

ASK Chemicals是全球最大的铸造化学品供应商之一，拥有全球化、创新型和极具竞争力的产品体系。

这意味着客户在解决铸造需求时可以尽享"一站式"服务，保证在研发新产品和营销现有产品时获得快速响应、可靠支持并拥有价格优势，从而确保实现可持续增长。

ASK Chemicals – 推动您铸件事业的进展

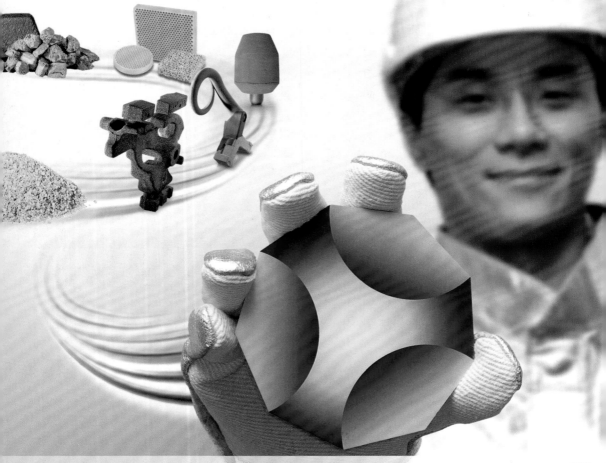

曲阜冶通铸材

曲阜冶通铸材科技发展有限公司是从事铸造辅助材料科学研究规模生产的专业化厂家，是山东铸造协会会员单位，有近20年的造辅助材料生产历史。企业拥有条制粉生产线及五座生产车间，期通过ISO9001:2008国际质量管体系认证。企业具备材料检测设，配有型砂实验室，企业高级工师可提供现场型砂工艺服务。

厂区一角

实验室

工程师现场指导服务

冶通煤粉生产的铸件

现场使用

公司大门

型砂添加剂（高效煤粉）

具有加入量少，有效提高铸件表面光洁度和型砂透气性，降低型砂含泥量，适合自动机器造型和手工造型使用。

型砂综合增强剂（可代替煤粉和膨润土）

添加了有助提高型砂性能的材料，通过混配工艺生产出的高性能型砂综合添加剂（增强剂），具有较高的湿强度和透气性，有效提高型砂的复用性。

α（阿尔法）淀粉

由天然有机物制成，在型砂应用中增强水分冷凝层、缓解热应力、防止表面干燥掉砂，不易蠕变，易于造型，溃散性能好。

铸造钠基膨润土

采用本公司独特的混配技术和钠化技术加工生产的人工钠化膨润土。具有高蒙脱石含量、优良的湿压强度和热湿拉强度、高膨胀性和良好的热稳定性等特点。

高效低硫增碳剂

硫含量低，吸收率达到95%，有碳含量85%、90%、95%、98%多种规格和粒度选购。

高效除渣剂

用量小，集渣聚渣效果好，比重轻，膨胀系数大，易结壳去除。

品质创造价值　真诚铸就卓越

地址：山东省曲阜市王庄开发区　邮编：273100
全国客服热线：400-696-0537
销售部：0537-4500666-8002　18953731456
传真：0537-4500789
网址：www.chinayetong.com　邮箱　chinayetong@126.com

KinPoint

杭州金品仪器有限公司
原建德市八达工业炉控制仪器厂
www.kinpoint.com.cn

产品展示

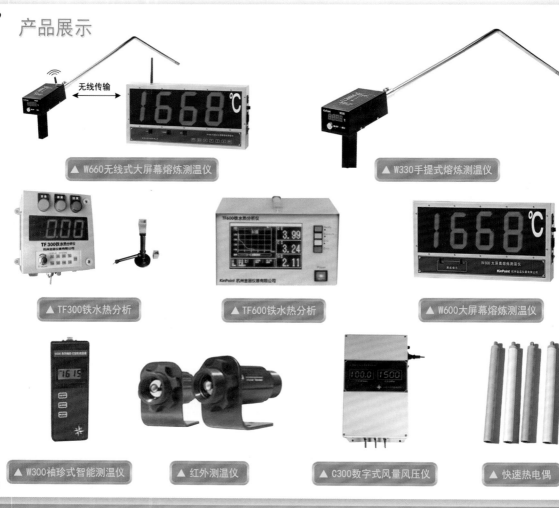

▲ W660无线式大屏幕熔炼测温仪

▲ W330手提式熔炼测温仪

▲ TF300铁水热分析

▲ TF600铁水热分析

▲ W600大屏幕熔炼测温仪

▲ W300袖珍式智能测温仪

▲ 红外测温仪

▲ C300数字式风量风压仪

▲ 快速热电偶

公司地址：浙江省杭州建德市新安江工业园园区中路18号　邮编：311600　电话：0571—64728335　传真：0571—64718798　手机：13606517133
网址：www.kinpoint.com.cn　邮箱：kinpoint@126.com　开户：中行建德支行367 558 328 895

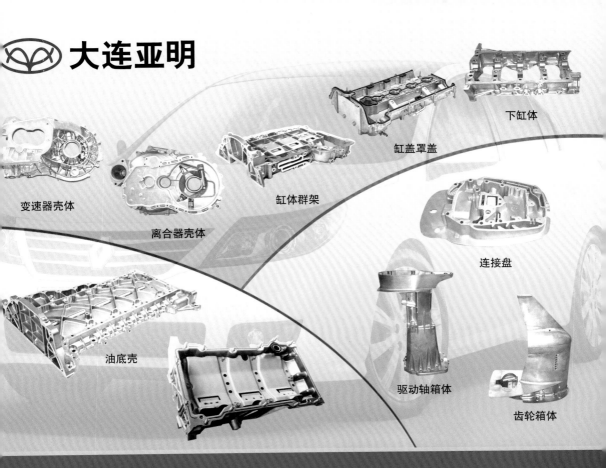

大连亚明

下缸体

缸盖罩盖

变速器壳体

离合器壳体

缸体群架

连接盘

油底壳

驱动轴箱体

齿轮箱体

大连亚明公司是以生产汽车、游艇动力总成压铸件及脚踏板机构总成等产品为主的股份制企业,是我国汽车压铸件行业的骨干企业。公司已通过TS16949/ISO14001/OHSAS18001等质量体系认证,是国家安全生产标准化二级企业。

公司主导产品是为一汽大众、一汽丰田、上海大众、长安福特、北京奔驰、奇瑞等十余个国内市场及通用(美国/加拿大/墨西哥)、北美福特、美国/日本水星等国际市场配套生产各种汽车、游艇用铝合金压铸件,如:发动机缸盖罩盖、变速器/离合器壳体、下缸体、油底壳等高压铸造产品。

大连亚明拥有400t~2000t压铸机30余台,每台设备配有引进德国先进技术的高节能、低消耗定量炉及自动喷涂、机械手取件,自主研发的切边机也已开始投入使用,压铸工艺正在从半自动化走向全自动化。80余台各种立卧式数控加工设备、数十条清理、装配生产线及各种检测手段,使企业具有先进的高压铸造生产能力、产品精加工能力和检测能力,生产规模居国内同行业前五位。

大连亚明在调整产品结构的同时,不断加快企业技术改造步伐、加大产品的研发和创新力度。结合新开发产品的特点和技术要求,不断探索在压铸工艺过程中加入挤压和半固态压铸工艺方法,解决了普通压铸工艺过程中难以克服的一些有严格孔隙率要求及较高的机械性能要求的零件,取得了可喜的成效。其先进的压铸技术和工艺手段,在国内外同行业中得到了广泛的赞誉,部分产品被中国铸造协会授予铸件产品金奖。

大连亚明是国家第一批振兴东北老工业基地项目企业之一,是国家商务部、发改委正式确认的全国160家"国家汽车零部件出口基地企业"之一、辽宁省诚信企业及大连市高新技术企业、大连市AAA级企业、首届中国铸造行业综合百强企业。

大连亚明坚持以市场为导向、保质量、促增长的核心理念,创世界一流压铸企业,做最受社会信赖公司。

压铸车间　　　　压铸车间主要设备

地址:大连市旅顺口区五一路5号　　电话:0411—86612955　　网址:www.dlym.com
邮编:116041　　　　　　　　　　　传真:0411—86613428　　Email: dlym@dlym.com

A13

长春一汽嘉信热处理科技有限公司

　　长春一汽嘉信热处理科技有限公司坐落在中国一汽集团总部所在地——长春汽车经济技术开发区，是集设计研发、加工制造、销售培训、安装调试、备件供应、售后服务于一体，专业从事热处理设备研发制造和热处理零部件生产加工的高新技术企业。

　　公司研发的热处理设备产品由推杆式结构为主的较宽系列产品组成，已为全国近300家用户提供了400多台／套的热处理自动生产线，产品遍布全国26个省市。公司为用户提供从设备选型、产品设计、现场勘测、安装调试、备件配套、售后服务到技术培训的综合专业性解决方案。主要产品包括：推杆式单（双）排渗碳（碳氮共渗）压淬线、等温正火线、等温正火（调质）两用生产线；密封箱式多用炉、密封箱式软氮化炉、转底炉、吸热性气体发生炉、齿套专用淬火压床等；近年来，公司根据用户需求，又重点开发了推杆式（真空锁气）光亮退火线、铝合金固溶时效线以及辊底式铝合金固溶时效生产线等，受到市场追捧并出口到国外。此外，公司还是一汽指定的热处理加工配套企业，既是设备研发设计制造商，又是设备生产配套使用者；可同时满足用户渗碳（压淬）、碳氮共渗、正火、退火、调质、氮化、中高频、喷丸及液体喷砂等方面的工艺加工需求。

　　几十年的创新探索和市场磨砺，使"嘉信"品牌不断发展壮大，价值和影响力不断提升和延伸。主导产品被认定为国家级新产品并入选中国工业（500项）重大科技产业化成果展；多次被国家部委评为"诚信经营明星企业"；中国热处理行业"质量管理优秀企业"；"'十一五'热处理标准化工作先进集体"等光荣称号；2012年通过"吉林省高新技术企业"的验收，同年还被评定为"吉林省著名商标"；两年来，公司共有13个新产品和创新项目喜获国家新型技术专利证书。

地址：长春汽车经济技术开发区捷达大路与大众街交汇处　邮编：130013
电话：0431-85997964　85123422　85123423
传真：0431-85983904
邮箱：yxb_jx@faw.com.cn　fawaif@263.net

网址：WWW.fawjx.com.cn

A15

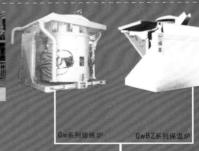

北雁集团
BEIYAN GROUP

承德北雁铸造材料有限公司

- 本公司通过ISO9001：2000国际质量体系认证
- 每年30万吨原砂处理能力、10万吨覆膜砂产能为您提供强大支撑
- 北雁正为200多家用户铸件良品率的提升做着积极贡献

快固化绿色环保型 覆膜砂

砂芯　　铸件　　公司厂景　车间

主导产品

- 覆膜砂系列（快固化、抗脱壳、抗变形、抗粘砂）
- 焙烧砂系列（低膨胀、低灼减、低树脂加入量）
- 冷热芯盒树脂砂用擦洗砂系列（低泥份、低微粉）
- 湿型砂用水洗砂系列（高复用性、高透气性、高强度）
- 消失模砂系列（高圆整度、高透气性、低微粉）

联系方式：

承德北雁铸造材料有限公司
地址：河北省围场县四合永镇　　邮编：068451
电话：0314-7841665　7840434　　传真：0314-7841991
http://www.cdbyzc.com　　　E-mail:chengdebeiyan@163.com
E-mail: cdbyzz@163.com

洛阳北雁铸造材料有限公司
地址：河南省洛阳市洛龙区白马寺镇孙村南侧　邮编：471013
手机：13939905498　　　传真：0379-63767258
http://www.cdbyzc.com　　　E-mail:chengdebeiyan@163.com
E-mail: cdbyzz@163.com

A17

铸造实用手册

（中文版）

主　　　编　　[德] Simone Franke

译　　　者　　陆　怡　田　磊　等

中文版主审　　任朋立　宋新新

北　京

冶　金　工　业　出　版　社

2014

北京市版权局著作权合同登记号　图字：01 – 2013 – 6079

内 容 简 介

本手册是通过引进德国最新版的《铸造实用手册》，按照中国读者的阅读和使用习惯翻译、编校而成的，旨在学习和借鉴德国先进的铸造技术标准和操作工艺规范。

本手册共分 9 章，内容涵盖了铸造材料、铸造方法、制模与造型、熔炼与环保、理化检测、标准与规范等铸造过程。本手册实用性强，图文并茂，反映了德国铸造业最新的研究成果和生产技术，具有很强的参考和借鉴价值，适合于各类铸造企业、大专院校、研究院所的铸造工作者阅读和参考。

图书在版编目（CIP）数据

铸造实用手册（中文版）／（德）弗兰卡（Franke, S.）主编；
陆怡，田磊等译 . —北京：冶金工业出版社，2014.5
　ISBN 978-7-5024-6448-6

　Ⅰ. ①铸…　Ⅱ. ①弗…　②陆…　③田…　Ⅲ. ①铸造—技术
手册　Ⅳ. ①TG2 – 62

中国版本图书馆 CIP 数据核字（2014）第 083462 号

出　版　人　谭学余
地　　　址　北京北河沿大街嵩祝院北巷 39 号，邮编 100009
电　　　话　(010)64027926　电子信箱　yjcbs@ cnmip. com. cn
责任编辑　常国平　美术编辑　彭子赫　版式设计　孙跃红
责任校对　卿文春　责任印制　牛晓波
ISBN 978-7-5024-6448-6
冶金工业出版社出版发行；各地新华书店经销；三河市双峰印刷装订有限公司印刷
2014 年 5 月第 1 版，2014 年 5 月第 1 次印刷
170mm×255mm；28.25 印张；26 彩页；601 千字；442 页
299.00 元

冶金工业出版社投稿电话：(010)64027932　投稿信箱：tougao@cnmip. com. cn
冶金工业出版社发行部　电话：(010)64044283　传真：(010)64027893
冶金书店　地址：北京东四西大街 46 号(100010)　电话：(010)65289081(兼传真)
（本书如有印装质量问题，本社发行部负责退换）

《铸造实用手册》德文版原著
（最新版）

主 编

Simone Franke，工程师

专家指导和协助编辑

Wolfram Weiss，撒克逊再培训和德累斯顿训练学校，模具制造专业

Boris Nogowizin，工程师，压铸专业

Isabella Sobota，纽伦堡 Federal – Mogul 公司，金属模铸造专业

Markus Pöschl，Schmees 特殊钢厂（位于朗根费尔德），快速成型专业

Hartmut Polzin，工程师，TU 弗赖贝格矿业学院（铸造研究所），成型工艺专业

Peter Irmscher，工程师，SE 科莱恩铸造添加剂公司，材料成型专业

Michael Franke，工程师，弗兰卡铸造技术公司（位于德累斯顿），熔铸专业

Göttermann ，工程师，铸件公司（位于德累斯顿），材料专业

Birgit Vetter，工程师，TU 德累斯顿材料科学研究所，力学性能测试专业

Schubert，工程师，TU 德累斯顿材料科学研究所，金相学专业

Heike Böttcher ，工程师，环保专业

SCHIELE&SCHÖN

德文版前言

亲爱的读者：

随着《铸造实用手册》的出版，我们陪同手册走过了75年的历程。通过2013最新版手册的出版，使读者能更简单地利用和更舒适地存取延伸的信息，从而为《铸造实用手册》开辟了广泛的应用领域。

《铸造实用手册》应该为读者提供符合实际情况的信息和激励我们建立起专业联系。尤其对于在不同的职业层面和方向从事铸造技术的年轻的专业技术人员，希望我们这本手册能作为你们专业技术上不断进步的起点。

通过补充新的技术和工艺发展方面的内容，我们年复一年地更新这本手册，除了已经成熟的主题外，我们还吸收了新的专业和工作领域。

感谢所有通过邮件、电话个人专业方面的建议对《铸造实用手册》给予支持的人们；同样也特别感谢编辑部各种不同专业方向的男女同仁们，你们以你们的职权能力、责任心和活跃的思路帮助我拟订了各章节的内容。

明年我们也邀请你们来参与编辑工作！让我们有更多的交流机会，请给我们带来你们的新理念和新的激励。

请通过以下途径与我们联系：

E – Mail：info@ tb – giesserei. de

Internet：www. tb – giesserei. de

祝你好运！

编辑：西蒙娜·弗兰卡

中文版前言

德国是一个高度发达的国家，其机械制造业在国际市场长期具有强大的竞争力。"德国制造"的竞争优势在于产品质量、专有制造技术、产品可靠性、供货可靠性及售后服务等方面。其中先进的制造技术标准和操作工艺规范以及德国人崇尚脚踏实地、老老实实、按章办事的文化底蕴是"德国制造"长期处于国际领先地位的精髓。中国是一个制造大国，但不是制造强国。现今的"中国制造"与"德国制造"仍然存在相当的差距，所以学习德国的先进制造技术，对推进中国制造业的发展具有重要的借鉴意义。

为了了解、学习和借鉴德国先进的铸造技术标准和操作工艺规范，我们通过版权贸易的方式引进了德国2013年最新出版的《铸造实用手册》，并请专业技术人员进行了翻译和校核，然后按照中国铸造工作者的阅读和使用习惯进行编辑，由冶金工业出版社出版发行。

本手册内容共分9章。第1章为表格；第2章为制模；第3章为铸造方法；第4章为压力铸造；第5章为造型材料；第6章为熔炼；第7章为标准；第8章为材料检验；第9章为金相。

希望通过本手册的出版，能为中国铸造企业技术水平的提高，为中国铸造业做强做大作出应有的贡献，为提升"中国制造"在国际市场的竞争力添砖加瓦。

译　者
2014年1月

目　　录

1 表　格

1 表　　格

1.1 基本单位

SI 单位制的基本单位

量的名称	SI单位制基本单位	
	单位名称	单位符号
长　　度	米	m
质　　量	千克[公斤]	kg
时　　间	秒	s
电流强度	安[培]	A
开氏温度	开氏温标（绝对温标）	K
物质的量	摩（尔）	mol
发光强度	坎[德拉]	cd

SI 单位小数和倍数的词头名称

词头名称	词头符号	因　数
Deka（十）	da	10^1
Hekto（百）	h	10^2
Kilo（千）	k	10^3
Mega（兆）	M	10^6
Giga（吉[咖]）	G	10^9
Tera（太[拉]）	T	10^{12}
Peta（拍[它]）	P	10^{15}
Exa（艾[可萨]）	E	10^{18}
Zetta（泽[它]）	Z	10^{21}
Yotta（尧[它]）	Y	10^{24}
Dezi（分）	d	10^{-1}
Zenti（厘）	c	10^{-2}
Milli（毫）	m	10^{-3}
Mikro（微）		10^{-6}
Nano（纳[诺]）	n	10^{-9}
Piko（皮[可]）	p	10^{-12}
Femto（飞[母托]）	f	10^{-15}
Atto（阿[托]）	a	10^{-18}
Zepto（仄[普托]）	z	10^{-21}
Yokto（幺[科托]）	y	10^{-24}

有专门单位名称和单位符号的SI导出单位

量的名称	SI导出单位		其他表示式
	单位名称	单位符号	
平面角	弧度	rad	$1\,rad=1=\dfrac{m}{m}=1$
立体角	球面度	sr	$1\,sr=1=\dfrac{m^2}{m^2}=1$
一个周期过程的频率	赫[兹]	Hz	$1\,Hz=\dfrac{1}{s}$
力	牛[顿]	N	$1\,N=1\dfrac{J}{m}=1\dfrac{m\cdot kg}{s^2}$
压力，机械应力	帕[斯卡]	Pa	$1\,Pa=1\dfrac{N}{m^2}=1\dfrac{kg}{m\cdot s^2}$
能[量]，功，热量	焦[耳]	J	$1J=1N\cdot m=1W\cdot s=1\dfrac{m^2\cdot kg}{s^2}$
功率，辐[射能]通量	瓦[特]	W	$1W=1\dfrac{J}{s}=1V\cdot A=1\dfrac{m^2\cdot kg}{s^3}$
电荷[量]	库[仑]	C	$1C=1A\cdot s$
电动（势），电压	伏[特]	V	$1V=1\dfrac{J}{C}=1\dfrac{m^2\cdot kg}{s^3\cdot A}$
电容	法[拉]	F	$1F=1\dfrac{J}{C}=1\dfrac{s^4\cdot A^2}{m^2\cdot kg}$
电阻	欧[姆]	Ω	$1\Omega=1\dfrac{V}{A}=1\dfrac{m^2\cdot kg}{s^2\cdot A^2}$
电导	西[门子]	S	$1S=\dfrac{1}{\Omega}=1\dfrac{s^3\cdot A^2}{m^2\cdot kg}$
磁通[量]	韦[伯]	Wb	$1Wb=1V\cdot s=1\dfrac{m^2\cdot kg}{s^2\cdot A}$

续表

量的名称	SI导出单位		其他表示式
	单位名称	单位符号	
磁通[量]密度	特[斯拉]	T	$1T=1\dfrac{Wb}{m^2}=1\dfrac{kg}{s^2\cdot A}$
电感	亨[利]	H	$1H=1\dfrac{Wb}{A}=1\dfrac{m^2\cdot kg}{s^2\cdot A^2}$
摄氏温度	摄氏度	℃	$1℃=1K$
光通量	流[明]	lm	$1lx=1cd\cdot sr$
光[照度]	勒[克斯]	lx	$1lx=1\dfrac{lm}{m^2}=1\dfrac{cd\cdot sr}{m^2}$
[放射性]活度	贝克[勒尔]	Bq	$1Bq=\dfrac{1}{s}$
吸收剂量	格雷	Gy	$1Gy=1\dfrac{J}{kg}=1\dfrac{m^2}{s^2}$
剂量当量	希[沃特]	Sv	$1Sv=1\dfrac{J}{kg}=1\dfrac{m^2}{s^2}$
催化1mol底物转化的酶量	催量	kat	$1kat=1\dfrac{mol}{s}$

可与国际单位制单位并用的常用单位

量的名称	单位名称	单位符号	定　义
平面角	周角 百分度 度 [角]分 [角]秒	gon ° ′ ″	1周角$= 2\pi°$ 1gon$= (\pi/200)°$ $1° = (\pi/180)°$ $1′ = (1/60)°$ $1″ = (1/60)′$
体积，容积	升	l，L	$1l=1dm^3=1L$
时间	分 [小]时 日，[天]	min h d	1min$= 60s$ 1h$= 60min$ 1天$=24h$
质量	吨 克	t g	$1t= 10^3kg$ $1g =10^{-3}kg$
压力	巴	bar	$1bar= 10^5Pa$

1.2 单位的换算

废除单位的换算按照[DIN 1301-3（1979年10月），摘录]

废除的单位		换　算
名　　称	符　　号	
埃（波长单位）	Å	$1\ \text{Å} = 10^{-10}\text{m} = 0.1\text{nm}$
大气压，物理大气压	atm	$1\ \text{atm} = 1.01325\ \text{bar}$
工程大气压	at	$1\ \text{at} = 0.980665\ \text{bar}$
居里（放射单位）	Ci	$1\ \text{Ci} = 3.7 \times 10^{10}\text{Bq}$
达因（力的单位）	Dyn	$1\ \text{dyn} = 10^{-5}\ \text{N}$
尔格	erg	$1\ \text{erg} = 10^{-7}\ \text{J}$
高斯	G	$1\ \text{G} = 10^{-4}\ \text{T}$
度	grd	$1\ \text{grd} = 1\ \text{K} = 1℃$
开氏度	°K	$1\ °\text{K} = 1\ \text{K}$
列氏温标	°R	$1\ °\text{R} = 1.25\ \text{K} = 1.25℃$
卡路里	cal	$1\ \text{cal} = 4.1868\ \text{J}$
千卡路里	kcal	$1\ \text{kcal} = 4.868\ \text{kJ}$
千克力	kp	$1\ \text{kp} = 9.80665\ \text{N}$
麦克斯韦	M	$1\ \text{M} = 10^{-8}\ \text{Wb}$
米水柱	mWS	$1\ \text{mWS} = 98.0665\ \text{mbar}$
毫米水银柱	mmHg	$1\ \text{mmHg} = 1.33322\ \text{mbar}$
My	μ	$1\ \mu = 10^{-6}\text{m} = 1\ \mu\text{m}$
百分度	g	$1\text{g} = 1\ \text{gon}$
百分分	c	$1\text{c} = 10^{-2}\ \text{gon}$
百分秒	cc	$1\text{cc} = 10^{-4}\ \text{gon}$
马力	PS	$1\ \text{PS} = 735.49875\ \text{W}$
克力	p	$1\ \text{p} = 9.80665 \times 10^{-3}\ \text{N}$
弧度	rd	$1\ \text{rd} = 10^{-2}\ \text{Gy}$
雷姆（人体伦琴当量）	rem	$1\ \text{rem} = 0.01\ \text{Sv}$
斯托克斯	St	$1\ \text{St} = 1\ \text{cm}^2/\text{s}$
托（压强单位）	Torr	$1\ \text{Torr} = 1.33322\ \text{mbar}$
担	Ztr	$1\ \text{Ztr} = 50\ \text{kg}$

与质量有关单位的十进制部分

单 位	例 子	
百分比　　　　1%=百分之一	1%=10 g/kg	1%=10 kg/t
千分比　　　　1‰=千分之一	1‰=1 g/kg	1‰=1 kg/t
百万分之一　　1ppm=一百万分之一	1 ppm=10⁻³ g/kg = 1 mg/kg	1 ppm=1 g/t
十的六次方分之一　1ppb = 十亿分之一[①]	1 ppb=10⁻⁶ g/kg = 1 μ g/kg	1 ppb=1 mg/t
十的九次方分之一　1ppt = 一万亿分之一[②]	1 ppt=10⁻⁹ g/kg = 1 ng/kg	1 ppt=1 μ g/t
十的十二次方分之一　1ppq = 一千万亿分之一[③]	1 ppq=10⁻¹² g/kg = 1 pg/kg	1 ppq=1 ng/t

① b为美制十亿的单位。
② t为美制一万亿的单位。
③ q为美制千万亿的单位。

力的单位的换算

单　位		法定单位					
		N	μN	mN	kN	MN	GN
牛顿	1 N =	1	10^6	10^3	10^{-3}	10^{-6}	10^{-9}
微牛顿	1 μN =	10^{-6}	1	10^{-3}	10^{-9}	10^{-12}	10^{-15}
毫牛顿	1 mN =	10^{-3}	10^3	1	10^{-6}	10^{-9}	10^{-12}
千牛顿	1 kN =	10^3	10^9	10^6	1	10^{-3}	10^{-6}
兆牛顿	1 MN =	10^6	10^{12}	10^9	10^3	1	10^{-3}
吉牛顿	1 GN =	10^9	10^{15}	10^{12}	10^6	10^3	1
废除的单位	1 dyn =	10^{-5}	10	10^{-2}	10^{-8}	10^{-11}	10^{-14}
	1 p =	9.81×10^{-3}	9.81×10^3	9.81	9.81×10^{-6}	9.81×10^{-9}	9.81×10^{-12}
	1 kp =	9.81	9.81×10^6	9.81×10^3	9.81×10^{-3}	9.81×10^{-6}	9.81×10^{-9}
	1 Mp =	9.81×10^3	9.81×10^9	9.81×10^6	9.81	9.81×10^{-3}	9.81×10^{-6}
	1 Gp =	9.81×10^6	9.81×10^{12}	9.81×10^9	9.81×10^3	9.81	9.81×10^{-3}

压力单位的换算

单位	法定单位						
	$Pa = N/m^2$	kPa	MPa	GPa	bar	mbar	μbar
帕斯卡　$1\,Pa = 1\,N/m^2$	1	10^{-1}	10^{-6}	10^{-9}	10^{-5}	10^{-2}	10
千帕斯卡　$1\,kPa =$	10^3	1	10^{-3}	10^{-6}	10^{-2}	10	10^4
兆帕斯卡　$1\,MPa =$	10^6	10^3	1	10^{-3}	10	10^4	10^7
吉帕斯卡　$1\,GPa =$	10^9	10^6	10^3	1	10^4	10^7	10^{10}
巴　$1\,bar =$	10^5	10^2	0.1	10^{-4}	1	10^3	10^6
毫巴　$1\,mbar =$	10^2	0.1	10^{-4}	10^{-7}	10^{-3}	1	10^3
微巴　$1\,\mu bar =$	0.1	10^{-4}	10^{-7}	10^{-10}	10^{-6}	10^{-3}	1
废除的单位　$1\,kp/cm^2 =$ / $1\,at =$	9.81×10^4	9.81	9.81×10^{-2}	9.81×10^{-5}	0.981	981	9.81×10^5
$1\,atm =$	1.013×10^5	101.3	0.1013	1.013×10^{-4}	1.013	1.013×10^3	1.013×10^6
$1\,Torr =$ / $1\,mmHg =$	133.3	0.1333	1.333×10^{-4}	1.333×10^{-7}	1.333×10^{-3}	1.333	1.333×10^3
$1\,mW \cdot s =$	9.81×10^3	9.81	9.81×10^{-3}	9.81×10^{-6}	9.81×10^{-2}	9.81	9.81×10^4
$1\,mmW \cdot s =$	9.81	9.81×10^{-9}	9.81×10^{-6}	9.81×10^{-9}	9.81×10^{-5}	9.81×10^{-2}	98.1

能量单位的换算（能量、功、热量）

单 位	法定单位					
	$J=N·m=W·s$	$kJ=kW·s$	$MJ=MW·s$	$GJ=GW·s$	$kW·h$	$MW·h$
焦耳 1J= =牛顿米 1Nm =瓦秒 1W·s=	1	10^{-3}	10^{-6}	10^{-9}	$2.78×10^{-7}$	$2.78×10^{-10}$
千焦耳 1kJ= =千瓦秒 1kW·s=	10^{3}	1	10^{-3}	10^{-6}	$2.78×10^{-4}$	$2.78×10^{-7}$
兆焦耳 1MJ= =兆瓦秒 1MW·s=	10^{6}	10^{3}	1	10^{-3}	0.278	$2.78×10^{-4}$
吉焦耳 1GJ= =千兆瓦秒 1GW·s=	10^{9}	10^{6}	10^{3}	1	278	0.278
千瓦时 1kW·h=	$3.6×10^{6}$	$3.6×10^{3}$	3.6	$3.6×10^{-3}$	1	10^{-3}
兆瓦时 1MW·h=	$3.6×10^{9}$	$3.6×10^{3}$	$3.6×10^{6}$	3.6	10^{3}	1
废除的单位　卡 1cal=	4.1868	$4.1868×10^{-3}$	$4.1868×10^{-6}$	$4.1868×10^{-9}$	$1.16×10^{-6}$	$1.16×10^{-9}$
千卡 1kcal=	$4.1868×10^{3}$	4.1868	$4.1868×10^{-3}$	$4.1868×10^{-6}$	$1.16×10^{-3}$	$1.16×10^{-6}$

功率和辐[射能]通量单位的换算

单位		W	kW	MW	GW	kJ/h	MJ/h	GJ/h
					法定单位			
瓦特	1 W = 1 J/s =	1	10^{-3}	10^{-6}	10^{-9}	3.6	3.6×10^{-3}	3.6×10^{-6}
千瓦特	1 kW = 1 kJ/s =	10^{3}	1	10^{-3}	10^{-6}	3.6×10^{3}	3.6	3.6×10^{-3}
兆瓦特	1 MW = 1 MJ/s =	10^{6}	10^{3}	1	10^{-3}	3.6×10^{6}	3.6×10^{3}	3.6
千兆瓦特	1 GW = 1 GJ/s =	10^{9}	10^{6}	10^{3}	1	3.6×10^{9}	3.6×10^{6}	3.6×10^{3}
千焦耳/小时	1 kJ/h = kW =	0.278	0.278×10^{-3}	0.278×10^{-6}	0.278×10^{-9}	1	10^{-3}	10^{-6}
兆焦耳/小时	1 MJ/h = kW =	277.78	0.278	0.278×10^{-3}	0.278×10^{-6}	10^{3}	1	10^{-3}
千兆焦耳/小时	1 GJ/h = kW =	2.778×10^{5}	277.78	0.278	0.278×10^{-3}	10^{6}	10^{3}	1
废除的单位	kcal/h =	1.163	1.163×10^{-3}	1.163×10^{-6}	1.163×10^{-9}	4.1868	4.1868×10^{-3}	4.1868×10^{-6}
	Mcal/h =	1.163×10^{3}	1.163	1.163×10^{-3}	1.163×10^{-6}	4.1868×10^{3}	4.1868	4.1868×10^{-3}
	Gcal/h =	1.163×10^{6}	1.163×10^{3}	1.163	1.163×10^{-3}	4.1868×10^{6}	4.1868×10^{3}	4.1868

1.3 美国单位的换算

长度、面积、体积[容积]、质量

单 位			换　算		
长　度			m	cm	mm
英寸	in	1 in = 12 in = 1/3 yd =	0.0254	2.54	25.4
英尺	ft	1 ft = 12 in = 1/3 yd =	0.3048	30.48	304.8
码	yd	1 yd = 3 ft =	0.9144	91.44	914.4
英里	mile	1 mile = 1760 yd =	1609.344	—	—
面　积			m^2	cm^2	mm^2
平方英寸	sq in	1 sq in =	6.4516×10^{-4}	6.4516	645.16
平方英尺	sq ft	1 sq ft = 144 sq in =	0.092903	929.0304	92.903
平方码	sq yd	1 sq yd = 9 sq ft =	0.836127	—	—
体积、容积			m^3	$dm^3 = L$	$cm^3 = mL$
立方英寸	cu in	1 cu in =	1.6387×10^{-5}	0.016387	16.387
立方英尺	cu ft	1 cu ft = 1728 cu in =	0.028317	28.3167	28316.7
加仑	gal	1 gal =	0.003785	3.785	3.785
质　量			t = mg	kg	g
盎司	oz	1 oz = 1/16 lb =	—	0.02835	28.349
磅	lb	1 lb = 16 oz =	4.536×10^{-4}	0.4536	453.592
英担	cwt	1 cwt = 100 lb =	4.536×10^{-2}	45.359237	45359.237
短吨	t	1 t = 2000 lb = 20 cwt =	0.907185	907.185	—

密度、力、压力

密度

单位			kg/m³	kg/dm³ = g/cm³
lb/cu in	[磅/立方英寸]	1 lb/cu in =	2.768×10^4	27.679
lb/cu ft	[磅/立方英尺]	1 lb/cu ft =	16.0185	1.60185×10^{-2}
lb/cu yd	[磅/立方码]	1 lb/cu yd =	0.59327	5.93277×10^{-4}
lb/gal	[磅/加仑]	1 lb/cu gal =	119.83	0.11983

力

单位			N	kN	MN
lb	磅力	1 lb =	4.44822	4.44822×10^{-3}	4.44822×10^{-6}
t	吨力	1 t =	8.89644×10^3	8.89644	8.89644×10^{-3}

压力和机械应力

单位			N/m² = Pa	N/mm² = MPa	bar	mbar
lb/sq in	（磅/平方英寸）	1 lb/sqin=1 psi =	6.89476×10^3	6.89476×10^{-3}	6.89476×10^{-2}	68.9476
ksi	（10^3磅/平方英寸）	1 ksi = 10^3 psi =	6.89476×10^6	6.89476	68.9476	6.89476×10^4
lb/sq ft	（磅/平方英尺）	1 lb/sq ft =	47.88	4.788×10^{-5}	4.788×10^{-4}	0.4788
t/sq in	（吨/平方英寸）	1 t/sq in =	1.37895×10^7	13.7895	137.895	1.37895×10^5
in Hg	（英寸水银柱）	1 in Hg =	—	—	3.38639×10^{-2}	33.8639
in H₂O	（英寸水柱）	1 in H₂O=	—	—	2.49089×10^{-3}	2.49089
ft H₂O	（英尺水柱）	1 ft H₂O=	—	—	2.9897×10^{-2}	29.8907

断裂韧性

单位			$MN/m^{3/2}$	$N/mm^{3/2}$
ksi $\sqrt{in}$	1ksi $\sqrt{in}$=10^3 ksi $\sqrt{in}$$10^3$ lb/in$^{3/2}$ =		1.1	34.785

功、功率、温度

换算

单　位		$J = N \cdot m$	$kJ = kW \cdot s$	$MJ = MW \cdot s$	$kW \cdot h$
功、能量、热量					
ft.lb 英尺-磅	1 ft.lb =	1.35582	1.35582×10^{-3}	1.35582×10^{-6}	3.766×10^{-7}
hph 马力-小时	1 hph =	2.68452×10^{6}	2.68452×10^{3}	2.68452	0.7457
Btu 英热量单位	1 Btu =	1.05506×10^{6}	1.05506	1.05506×10^{-3}	2.9307×10^{-4}

单　位		$W = J/s$	kW	MW	kJ/h
功率、热流					
ft.lb/s 英尺-磅/秒	1 ft.lb/s =	1.35582	1.35582×10^{-3}	1.35582×10^{-6}	4.881
hp 马力（PS）	1 hp =	745.7	0.7457	7.457×10^{-4}	2.6845×10^{3}
Btu/h 英（热量单位/小时）	1 Btu/h =	0.293072	2.93072×10^{-4}	2.93072×10^{-7}	1.0551
Btu/s 英（热量单位/秒）	1 Btu/s =	1.05506×10^{3}	1.05506	1.05566×10^{-3}	3.7982×10^{3}

单　位		$^{\circ}C$	K
温度			
°F 华氏度 温度	1°F =	$\dfrac{5}{9}(^{\circ}F - 32)$	$\dfrac{5}{9}(^{\circ}F - 32) + 273.2$
deg F 华氏度 温差	1 deg F =	$\dfrac{5}{9} = 0.556$	$\dfrac{5}{9} = 0.556$

与质量和体积相关的热值

单　位		$J/g = kJ/kg$	kJ/m^{3}	$kJ/(kg \cdot K)$	$kJ/(m^{3} \cdot K)$
Btu/lb（英热量单位/磅）	1 Btu/lb =	2.326	—	—	—
Btu/cu in（英热量单位/立方英寸）	1 Btu/cu in =	—	6.4384×10^{4}	—	—
Btu/cu ft（英热量单位/立方英尺）	1 Btu/cu ft =	—	37.259	—	—
Btu/lb.deg F	1 Btu/lb.deg F =	—	—	4.18682	—
Btu/cu ft.deg F	1 Btu/cu ft.deg F =	—	—	—	67.066

热导率

单位	换　算		
单位面积的热值	kJ/m²	W/m²	W/(m² · K)
1 Btu/sq in =	1.635 × 10³	—	—
1 Btu/sq in · s =	—	1.635 × 10⁶	—
1 Btu/sq in · h =	—	454.3	—
1 Btu/sq in · s · deg F =	—	—	2.94362 × 10⁶
1 Btu/sq in · h · deg F =	—	—	817.673
1 Btu/sq ft =	11.3566	—	—
1 Btu/sq ft · s =	—	11.3566 × 10³	—
1 Btu/sq ft · h =	—	3.1546	—
1 Btu/sq ft · h · deg F =	—	—	5.6783
热传导系数和热导率	W/K	W/(m · K)	
1 Btu/s · deg F =	1.8991 × 10³	—	
1 Btu/h · deg F =	0.51753	—	
1 Btu/in · s · deg F =	—	7.4768 × 10⁴	
1 Btu/ft · s · deg F =	—	6.23067 × 10³	
1 Btu/ft · h · deg F =	—	1.73074	
1 Btu/ft · in/sq ft · h · deg F =	—	0.144228	

英寸的分数值

lb.p.sq.in = psi	ksi	N/mm^2	daN/cm^2 = bar	lb.p.sq.in = psi	ksi	N/mm^2	daN/cm^2 = bar
1 000	1	6.89	68.948	36 000	36	248.21	2 482.11
2 000	2	13.79	137.895	37 000	37	255.11	2 551.06
3 000	3	20.68	206.843	38 000	38	262.00	2 620.01
4 000	4	27.58	275.790	39 000	39	268.90	2 688.96
5 000	5	34.37	344.738	40 000	40	275.79	2 757.90
6 000	6	41.37	413.686	41 000	41	282.69	2 826.85
7 000	7	48.26	482.633	42 000	42	289.58	2 895.80
8 000	8	55.16	551.581	43 000	43	296.47	2 964.75
9 000	9	62.05	620.528	44 000	44	303.37	3 033.69
10 000	10	68.95	689.476	45 000	45	310.26	3 102.64
11 000	11	75.84	758.42	46 000	46	317.16	3 171.59
12 000	12	82.74	827.37	47 000	47	324.05	3 240.54
13 000	13	89.63	896.32	48 000	48	330.95	3 309.46
14 000	14	96.53	965.27	49 000	49	337.84	3 378.43
15 000	15	103.42	1034.21	50 000	50	344.74	3 447.38
16 000	16	110.32	1103.16	51 000	51	351.63	3 516.33
17 000	17	117.21	1 172.11	52 000	52	358.53	3 585.28
18 000	18	124.1	1 241.06	53 000	53	365.42	3 654.22
19 000	19	131.00	1 310.00	54 000	54	372.32	3 723.17
20 000	20	137.90	1 378.95	55 000	55	379.21	3 792.12
21 000	21	144.79	1 447.90	56 000	56	386.11	3 861.07
22 000	22	151.68	1 516.85	57 000	57	393.00	3 930.01
23 000	23	158.68	1 585.79	58 000	58	399.90	3 998.96
24 000	24	165.47	1 654.74	59 000	59	406.79	4 067.91
25 000	25	172.37	1 723.69	60 000	60	413.69	4 136.86
26 000	26	179.26	1 792.64	61 000	61	420.58	4 205.80
27 000	27	186.16	1 861.59	62 000	62	427.48	4 274.75
28 000	28	193.05	1 930.53	63 000	63	434.37	4 343.70
29 000	29	199.95	1 999.48	64 000	64	441.26	4 412.65
30 000	30	206.84	2 068.43	65 000	65	448.16	4 481.59
31 000	31	213.74	2 137.38	66 000	66	455.05	4 550.54
32 000	32	220.63	2 206.32	67 000	67	461.95	4 691.49
33 000	33	227.53	2 275.27	68 000	68	468.84	4 688.44
34 000	34	234.42	2 344.22	69 000	69	475.74	4 757.38
35 000	35	241.32	2 413.17	70 000	70	482.63	4 826.33

lb.p.sq.in = psi	ksi	N/mm^2	daN/cm^2 = bar	lb.p.sq.in = psi	ksi	N/mm^2	daN/cm^2 = bar
71 000	71	489.53	4 895.28	106 000	106	730.84	7 308.45
72 000	72	496.42	4 964.23	107 000	107	737.74	7 377.39
73 000	73	503.32	5 033.08	108 000	108	744.63	7 446.34
74 000	74	510.21	5 102.12	109 000	109	751.53	7 515.29
75 000	75	517.1	5 171.07	110 000	110	758.42	7 584.24
76 000	76	524.00	5 240.02	111 000	111	765.32	7 653.18
77 000	77	530.90	5 308.97	112 000	112	772.21	7 722.13
78 000	78	537.79	5 377.91	113 000	113	779.1 1	7 791.08
79 000	79	544.69	5 446.86	114 000	114	786.00	7 860.03
80 000	80	551.58	5 515.81	115 000	115	792.90	7 928.97
81 000	81	558.48	5 584.76	116 000	116	799.79	7 997.92
82 000	82	565.37	5 653.70	117 000	117	806.69	8 066.87
83 000	83	572.27	5 722.65	118 000	118	813.58	8 135.82
84 000	84	579.16	5 791.60	119 000	119	820.48	8 204.76
85 000	85	586.06	5 860.55	120 000	120	827.37	8 273.71
86 000	86	592.95	5 929.49	121 000	121	834.27	8 342.7
87 000	87	599.84	5 998.44	122 000	122	841.16	8 411.6
88 000	88	606.74	6 067.39	123 000	123	848.06	8 480.6
89 000	89	613.63	6 136.34	124 000	124	854.95	8 549.5
90 000	80	620.53	6 205.28	125 000	125	861.85	8 618.5
91 000	91	627.42	6 274.23	126 000	126	868.74	8 687.4
92 000	92	634.32	6 343.18	127 000	127	875.63	8 756.3
93 000	93	641.21	6 412.13	128 000	128	882.53	8 825.3
94 000	94	648.1	6 481.07	129 000	129	889.42	8 894.2
95 000	95	655.00	6 550.02	130 000	120	896.32	8 963.2
96 000	96	661.90	6 618.97	131 000	131	903.22	9 032.2
97 000	97	668.79	6 687.92	132 000	132	910.1 1	9 101.1
98 000	98	675.69	6 756.87	133 000	133	917.00	9 170.0
99 000	99	682.58	6 825.81	134 000	134	923.90	9 239.0
100 000	100	689.48	6 894.48	135 000	135	930.79	9 307.9
101 000	101	696.37	6 963.71	136 000	136	937.69	9 376.9
102 000	102	703.27	7 032.66	137 000	137	944.58	9 445.8
103 000	103	710.16	7 101.60	138 000	138	951.48	9 514.8
104 000	104	717.06	7 170.55	139 000	139	958.37	9 583.7
105 000	105	723.95	7 239.50	130 000	140	965.27	9 652.7

注：磅-力/平方英寸 =磅/平方英寸，作为在美国通用的压力计量单位。

1.4 以摄氏度表示的华氏度

以摄氏度表示的华氏度

°F	°C	°F	°C	°F	°C	°F	°C	°F	°C
0	−17.8	310	154.4	730	387.8	1150	621.1	1640	893.3
5	−15.0	320	160.0	740	393.3	1160	626.7	1660	904.4
10	−12.2	330	165.6	750	398.9	1170	632.2	1680	915.6
15	−9.4	340	171.1	760	404.4	1180	637.8	1700	926.7
20	−6.7	350	176.7	770	410.8	1190	643.3	1720	937.8
25	−3.9	360	182.2	780	415.6	1200	648.9	1740	948.9
30	−1.1	370	187.8	790	421.1	1210	654.4	1760	960.0
32	0.0	380	193.3	800	426.7	1220	660.0	1780	971.1
35	1.7	390	198.9	810	432.2	1230	665.6	1800	982.2
40	4.4	400	204.4	820	437.8	1240	671.1	1820	993.3
45	7.2	410	210.0	830	443.3	1250	676.7	1840	1004.4
50	10.0	420	215.6	840	448.9	1260	682.2	1860	1015.6
55	12.8	430	221.1	850	454.4	1270	687.8	1880	1026.7
60	15.6	440	226.7	860	460.0	1280	693.3	1900	1037.8
65	18.3	450	232.2	870	465.6	1290	698.9	1920	1048.9
70	21.1	460	237.8	880	471.1	1300	704.4	1940	1060.0
75	23.9	470	243.3	890	476.7	1310	710.0	1960	1071.1
80	26.7	480	248.9	900	482.2	1320	715.6	1980	1082.2
85	29.4	490	254.4	910	487.8	1330	721.1	2000	1093.3
90	32.2	500	260.0	920	493.3	1340	726.7	2050	1121.1
95	35.0	510	265.6	930	498.9	1350	732.2	2100	1149
100	47.8	520	271.1	940	504.4	1360	737.8	2150	1177
110	43.3	530	276.7	950	510.0	1370	743.3	2200	1294
120	48.9	540	282.2	960	515.6	1380	748.9	2250	1232
130	54.4	550	287.8	970	521.1	1390	754.4	2300	1260
140	60.0	560	293.3	980	526.7	1400	760.0	2350	1298
150	65.6	570	298.9	990	532.2	1410	765.6	2400	1316
160	71.1	580	304.4	1000	537.8	1420	771.1	2450	1343
170	76.7	590	310.0	1010	543.3	1430	776.7	2500	1371
180	82.2	600	315.6	1020	548.9	1440	782.2	2550	1399
190	87.8	610	321.1	1030	554.4	1450	787.8	2600	1427
200	93.3	620	326.7	1040	560.0	1460	793.3	2650	1454
210	98.9	630	332.2	1050	565.6	1470	798.9	2700	1482
220	104.4	640	337.8	1060	571.1	1480	804.4	2750	1510
230	110.0	650	343.3	1070	576.7	1490	810.0	2800	1538
240	115.6	660	348.9	1080	582.2	1500	815.6	2850	1566
250	121.1	670	354.4	1090	587.8	1520	826.7	2900	1593
260	126.7	680	360.0	1100	593.3	1540	837.8	2950	1621
270	132.8	690	365.6	1110	598.9	1560	849.9	3000	1649
280	137.8	700	371.1	1120	604.4	1580	860.0	3050	1677
290	143.3	710	376.7	1130	610.0	1600	871.1	3100	1704
300	148.9	720	382.2	1140	615.6	1620	882.2	3200	1760

注：$1℃=\dfrac{5}{9}(°F-32)$。

1.5 英寸的分数值

英寸的分数值

in	mm	in	mm
1/64	0.396875	33/64	13.096875
1/32	0.793750	17/32	13.493750
3/64	1.190625	35/64	13.890625
1/16	1.587500	9/16	14.287500
5/64	1.984875	37/64	14.684875
3/32	2.381750	19/32	15.081750
7/64	2.778625	39/64	15.479625
1/8	3.175500	5/8	15.875500
9/64	3.571875	41/64	16.271875
5/62	3.968750	21/62	16.668750
11/64	4.365625	43/64	17.065625
3/16	4.762500	11/16	17.462500
13/64	5.159875	45/64	17.859875
7/32	5.556750	23/32	18.256750
15/64	5.953625	47/64	18.653625
1/8	6.550000	3/4	19.055000
17/64	6.746875	49/64	19.446875
9/32	7.143750	25/32	19.843750
19/64	7.540625	51/64	20.240625
5/16	7.937500	13/16	20.637500
21/64	8.334875	53/64	21.034875
11/32	8.731750	27/32	21.431750
23/64	9.128625	55/64	21.828625
3/8	9.525500	7/8	22.225500
25/64	9.921875	57/64	22.621875
13/32	10.318750	29/32	23.018750
27/64	10.715625	59/64	23.415625
7/16	11.112500	15/16	23.812500
29/64	11.509875	61/64	24.209875
15/32	11.906750	31/32	24.606750
31/64	12.303625	63/64	25.003625
1/2	12.700000	1	25.400000

1.6 化学元素的材料特性系数

化学元素的材料特性系数

元　素	符号	空间点阵	在20℃下的密度(kg/mm³)	熔点(℃)	在0.13bar下的沸点(℃)	在1.013bar下的熔化热(kJ/kg)	在20℃下的比热容(J/(kg·K))	在25℃下的热导率(W/(m·K))	线膨胀系数(×10⁻⁶)/K⁻¹
铝	Al	kfz	2.70	660.4	2467.0	398	896	237.0	23.9
锑	Sb	rho	6.69	630.7	1635.0	163	210	24.4	10.5
氩	Ar	—	1.78	−189.3	−185.9	—	519	17.7	—
砷	As	rho	5.72	817	616.0	—	343	50.2	4.7
钡	Ba	krz	3.62	726.0	1696.0	56	192	18.4	19.0
铍	Be	hex	1.85	1285.0	2477.0	1390	1590	201.0	10.6
铋	Bi	rho	9.80	271.0	1580.0	52	124	7.9	13.3
铅	Pb	kfz	11.34	327.4	1751.0	24	129	35.3	29.3
硼	B	ort	2.46	2180.0	3360.0	—	1043	27.4	8.3
镉	Cd	hex	8.64	320.9	767.3	54	231	96.9	29.8
钙	Ca	kfz	1.54	845.0	1483.0	216	654	201.0	22.3
铈	Ce	kfz	6.77	798.0	3257.0	92	205	11.3	8.0
氯	Cl	—	3.21	−101.0	−34.0	—	486	8.9	—
铬	Cr	krz	7.14	1903.0	2640.0	314	440	93.9	6.2
铁	Fe	krz	7.87	1539.0	2750.0	276	450	75.4	11.7
氟	F	—	1.69	−219.7	−187.5	—	824	27.9	—
金	Au	kfz	19.32	1063.0	2660.0	67	129	318.0	14.2
氦	He	—	0.18	−272.2	−268.9	—	5191	152.0	—
碘	I	rho	4.94	113.6	185.2	62	428	449.0	93.0
铱	Ir	kfz	22.65	2454.0	4130.0	135	130	147.0	6.6
钾	K	krz	0.86	63.6	753.8	58	750	100.5	83.0
钴	Co	hex	8.89	1492.0	2870.0	243	422	100.0	12.3
碳	C	hex	2.27	3550.0	4827.0	—	720	23.9	—
铜	Cu	kfz	8.92	1083.0	2595.0	205	383	401.0	16.5
镧	La	hex	6.16	920.0	3454.0	81	184	13.4	—

续表

元 素	符号	空间点阵	在20℃下的密度(kg/mm³)	熔点(℃)	在0.13bar下的沸点(℃)	在1.013bar下的熔化热(kJ/kg)	在20℃下的比热容(J/(kg·K))	在25℃下的热导率(W/(m·K))	线膨胀系数(×10⁻⁶)/K⁻¹
镁	Mg	hex	1.74	650.0	1105.0	373	1017	156.0	24.5
锰	Mn	krz	7.44	1247.0	2030.0	264	476	78.1	22.0
钼	Mo	krz	10.28	2620.0	4825.0	273	251	138.0	2.7
钠	Na	krz	0.97	97.8	881.3	113	1220	102.5	72.0
镍	Ni	kfz	8.90	1452.0	2730.0	301	448	90.0	13.3
铌	Nb	krz	8.58	2468.0	4930.0	288	268	53.7	7.1
磷	P	kfz	1.82	44.2	280.0	21	750	0.2	—
铂	Pt	kfz	21.45	1769.0	3830.0	100	133	71.6	9.0
汞	Hg	—	13.53	−38.8	357.0	11	138	83.0	
铑	Rh	kfz	12.40	1960.0	3670.0	211	248	150.0	8.3
氧	O	—	1.43	−218.8	−183.0	—	916	26.7	—
硫	S	rho	2.06	119.6	444.6	38	733	0.2	64.0
硒	Se	mon	4.82	220.5	684.8	83	320	0.5	37.0
银	Ag	kfz	10.50	960.8	2212.0	105	235	429.0	19.7
硅	Si	kfz	2.33	1414.0	2355.0	142	703	149.0	
氮	N	—	1.25	−210.0	−195.8	—	1034	25.9	
钽	Ta	krz	16.69	2996.0	5425.0	172	138	57.5	6.6
钍	Th	kfz	11.72	1755.0	4800.0	67	118	54.0	11.0
钛	Ti	hex	4.51	1677.0	3262.0	88	520	21.9	8.4
铀	U	ort	18.97	1132.0	3900.0	356	115	27.5	—
钒	V	krz	6.09	1919.0	3400.0	343	490	31.0	8.3
氢	H	—	0.09	−259.1	−252.8	—	14445	181.5	—
钨	W	krz	19.26	3410.0	5700.0	193	134	173.0	4.6
锌	Zn	hex	7.14	419.4	908.5	100	385	116.0	39.7
锡	Sn	tet	7.29	321.9	2270.0	59	227	66.9	23.0
锆	Zr	hex	6.51	1852.0	4377.0	252	275	22.7	5.8

1.7 元素、材料和金属的特性

所选择化合物的名称

名　　　称		方程式
技术名称	化学名称	
丙酮	丙酮	$(CH_3)_2CO$
乙炔	乙炔	C_2H_2
硼酸	四硼酸钠	$Na_2B_4O_7 \cdot 10H_2O$
丁烷	丁烷	C_4H_{10}
铁锈	三氢氧化铁	$FeO \cdot Fe_2O_3 \cdot H_2O$
乙烷	乙烷	C_2H_6
石膏	硫酸钙	$CaSO_4 \cdot 2H_2O$
铜绿	碱式醋酸铜	$Cu(OH)_2 \cdot (CH_3COO)_2Cu$
生石灰	氧化钙	CaO
熟石灰	氢氧化钙	$Ca(OH)_2$
石灰石	碳酸钙	$CaCO_3$
碳酸氢钙	碳酸氢钙	$Ca(HCO_3)_2$
硫酸钙	硫酸钙	$CaSO_4$
食盐	氯化钠	$NaCl$
碳酸	碳酸	H_2CO_3
二氧化碳	二氧化碳	CO_2
一氧化碳	一氧化碳	CO
焊液	氯化锌	$ZnCl_2$
碳酸镁	碳酸镁	$MgCO_3$
碳酸氢镁	碳酸氢镁	$Mg(HCO_3)_2$
硫酸镁	硫酸镁	$MgSO_4$
甲烷	甲烷	CH_4
醋酸钠	醋酸钠	CH_3COONa
孔雀石铜	碱式碳酸铜	$CuCO_3 \cdot Cu(OH)_2$
铅	碱式碳酸铅	$PbCO_3 \cdot Pb(OH)_2$
锌	碱式碳酸锌	$ZnCO_3 \cdot Zn(OH)_2$
丙烷	丙烷	C_3H_8
盐酸	盐酸	HCl
二氧化硫	二氧化硫	SO_2
硫酸	硫酸	H_2SO_4
亚硫酸	亚硫酸	H_2SO_3
二氧化氮	二氧化氮	NO_2
聚四氟乙烯（特氟隆）	聚四氟乙烯	$(F_2C-CF_2)_n$
水	水	H_2O

工程铁合金的密度

合 金		密度/g·cm^{-3}
生铁，白色		7.0~7.8
生铁，灰色		6.7~7.6
石墨铸铁		7.15~7.25
含7.5%Si的硅铁		7.35
含20%Si的硅铁		6.70
含46%Si的硅铁		4.87
含95%Si的硅铁		2.32
含10%Mn的锰铁		7.6
含80%Mn的锰铁		7.5
阿姆克纯铁		7.87
含0.1%C的非合金钢（退火）		7.86
含0.2%C的非合金钢（退火）		7.85
含0.5%C的非合金钢（退火）		7.84
含1.0%C的非合金钢（退火）		7.82
含1%Si的电机用硅钢片，除鳞		7.80
含1%Si的电机用硅钢片，带氧化皮		7.75
含4.3%Si的电机用变压器硅钢片，除鳞		7.55
含12%Mn的奥氏体高锰钢		7.9
含12%Cr的不锈钢		7.7
含18%Cr和8%Ni的不锈钢		7.9
含25%Cr和20%Ni的耐高温钢		7.9
含12%Cr的工具钢		7.6
含9%W的工具钢		8.4
含18%W的高速切削钢		8.7
含30%Co的永磁钢		8.1
含13%Al和27%Ni的永磁钢		6.8
含8%Al和24%Co，4%Cu和15%Ni的永磁钢		7.2
具有最小伸长率的镍钢（38%Ni）		8.2
硬质金属合金	WC+TiC含6%~8%Co	11.2~13.3
	WC含6%~12%Co	13.7~14.7
	WC含7%Co、1%Nb、Ta+0.5%VC	14.4
	WC+TiC含6%Co+0.5%~1.2%N	6.8~9.9

液态金属的密度

名　称	温度/℃	密度/g·cm⁻³
铝	700	2.38
铝	1000	2.30
铅	327	10.65
铅	731	10.19
纯铁	1550	7.01
纯铁	1600	6.94
含0.1%C的铁	1600	6.93
含0.5%C的铁	1600	6.90
含1%C的铁	1600	6.87
含2%C的铁	1600	6.82
含3.5%C的铁	1600	6.77
含9.4%Ni的铁	1600	7.18
含8.5%Mn的铁	1600	7.12
含13.7%Cr的铁	1600	7.04
含3.6%Si的铁	1600	6.92
含11.5%Al的铁	1600	7.03
铜	1100	7.92
铜	1600	7.53
镍	1500	7.76
锌	419	6.92
锡	232	6.99

1.8 各种不同材料的容积密度

各种不同材料的容积密度

材　料	$t \cdot m^{-3}$	$m^3 \cdot t^{-1}$
铝锭	1.50	0.67
铝屑	0.75	1.33
废铸铁	3.30	0.30
铸铁铁屑	2.1~3.2	0.31~0.48
钢屑	1.5~2.4	0.42~0.67
轧制氧化铁皮	2.4~2.6	0.42~0.38
生铁块	3.30	0.30
堆放生铁块	4.00	0.25
褐煤原煤	0.58	1.72
褐煤粉	0.50	2.00
木炭	0.20	5.00
烟煤，炼焦煤（<2mm粒径）	0.80	1.25
块煤	0.79	1.27
煤屑	0.84	1.19
煤粉	0.60	1.67
高炉焦炭	0.42	2.39
分级焦炭Ⅲ，Ⅳ	0.48	2.05
分级焦炭Ⅰ，Ⅱ	0.51	1.95
碎煤	0.59	1.69
石墨粉末	0.35	2.85
亮煤/膨润土混合物	0.6~0.7	1.43~1.67
型砂，含水量0.5%	1.45	0.69
型砂，含水量3.5%	1.5	0.67
干石英砂	1.4	0.71
锆石砂	2.7~2.9	0.30~0.44
橄榄石砂	1.6~1.8	0.55~0.63
Cerabeads	1.5	0.67
铬铁矿砂	2.4~2.8	0.36~0.42
耐火黏土	1.1~1.3	0.77~0.91
白云石	2.0	0.5
河砂	2.2	0.45
石灰石	1.7	0.59
干砾石	1.8	0.56
镁砂	2.2	0.45
炉渣，高炉（碎炉渣24/45mm）	1.25	0.80
炉渣，轧屑	3.00	0.33
炼钢厂的石灰	1.00	1.00
捣实料	1.25	0.80
硅酸盐砖	1.70	0.59
水泥	1.20	0.83

1.9 劳动安全性—— 标记和危险符号

危险符号和危险标记按照RL 67/548/EWG （2004-04）

安全色，禁令标志			
安全色	参看DIN4844-1 (2002-11) 和BGV A8[1] (2002-04)		
颜色	红色	黄色	绿色　　蓝色
意义	停 禁止	小心！ 可能有危险	无危险 急救　　示意标志，提示
反差色	白色	黑色	白色　　白色
图形符号	黑色	黑色	白色　　白色
应用实例 （参照340和341页）	停止信号， 急停， 禁令标志， 灭火材料	危险提示(例如着 火、爆炸、辐射) 障碍提示(例如门 槛、坑)	逃生通道和紧急 出口的标记； 急救站和救护站	要求穿戴个人保护 装备；电话所在位置
禁令标志	参照DIN4844-2 (2001-02) 和BGV A8 (2002-04)		

禁止	禁止吸烟	火灾危险， 禁止明火和吸烟	禁止行人通行	禁止用水灭火	非饮用水
未经允许， 不得入内	禁止地面输送 机械进入	禁止接触	禁止接触 外壳带电	禁止接通	植有心脏起搏器 人士禁用
禁止停靠和存放	禁止人员运送	禁止入内	禁止用水冲洗	禁用移动 通讯设备	禁止饮用食品 和饮料
禁止携带磁性 或电子数据载体	禁止未经 允许攀登	禁止将有标记的 设备在浴缸、 淋浴和盥洗池 中使用	禁止触摸	留长发者 禁止操作	不允许徒手 和用手把持打磨

[1] 行业工伤事故保险联合会安全技术规范BGV A8 (代替VGB 125)。

安全色按照DIN 4844-1（2002-11）和BGV A8（2002-04）
禁令标志按照DIN 4844-2（2002-02）和BGV A8（2002-04）

警告标志					
警告标志	参看DIN4844-02 (2001-02)和BGV A8[1] (2002-04)				
警告，危险地段	警告，易燃物	警告，易爆物	警告，有毒物质	警告，腐蚀性物质	警告，有放射线物质或致电离辐射
警告，悬吊载荷	警告，地面运输设备	警告，高压危险	警告，光学辐射	警告，激光射线	警告，助燃物质
警告，非电离辐射，电磁辐射	警告，有磁场	警告，有绊倒危险	警告，有坠落危险	警告，生物危险	严寒警告
警告，有害健康或刺激性物质	警告：有储气瓶	警告，有蓄电池引起的危险	警告，有爆炸气氛	警告，铣刀杆	警告，挤伤危险
警告，碾压时有倾翻危险	警告，会自动起动	警告，表面烫伤危险	警告，手受伤危险	警告，滑倒危险	警告，输送设备进入轨道的危险

① 行业工伤事故保险联合会安全技术规范 BGV A8（代替 VGB 125）。

警告符号按照DIN 4844-2（2001-02）和BGV A8（2004-04）

安全标志				参看DIN4844-2(2001-02) 和BGV A8① (2002-04)	
禁令标志					
一般禁令标志	使用护眼罩	使用头部护罩	使用护耳套	使用呼吸防护	穿劳保鞋
戴劳保手套	穿保护工作服	使用面部保护	扣紧搭扣	行人可通行	系上安全带
请走人行通道	在打开前拔出电源插头	在工作前脱开	穿上救生马甲	喇叭	注意使用说明
救生通道和紧急出口的救援符号					
急救站、逃生通道和紧急出口的方向指示②		急救站	担架	紧急冲淋	眼睛冲洗设备
报警电话	医生	除颤器	逃生通道和紧急出口		集合点
防火符号和补充符号					
方向指示		壁式消火拴消防水管	梯子	灭火器	火灾报警电话
救火用的器械和设备	火警报警器	将被处理！ 地点、日期 该牌只能由……摘除： 补充符号与安全符号一起给出进一步的信息		高压电 生命危险 补充符号与安全符号一起给出进一步的信息	
① 行业工伤事故保险联合会安全技术规范BGV A8。 ② 只有与其他救助符号结合。					

安全标志按照DIN 4844-2（2001-02）和BGV A8（2002-04）

安全标志	参看DIN4844 – 2(2001–02) 和BGV A8[①](2002 – 04)

指示符号

放电时间 超过1分钟	在错误情况下 该件可能 带电压	在接触之前： – 放电 – 接地 – 短路	5 安全规则 在工作开始前 – 断开 – 防止重新接通 – 确认不带电压 – 接地和短路 – 遮盖或用栏杆围住相 　邻的、带电压的物件

组合符号

将被处理 地点 日期 该牌只能由…… 摘除 禁止接通	高压电 生命危险 高压警告

通过箭头用相应的方向 指示说明提示逃生通道 或紧急出口的组合符号		

医护室 在医护室中有急救	禁止登顶 禁令：禁止登上 房顶	灭火盖板 救火用的灭火盖板	发动机熄火， 中毒危险 有毒气体警告

① 行业工伤事故保险联合会安全技术规范 BGV A8 (代替 VGB 125)。

全球化学品统一分类和标签制度

GHS——全球化学品统一分类、标签和包装制度

信息:

GHS是在世界范围内化学品分类及其在包装上和安全数据一览表中标签的统一制度。

标签制度在欧洲是按照(EG)法规1272/2008,也称为CLP法规来转换。

从2010年12月1日起,物质按照CHS标准分类并标签。

迄今为止被称为"配制物"的混合物,从现在起就可以按照新的制度分类和标签,但只有从2015年6月1日起方可强制执行。

因为GHS涉及一个与目前的欧盟法律不同的方案,因此不可能编入现有的制度或直接转换。

1.10 VDG（德国铸造专业工作者协会）公报一览表

A组：一般

VDG-公报A100，1981年6月

制订、通过和出版VDG公报的原则

VDG-公报A 201，1997年1月

VDG-公报A 300，1988年1月

单位和换算系数

VDG-公报A 500，1984年3月

铸造-实践

通用准则。实施（含附录：铸造实习的培训框架计划）

VDG-公报A 600，2003年3月

铸造钟寿命的改善

F组：造型和铸造技术

VDG-公报F10，1983年4月

造型工艺，工艺对比示意图（含附录：造型成本和铸件与造型有关的清理费用的计算）

VDG-公报F11，1983年4月

制芯工艺，工艺对比示意图（含附录：制芯成本和铸件与造型有关的清理费用的计算）

VDG-公报F 20，1995年11月

适于焊接的铝-压力铸件的生产技术条件

BDG-规范(VDG-)F110，2009年2月

用气体硬化的方法制作型芯的过程文件

G组：铸造机械和铸造设备

VDG-Merkblatt G1,1976年10月

黏土结合砂的混砂机的检查和保养。

（附录1：混砂机的数据表。附录2：混砂机的检查和保养）

VDG-Merkblatt 11， 1978年12月

旧砂再生设备的工厂规划的检查单（包括附录：检查单）

VDG-Merkblatt G12，1978年1月

旧砂回收热再生方法的标准。

VDG-Merkblatt G 31，1970年3月

铸造厂的压缩空气供给。

VDG-Merkblatt G 102， 1971年4月。

VDG-Merkblatt G103，1987年2月。

VDG-Merkblatt G221，1986年8月。

VDG-Merkblatt G321，1971年2月。

VDG-Merkblatt G440， 1984年12月。

VDG-Merkblatt G 441，1983年7月。

VDG-Merkblatt G 445， 1983年7月。

VDG-Merkblatt G 446， 1983年7月。

VDG-Merkblatt G 447， 1983年7月。

VDG-Merkblatt G 448， 1983年7月。

VDG-Merkblatt G 449， 1983年7月。

VDG-Merkblatt G 601， 1983年11月。

VDG-Merkblatt G 602， 1987年3月。

VDG-Merkblatt G 640， 1974年6月。

VDG-Merkblatt G 641， 1979年12月。

VDG-Merkblatt G 701， 1984年12月。

2 制 模

2　制　　模

2.1 劳动保护和环境保护

对模具制造业的劳动保护和环境保护的专门注释见：

同业工伤事故保险联合会方面的内容：

BGI 737 "模具制作中的危险品 — 搬运和安全操作"；

国家危险品处理规范；

危险品防护管理条例–GefStoffV。

危险品技术规则：

TRGS 400，对危险品操作的危险性评定；

TGRS 401，皮肤接触危险，对危险性的测定和评估；

TGRS 402，吸入危险，对危险性的测定和评估；

TGRS 500，防护措施；

TGRS 900，工作场所的限值。

2.2 标准一览表

铸造业模具制作的标准一览表[1]：

DIN EN 12890，出版日期：2000年6月，第一次修订出版日期：2002年5月。
铸造：砂型铸模和砂芯生产用模具、模具设备和砂芯盒。

DIN EN 12892，出版日期：2001年2月。
铸造：用于熔蜡铸造工艺的失模生产设备。

DIN EN 12883，2001年2月。
铸造：熔蜡铸造法用熔蜡模型的生产设备。
技术规范。

VDI 3381，出版日期：2012年1月。
泡沫塑料模具——铸铁和铸钢工具零件的设计指南。
引用 "本标准为采用实心模具法浇铸工具用泡沫塑料铸造模具加工的设计建议。除了对收缩率修正和机械加工余量等一般建议之外，还对每一种结构要素提出了建议。基于铸造工艺的设计要求，如用于避免材料堆积或冒口制作，尤其详细讨论了对模具的验收"。

DIN ISO 8062：出版日期：1998年8月。

铸件：尺寸公差与机械加工余量。

劳动保护和环境保护。

DIN EN ISO 8062-1：出版日期：2008年1月。

产品几何技术规范(GPS)——模制件的尺寸和几何公差-第1部分：词汇。

引用"本标准包含了首次以一个标准规定了铸造业的众多新术语。对这些术语的分类如下：

（1）模制件；

（2）加工设备；

（3）加工工艺；

（4）错位；

（5）表面缺陷；

（6）最终加工。

一些术语以图样表示。为了便于查阅，对术语加上了参考编号并编制了主题词目录。

DIN EN ISO 8062-3：2008年9月。

产品几何技术规范(GPS)——模制件的尺寸和几何公差-第3部分：铸件的一般尺寸、几何公差以及机械加工余量。

DIN EN ISO 1302：2002年6月。

产品几何技术规范(GPS)——技术产品文件中表面结构的表示法。

DIN EN ISO 1302：2008年8月。

第一次修订：产品几何技术规范(GPS)——技术产品文件中表面结构的表示法。

对DIN EN ISO 1302:2002的修订。

标准草案 出版日期：2010年8月。

DIN EN ISO 1302/A2。

产品几何技术规范(GPS)——技术产品文件中表面结构的表示法。

第2次修订：对材料成分要求的标注。

引用"本标准包含了DIN EN ISO 1302对技术产品文件材料成分标注方面的补充规定"。

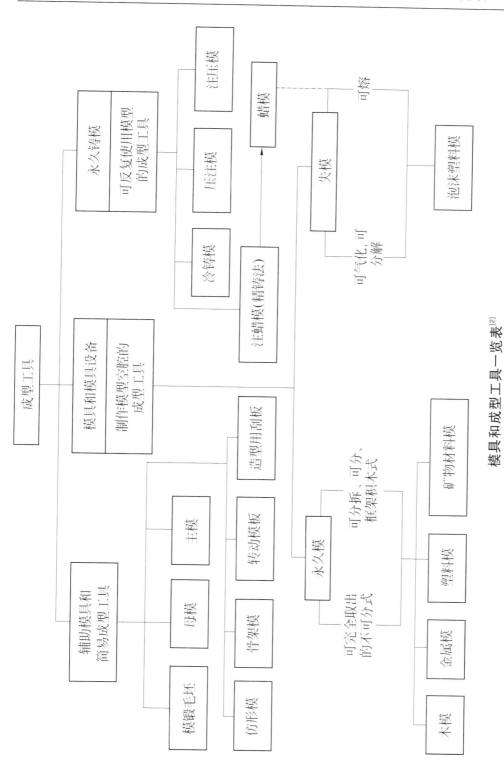

模具和成型工具一览表[2]

2.3 专业术语

专业术语的选用[2]

　　模具。直接使铸模的型腔成形的造型设备。模具是对制作铸件尺寸和轮廓精确仿形，在模具制作时必须考虑到铸件冷却时造成的铸造材料的收缩。

　　造型设备。根据"造型设备"表中述，加工铸造模型所需的所有部件。

　　芯盒。芯件和芯型成型用，以木材、金属或塑料制成的整件或多件的模具。

　　收缩量。对模型偏差尺寸相应放大，使得铸件在从固相线温度冷却到室温时，以铸造材料的收缩量加以平衡。根据"收缩量"的表，收缩量的大小取决于铸造材料的类型、结构以及模具的强度。

　　脱模斜度。为使塑件顺利脱模，在垂直或抽拔方向的模型侧壁上设置的微小斜度。这同样也适用于型芯、冷铸模和压铸模。脱模斜度也称作拔模斜度。

　　间隙。为使模具和/或型芯便于安装，在凹模或型芯的某些侧壁上指定规定的间隙。

模具的安装要素[2]

模具的安装要素

大　类	说　明	定义和零件
模具	以下加工需要用到模具： 制作失模； 永久模加工	合模、分模； 永久模、失蜡模； 实物模具、机械模、芯型； 木模、金属模、塑料模； 原始模具、母模、主模
芯盒	芯盒用于制作失模； 芯型包括加工芯件的 空间凹槽	进料和出料芯盒； 木质芯盒、金属芯盒、塑料芯盒； 具有加气或加热装置的芯盒； 整件、两件、多件芯盒； 扇形、多级芯盒
模型 技术要素	出于造型技术的考虑，这 些要素都体现在模具或芯 盒的相应型式中，以便能 清洁、精确地制作模制件	芯模标志； 批量件； 压条、推杆； 隔条、隔件
模型附件	这些要素不构成或少量构 成轮廓。但出造型或铸造 原因却是不可少的	模板； 浇铸系统、冒口； 模型板； 散热槽、永久泥芯
辅具	这些部件并不直接用于模 具或模芯的制作。它们只 用于精确、合理地加工模 制件	干燥皿； 模型装配检规、检验规； 模块、砂箱架； 加热和加气装置

要求和分类[3]

有关的商定依据：

铸造材料及其标志；
模具和/或模芯的加工工艺；
尺寸公差；
模具和模芯的分模线；
模型设备的标志；
模型侧壁的涂覆；
收缩量；
间隙；
脱模斜度；
要求的加工余量；
模具材料；
模具材料的质量等级；
质量检验的范围和类型；
防护与储运包装。

必须根据[3]对模型、模具材料和芯盒进行质量分级：

模型、模具材料和芯盒的质量等级：
木材：　　　H1、H2、H3；
金属材料：　M1、M2；
塑料：　　　K1、K2。

模型的材料性能（根据［3］）

木材的材料性能

木材	质 量 等 级		
	H1	H2	H3
干燥湿度占质量的8%~12%			
用 途	用于使用率极高、数量众多的手工和机械模具	用于手工和机械模具车间数量少但反复使用的单个铸件	用于手工模具车间的单个铸件
根据模型规格的模具数： 大型 容积在30 dm³以上； 中型 容积在10 dm³~30 dm³； 小型 容积10 dm³	<200 200~5000 1000~10000	5~20 20~100 100~200	<10 10~20 20~50
木材种类	胶合板、复合板、硬木和软木	三合板、软板材	软板材、刨花板

金属材料的材料性能

金属材料	质 量 等 级	
	M1	M2
用 途	对型式具有高要求的批准生产[产]	批量生产[产]
材料种类	铜锡锌合金、铜锌合金、铝合金、铸铁或钢	同M1级，但还包括硬铝型金属和模型金属(83 % Sn， 17 % Sb)
表面纹理	如需对各面进行机加工和磨削，粗糙度 R_a = 1.6 m，平均粗糙度按ISO 1302的规定	仅对零件作面和导向面作机加工，用手整平模型表面并打磨，粗糙度 R_a = 12.5 m，平均粗糙度按ISO 1302的规定

木材的材料性能

木材	质量等级	
	K1	K2
用途	对型式具有高要求的批准生产; 对高压成型机械必须保证具有相应的抗压强度	手工模具用大型模型和芯盒以及中小批量生产
材料种类	在考虑处理温度的场合下,应使用形状稳定性高和耐磨的塑料; 环氧树脂或聚酯; 塑料必须能与所处理的材料(模制材料的黏合剂、脱模剂相容)	如含有金属或惰性填料的
加工、正面铸造法(表面铸造法)	塑料涂层必须浇注在一个金属载体上; 涂层厚度必须在5 mm以上	塑料涂层必须浇注在用胶合板或三夹板制成筋条的载体上; 涂料可用填料模铸模树脂或快干铸模树脂制成
制造工艺	应依次涂覆环氧树脂或玻璃纤维织物; 根据设备的规格和模制工艺应向器皿中其入金属或惰性填料	
实心材料	设备应用实心材料制成,如经铣削或成形加工的聚丙烯	
配色	通常无规定; 最好采用淡色; 这样可更清楚地看清黏附的模制材料	

铸造加工用塑料泡沫模型 [7]

模具制造材料：聚苯乙烯

密度：16~18 kg/m³

合模：模具装配时(如板材)，必须清洁地黏合模具

模型半径：壁厚的1/3

加工余量：

铸造材料	模具长度/mm	铸造位置的加工余量/mm	
		上	下
GJL/GJS	<2500	10	10
	3500~5000	20	15
GS	<2500	20	17
	>3500	25	20

收缩量：

GJL: 1.25%

GS: 2%

侧壁豁口的最小直径：

模芯深度	直径/mm
<200	50
200~400	60
>400	70

2.4 收缩率（尺寸）

收缩量 [2, 3, 8]

铸造材料		收缩量/%			
		砂型铸造		冷铸模铸造	压力铸造
		离散带	近似值		
铸铁	片状石墨铸铁	0.9~1.1	1.0	0.7~0.9	
	球墨铸铁，铸造状态	0.8~1.6	1.2		
	退火铁素体铸铁	0.3~0.7	0.5		
	蠕墨铸铁	0.8~1.4	1.1		
	奥氏体铸铁	1.5~2.5	2.0		
	耐蚀高镍铸铁	1.4~1.6	1.5		
	含镍耐磨铸铁	1.8~2.1	1.9		
可锻铸铁	不脱碳退火可锻铸铁(EN-GJMB)	0.3~0.7	0.5		
	脱碳退火可锻铸铁(EN-GJMW)	1.0~2.0	1.6		
铸钢	非合金和低合金铸钢	1.6~2.0	2.0		
	铁素体不锈铸钢	1.5~2.5	2.0		
	奥氏体不锈铸钢	2.4~2.8	2.6		
	硬冷铸锰钢	2.4~2.8	2.3		
铸造铝合金	Al–Si–(Cu)–合金	0.9~1.3	1.2	0.6~1.0	0.5~0.7
	Al–Mg–合金	1.0~1.4	1.2	0.8~1.2	0.6~0.9
铸造镁合金		0.8~1.6	1.2	0.8~1.2	0.6~1.0

续表

铸造材料		收缩量/%			
		砂型铸造		冷铸模铸造	压力铸造
		离散带	近似值		
铜铸造材料	非合金和低合金铜	1.6~2.2	1.9	1.6~2.0	
	Cu-Al合金	1.8~2.4	1.9	1.6~2.2	
	Cu-Ni合金	1.6~2.4	2.0		
	Cu-Ni-Zn合金	0.8~1.4	1.1		
	Cu-Pb-Sn合金	1.2~1.7	1.4		
	Cu-Sn合金	1.0~1.8	1.5		
	Cu-Sn-Zn合金	1.0~1.5	1.3		
	Cu-Zn合金	0.8~1.5	1.2	0.8~1.2	0.7~1.1
镍和镍铜铸造合金		1.6~2.4	2.0		
锌铸造合金		0.8~1.6	1.3	0.6~1.0	0.4~0.6
铝铸造合金	压力铸造合金 轴承合金	0.3~0.8	0.6	0.3~0.8	0.2~0.5
锡铸造合金	压力铸造合金 轴承合金	0.4~0.6	0.5	0.4~0.6	0.2~0.4

脱模斜度[3]

高度 H	小脱模面(H/W① ≤ 1)			大脱模面(H/W > 1)		
	手工造型		机械造型	手工造型		机械造型
	黏土黏接型砂	化学黏接型砂		黏土黏接型砂	化学黏接型砂	
30	1.0	1.0	1.0	1.5	1.0	1.0
30～90	2.0	2.0	2.0	2.5	2.0	2.0
80～180	3.0	2.5	2.5	3.0	3.0	3.0
180～250	3.5	3.0	3.0	4.0	4.0	4.0
250～1000	1.0，每级250 mm	+1.0，每级250mm	+1.0，每级250mm	+1.0，每级250mm	+1.0，每级250mm	+1.0，每级250mm
1000～4000	+2.0，每级1000mm	+2.0，每级1000mm	+2.0，每级1000mm	+2.0，每级1000mm	+2.0，每级1000mm	+2.0，每级1000mm

① W 为内部尺寸，单位mm。

脱模斜度表

N/(°)	0.3	0.5	1	1.5	2	3	4	5	6	7	8	9	10	15	20	30
1	0.01	0.01	0.02	0.03	0.03	0.05	0.07	0.09	0.11	0.12	0.14	0.16	0.18	0.27	0.36	0.58
2	0.01	0.02	0.03	0.05	0.07	0.10	0.14	0.17	0.21	0.25	0.28	0.32	0.35	0.54	0.73	1.15
3	0.02	0.03	0.05	0.08	0.10	0.16	0.21	0.26	0.32	0.37	0.42	0.48	0.53	0.80	1.09	1.73
4	0.02	0.03	0.07	0.10	0.14	0.21	0.28	0.35	0.42	0.49	0.56	0.63	0.71	1.07	1.46	2.31
5	0.03	0.04	0.09	0.13	0.17	0.26	0.35	0.44	0.53	0.61	0.70	0.79	0.88	1.34	1.82	2.89
6	0.03	0.05	0.10	0.16	0.21	0.31	0.42	0.52	0.63	0.74	0.84	0.95	1.06	1.61	2.18	3.46
7	0.04	0.06	0.12	0.18	0.24	0.37	0.49	0.61	0.74	0.86	0.98	1.11	1.23	1.88	2.55	4.04
8	0.04	0.07	0.14	0.21	0.28	0.42	0.56	0.70	0.84	0.98	1.12	1.27	1.41	2.14	2.91	4.62
9	0.05	0.08	0.16	0.24	0.31	0.47	0.63	0.79	0.95	1.11	1.26	1.43	1.59	2.41	3.28	5.20
10	0.05	0.09	0.17	0.26	0.35	0.52	0.70	0.87	1.05	1.23	1.41	1.58	1.76	2.68	3.64	5.77
11	0.06	0.10	0.19	0.29	0.38	0.58	0.77	0.96	1.16	1.35	1.55	1.74	1.94	2.95	4.00	6.35
12	0.06	0.10	0.21	0.31	0.42	0.63	0.84	1.05	1.26	1.47	1.69	1.90	2.12	3.22	4.37	6.93
13	0.07	0.11	0.23	0.34	0.45	0.68	0.91	1.14	1.37	1.60	1.83	2.06	2.29	3.48	4.73	7.51
14	0.07	0.12	0.24	0.37	0.49	0.73	0.98	1.22	1.47	1.72	1.97	2.22	2.47	3.75	5.10	8.08
15	0.08	0.13	0.26	0.39	0.52	0.79	1.05	1.31	1.58	1.84	2.11	2.38	2.64	4.02	5.46	8.66
16	0.08	0.14	0.28	0.42	0.56	0.84	1.12	1.40	1.68	1.96	2.25	2.53	2.82	4.29	5.82	9.24
17	0.09	0.15	0.30	0.45	0.59	0.89	1.19	1.49	1.79	2.09	2.39	2.69	3.00	4.56	6.19	9.81
18	0.09	0.16	0.31	0.47	0.63	0.94	1.26	1.57	1.89	2.21	2.53	2.85	3.17	4.82	6.55	10.39
19	0.10	0.17	0.33	0.50	0.66	1.00	1.33	1.66	2.00	2.33	2.67	3.01	3.35	5.09	6.92	10.97
20	0.10	0.17	0.35	0.52	0.70	1.05	1.40	1.75	2.10	2.46	2.81	3.17	3.53	5.36	7.28	11.55
21	0.11	0.18	0.37	0.55	0.73	1.10	1.47	1.84	2.21	2.58	2.95	3.33	3.70	5.63	7.64	12.12
22	0.12	0.19	0.38	0.58	0.77	1.15	1.54	1.92	2.31	2.70	3.09	3.48	3.88	5.89	8.01	12.70
23	0.12	0.20	0.40	0.60	0.80	1.21	1.61	2.01	2.42	2.82	3.23	3.64	4.06	6.16	8.37	13.28
24	0.13	0.21	0.42	0.63	0.84	1.26	1.68	2.10	2.52	2.95	3.37	3.80	4.23	6.43	8.74	13.86
25	0.13	0.22	0.44	0.65	0.87	1.31	1.75	2.19	2.63	3.07	3.51	3.96	4.41	6.70	9.10	14.43
26	0.14	0.23	0.45	0.68	0.91	1.36	1.82	2.27	2.73	3.19	3.65	4.12	4.58	6.97	9.46	15.01
27	0.14	0.24	0.47	0.71	0.94	1.42	1.89	2.36	2.84	3.32	3.79	4.28	4.76	7.23	9.83	15.59
28	0.15	0.24	0.49	0.73	0.98	1.47	1.96	2.45	2.94	3.44	3.94	4.43	4.94	7.50	10.19	16.17
29	0.15	0.25	0.51	0.76	1.01	1.52	2.03	2.54	3.05	3.56	4.08	4.59	5.11	7.77	10.56	16.74

续表

N/(°)	0.3	0.5	1	1.5	2	3	4	5	6	7	8	9	10	15	20	30
30	0.16	0.26	0.52	0.79	1.05	1.57	2.10	2.62	3.15	3.68	4.22	4.75	5.29	8.04	10.92	17.32
31	0.16	0.27	0.54	0.81	1.08	1.62	2.17	2.71	3.26	3.81	4.36	4.91	5.47	8.31	11.28	17.90
32	0.17	0.28	0.56	0.84	1.12	1.68	2.24	2.80	3.36	3.93	4.50	5.07	5.64	8.57	11.65	18.48
33	0.17	0.29	0.58	0.86	1.15	1.73	2.31	2.89	3.47	4.05	4.64	5.23	5.82	8.84	12.01	19.05
34	0.18	0.30	0.59	0.89	1.19	1.78	2.38	2.97	3.57	4.17	4.78	5.39	6.00	9.11	12.37	19.63
35	0.18	0.31	0.61	0.92	1.22	1.83	2.45	3.06	3.68	4.30	4.92	5.54	6.17	9.38	12.74	20.21
36	0.19	0.31	0.63	0.94	1.26	1.89	2.52	3.15	3.78	4.42	5.06	5.70	6.35	9.65	13.10	20.78
37	0.19	0.32	0.65	0.97	1.29	1.94	2.59	3.24	3.89	4.54	5.20	5.86	6.52	9.91	13.47	21.36
38	0.20	0.33	0.66	1.00	1.33	1.99	2.66	3.32	3.99	4.67	5.34	6.02	6.70	10.18	13.83	21.94
39	0.20	0.34	0.68	1.02	1.36	2.04	2.73	3.41	4.10	4.79	5.48	6.18	6.88	10.45	14.19	22.52
40	0.21	0.35	0.70	1.05	1.40	2.10	2.80	3.50	4.20	4.91	5.62	6.34	7.05	10.72	14.56	23.09
41	0.21	0.36	0.72	1.07	1.43	2.15	2.87	3.59	4.31	5.03	5.76	6.49	7.23	10.99	14.92	23.67
42	0.22	0.37	0.73	1.10	1.47	2.20	2.94	3.67	4.41	5.16	5.90	6.65	7.41	11.25	15.29	24.25
43	0.23	0.38	0.75	1.13	1.50	2.25	3.01	3.76	4.52	5.28	6.04	6.81	7.58	11.52	15.65	24.83
44	0.23	0.38	0.77	1.15	1.54	2.31	3.08	3.85	4.62	5.40	6.18	6.97	7.76	11.79	16.01	25.40
45	0.24	0.39	0.79	1.18	1.57	2.36	3.15	3.94	4.73	5.53	6.32	7.13	7.93	12.06	16.38	25.98
46	0.24	0.40	0.80	1.20	1.61	2.41	3.22	4.02	4.83	5.65	6.46	7.29	8.11	12.33	16.74	26.56
47	0.25	0.41	0.82	1.23	1.64	2.46	3.29	4.11	4.94	5.77	6.61	7.44	8.29	12.59	17.11	27.14
48	0.25	0.42	0.84	1.26	1.68	2.52	3.36	4.20	5.05	5.89	6.75	7.60	8.46	12.86	17.47	27.71
49	0.26	0.43	0.86	1.28	1.71	2.57	3.43	4.29	5.15	6.02	6.89	7.76	8.64	13.13	17.83	28.29
50	0.26	0.44	0.87	1.31	1.75	2.62	3.50	4.37	5.26	6.14	7.03	7.92	8.82	13.40	18.20	28.87
51	0.27	0.45	0.89	1.34	1.78	2.67	3.57	4.46	5.36	6.26	7.17	8.08	8.99	13.67	18.56	29.44
52	0.27	0.45	0.91	1.36	1.82	2.73	3.64	4.55	5.47	6.38	7.31	8.24	9.17	13.93	18.93	30.02
53	0.28	0.46	0.93	1.39	1.85	2.78	3.71	4.64	5.57	6.51	7.45	8.39	9.35	14.20	19.29	30.60
54	0.28	0.47	0.94	1.41	1.89	2.83	3.78	4.72	5.68	6.63	7.59	8.55	9.52	14.47	19.65	31.18
55	0.29	0.48	0.96	1.44	1.92	2.88	3.85	4.81	5.78	6.75	7.73	8.71	9.70	14.74	20.02	31.75
56	0.29	0.49	0.98	1.47	1.96	2.93	3.92	4.90	5.89	6.88	7.87	8.87	9.87	15.01	20.38	32.33
57	0.30	0.50	0.99	1.49	1.99	2.99	3.99	4.99	5.99	7.00	8.01	9.03	10.05	15.27	20.75	32.91
58	0.30	0.51	1.01	1.52	2.03	3.04	4.06	5.07	6.10	7.12	8.15	9.19	10.23	15.54	21.11	33.49
59	0.31	0.51	1.03	1.54	2.06	3.09	4.13	5.16	6.20	7.24	8.29	9.34	10.40	15.81	21.47	34.06

续表

$N/(°)$	0.3	0.5	1	1.5	2	3	4	5	6	7	8	9	10	15	20	30
60	0.31	0.52	1.05	1.57	2.10	3.14	4.20	5.25	6.31	7.37	8.43	9.50	10.58	16.08	21.84	34.64
61	0.32	0.53	1.06	1.60	2.13	3.20	4.27	5.34	6.41	7.49	8.57	9.66	10.76	16.34	22.20	35.22
62	0.32	0.54	1.08	1.62	2.17	3.25	4.34	5.42	6.52	7.61	8.71	9.82	10.93	16.61	22.57	35.80
63	0.33	0.55	1.10	1.65	2.20	3.30	4.41	5.51	6.62	7.74	8.85	9.98	11.11	16.88	22.93	36.37
64	0.34	0.56	1.12	1.68	2.23	3.35	4.48	5.60	6.73	7.86	8.99	10.14	11.28	17.15	23.29	36.95
65	0.34	0.57	1.13	1.70	2.27	3.41	4.55	5.69	6.83	7.98	9.14	10.29	11.46	17.42	23.66	37.53
66	0.35	0.58	1.15	1.73	2.30	3.46	4.62	5.77	6.94	8.10	9.28	10.45	11.64	17.68	24.02	38.11
67	0.35	0.58	1.17	1.75	2.34	3.51	4.69	5.86	7.04	8.23	9.42	10.61	11.81	17.95	24.39	38.68
68	0.36	0.59	1.19	1.78	2.37	3.56	4.76	5.95	7.15	8.35	9.56	10.77	11.99	18.22	24.75	39.26
69	0.36	0.60	1.20	1.81	2.41	3.62	4.82	6.04	7.25	8.47	9.70	10.93	12.17	18.49	25.11	39.84
70	0.37	0.61	1.22	1.83	2.44	3.67	4.89	6.12	7.36	8.59	9.84	11.09	12.34	18.76	25.48	40.41
71	0.37	0.62	1.24	1.86	2.48	3.72	4.96	6.21	7.46	8.72	9.98	11.25	12.52	19.02	25.84	40.99
72	0.38	0.63	1.26	1.89	2.51	3.77	5.03	6.30	7.57	8.84	10.12	11.40	12.70	19.29	26.21	41.57
73	0.38	0.64	1.27	1.91	2.55	3.83	5.10	6.39	7.67	8.96	10.26	11.56	12.87	19.56	26.57	42.15
74	0.39	0.65	1.29	1.94	2.58	3.88	5.17	6.47	7.78	9.09	10.40	11.72	13.05	19.83	26.93	42.72
75	0.39	0.65	1.31	1.96	2.62	3.93	5.24	6.56	7.88	9.21	10.54	11.88	13.22	20.10	27.30	43.30
76	0.40	0.66	1.33	1.99	2.65	3.98	5.31	6.65	7.99	9.33	10.68	12.04	13.40	20.36	27.66	43.88
77	0.40	0.67	1.34	2.02	2.69	4.04	5.38	6.74	8.09	9.45	10.82	12.20	13.58	20.63	28.03	44.46
78	0.41	0.68	1.36	2.04	2.72	4.09	5.45	6.82	8.20	9.58	10.96	12.35	13.75	20.90	28.39	45.03
79	0.41	0.69	1.38	2.07	2.76	4.14	5.52	6.91	8.30	9.70	11.10	12.51	13.93	21.17	28.75	45.61
80	0.42	0.70	1.40	2.09	2.79	4.19	5.59	7.00	8.41	9.82	11.24	12.67	14.11	21.44	29.12	46.19
81	0.42	0.71	1.41	2.12	2.83	4.25	5.66	7.09	8.51	9.95	11.38	12.83	14.28	21.70	29.48	46.77
82	0.43	0.72	1.43	2.15	2.86	4.30	5.73	7.17	8.62	10.07	11.52	12.99	14.46	21.97	29.85	47.34
83	0.43	0.72	1.45	2.17	2.90	4.35	5.80	7.26	8.72	10.19	11.66	13.15	14.64	22.24	30.21	47.92
84	0.44	0.73	1.47	2.20	2.93	4.40	5.87	7.35	8.83	10.31	11.81	13.30	14.81	22.51	30.57	48.50
85	0.45	0.74	1.48	2.23	2.97	4.45	5.94	7.44	8.93	10.44	11.95	13.46	14.99	22.78	30.94	49.07
86	0.45	0.75	1.50	2.25	3.00	4.51	6.01	7.52	9.04	10.56	12.09	13.62	15.16	23.04	31.30	49.65
87	0.46	0.76	1.52	2.28	3.04	4.56	6.08	7.61	9.14	10.68	12.23	13.78	15.34	23.31	31.67	50.23
88	0.46	0.77	1.54	2.30	3.07	4.61	6.15	7.70	9.25	10.81	12.37	13.94	15.52	23.58	32.03	50.81
89	0.47	0.78	1.55	2.33	3.11	4.66	6.22	7.79	9.35	10.93	12.51	14.10	15.69	23.85	32.39	51.38

续表

N/(°)	0.3	0.5	1	1.5	2	3	4	5	6	7	8	9	10	15	20	30
90	0.47	0.79	1.57	2.36	3.14	4.72	6.29	7.87	9.46	11.05	12.65	14.25	15.87	24.12	32.76	51.96
91	0.48	0.79	1.59	2.38	3.18	4.77	6.36	7.96	9.56	11.17	12.79	14.41	16.05	24.38	33.12	52.54
92	0.48	0.80	1.61	2.41	3.21	4.82	6.43	8.05	9.67	11.30	12.93	14.57	16.22	24.65	33.49	53.12
93	0.49	0.81	1.62	2.44	3.25	4.87	6.50	8.14	9.77	11.42	13.07	14.73	16.40	24.92	33.85	53.69
94	0.49	0.82	1.64	2.46	3.28	4.93	6.57	8.22	9.88	11.54	13.21	14.89	16.57	25.19	34.21	54.27
95	0.50	0.83	1.66	2.49	3.32	4.98	6.64	8.31	9.98	11.66	13.35	15.05	16.75	25.46	34.58	54.85
96	0.50	0.84	1.68	2.51	3.35	5.03	6.71	8.40	10.09	11.79	13.49	15.20	16.93	25.72	34.94	55.43
97	0.51	0.85	1.69	2.54	3.39	5.08	6.78	8.49	10.20	11.91	13.63	15.36	17.10	25.99	35.31	56.00
98	0.51	0.86	1.71	2.57	3.42	5.14	6.85	8.57	10.30	12.03	13.77	15.52	17.28	26.26	35.67	56.58
99	0.52	0.86	1.73	2.59	3.46	5.19	6.92	8.66	10.41	12.16	13.91	15.68	17.46	26.53	36.03	57.16
100	0.52	0.87	1.75	2.62	3.49	5.24	6.99	8.75	10.51	12.28	14.05	15.84	17.63	26.79	36.40	57.74
101	0.53	0.88	1.76	2.64	3.53	5.29	7.06	8.84	10.62	12.40	14.19	16.00	17.81	27.06	36.76	58.31
102	0.53	0.89	1.78	2.67	3.56	5.35	7.13	8.92	10.72	12.52	14.34	16.16	17.99	27.33	37.12	58.89
103	0.54	0.90	1.80	2.70	3.60	5.40	7.20	9.01	10.83	12.65	14.48	16.31	18.16	27.60	37.49	59.47
104	0.54	0.91	1.82	2.72	3.63	5.45	7.27	9.10	10.93	12.77	14.62	16.47	18.34	27.87	37.85	60.04
105	0.55	0.92	1.83	2.75	3.67	5.50	7.34	9.19	11.04	12.89	14.76	16.63	18.51	28.13	38.22	60.62
106	0.56	0.93	1.85	2.78	3.70	5.56	7.41	9.27	11.14	13.02	14.90	16.79	18.69	28.40	38.58	61.20
107	0.56	0.93	1.87	2.80	3.74	5.61	7.48	9.36	11.25	13.14	15.04	16.95	18.87	28.67	38.94	61.78
108	0.57	0.94	1.89	2.83	3.77	5.66	7.55	9.45	11.35	13.26	15.18	17.11	19.04	28.94	39.31	62.35
109	0.57	0.95	1.90	2.85	3.81	5.71	7.62	9.54	11.46	13.38	15.32	17.26	19.22	29.21	39.67	62.93
110	0.58	0.96	1.92	2.88	3.84	5.76	7.69	9.62	11.56	13.51	15.46	17.42	19.40	29.47	40.04	63.51
111	0.58	0.97	1.94	2.91	3.88	5.82	7.76	9.71	11.67	13.63	15.60	17.58	19.57	29.74	40.40	64.09
112	0.59	0.98	1.95	2.93	3.91	5.87	7.83	9.80	11.77	13.75	15.74	17.74	19.75	30.01	40.76	64.66
113	0.59	0.99	1.97	2.96	3.95	5.92	7.90	9.89	11.88	13.87	15.88	17.90	19.92	30.28	41.13	65.24
114	0.60	0.99	1.99	2.99	3.98	5.97	7.97	9.97	11.98	14.00	16.02	18.06	20.10	30.55	41.49	65.82
115	0.60	1.00	2.01	3.01	4.02	6.03	8.04	10.06	12.09	14.12	16.16	18.21	20.28	30.81	41.86	66.40
116	0.61	1.01	2.02	3.04	4.05	6.08	8.11	10.15	12.19	14.24	16.30	18.37	20.45	31.08	42.22	66.97
117	0.61	1.02	2.04	3.06	4.09	6.13	8.18	10.24	12.30	14.37	16.44	18.53	20.63	31.35	42.58	67.55
118	0.62	1.03	2.06	3.09	4.12	6.18	8.25	10.32	12.40	14.49	16.58	18.69	20.81	31.62	42.95	168.13
119	0.62	1.04	2.08	3.12	4.16	6.24	8.32	10.41	12.51	14.61	16.72	18.85	20.98	31.89	43.31	68.70

续表

N/(°)	0.3	0.5	1	1.5	2	3	4	5	6	7	8	9	10	15	20	30
120	0.63	1.05	2.09	3.14	4.19	6.29	8.39	10.50	12.61	14.73	16.86	19.01	21.16	32.15	43.68	69.28
121	0.63	1.06	2.11	3.17	4.23	6.34	8.46	10.59	12.72	14.86	17.01	19.16	21.34	32.42	44.04	69.86
122	0.64	1.06	2.13	3.19	4.26	6.39	8.53	10.67	12.82	14.98	17.15	19.32	21.51	32.69	44.40	70.44
123	0.64	1.07	2.15	3.22	4.30	6.45	8.60	10.76	12.93	15.10	17.29	19.48	21.69	32.96	44.77	71.01
124	0.65	1.08	2.16	3.25	4.33	6.50	8.67	10.85	13.03	15.23	17.43	19.64	21.86	33.23	45.13	71.59
125	0.65	1.09	2.18	3.27	4.37	6.55	8.74	10.94	13.14	15.35	17.57	19.80	22.04	33.49	45.50	72.17
126	0.66	1.10	2.20	3.30	4.40	6.60	8.81	11.02	13.24	15.47	17.71	19.96	22.22	33.76	45.86	72.75
127	0.66	1.11	2.22	3.33	4.43	6.66	8.88	11.11	13.35	15.59	17.85	20.11	22.39	34.03	46.22	73.32
128	0.67	1.12	2.23	3.35	4.47	6.71	8.95	11.20	13.45	15.72	17.99	20.27	22.57	34.30	46.59	73.90
129	0.68	1.13	2.25	3.38	4.50	6.76	9.02	11.29	13.56	15.84	18.13	20.43	22.75	34.57	46.95	74.48
130	0.68	1.13	2.27	3.40	4.54	6.81	9.09	11.37	13.66	15.96	18.27	20.59	22.92	34.83	47.32	75.06
131	0.69	1.14	2.29	3.43	4.57	6.87	9.16	11.46	13.77	16.08	18.41	20.75	23.10	35.10	47.68	75.63
132	0.69	1.15	2.30	3.46	4.61	6.92	9.23	11.55	13.87	16.21	18.55	20.91	23.28	35.37	48.04	76.21
133	0.70	1.16	2.32	3.48	4.64	6.97	9.30	11.64	13.98	16.33	18.69	21.07	23.45	35.64	48.41	76.79
134	0.70	1.17	2.34	3.51	4.68	7.02	9.37	11.72	14.08	16.45	18.83	21.22	23.63	35.91	48.77	77.36
135	0.71	1.18	2.36	3.54	4.71	7.08	9.44	11.81	14.19	16.58	18.97	21.38	23.80	36.17	49.14	77.94
136	0.71	1.19	2.37	3.56	4.75	7.13	9.51	11.90	14.29	16.70	19.11	21.54	23.98	36.44	49.50	78.52
137	0.72	1.20	2.39	3.59	4.78	7.18	9.58	11.99	14.40	16.82	19.25	21.70	24.16	36.71	49.86	79.10
138	0.72	1.20	2.41	3.61	4.82	7.23	9.65	12.07	14.50	16.94	19.39	21.86	24.33	36.98	50.23	79.67
139	0.73	1.21	2.43	3.64	4.85	7.28	9.72	12.16	14.61	17.07	19.54	22.02	24.51	37.24	50.59	80.25
140	0.73	1.22	2.44	3.67	4.89	7.34	9.79	12.25	14.71	17.19	19.68	22.17	24.69	37.51	50.96	80.83
141	0.74	1.23	2.46	3.69	4.92	7.39	9.86	12.34	14.82	17.31	19.82	22.33	24.86	37.78	51.32	81.41
142	0.74	1.24	2.48	3.72	4.96	7.44	9.93	12.42	14.92	17.44	19.96	22.49	25.04	38.05	51.68	81.98
143	0.75	1.25	2.50	3.74	4.99	7.49	10.00	12.51	15.03	17.56	20.10	22.65	25.21	38.32	52.05	82.56
144	0.75	1.26	2.51	3.77	5.03	7.55	10.07	12.60	15.14	17.68	20.24	22.81	25.39	38.58	52.41	83.14
145	0.76	1.27	2.53	3.80	5.06	7.60	10.14	12.69	15.24	17.80	20.38	22.97	25.57	38.85	52.78	83.72
146	0.76	1.27	2.55	3.82	5.10	7.65	10.21	12.77	15.35	17.93	20.52	23.12	25.74	39.12	53.14	84.29
147	0.77	1.28	2.57	3.85	5.13	7.70	10.28	12.86	15.45	18.05	20.66	23.28	25.92	39.39	53.50	84.87
148	0.77	1.29	2.58	3.88	5.17	7.76	10.35	12.95	15.56	18.17	20.80	23.44	26.10	39.66	53.87	85.45
149	0.78	1.30	2.60	3.90	5.20	7.81	10.42	13.04	15.66	18.29	20.94	23.60	26.27	39.92	54.23	86.03

续表

N/(°)	0.3	0.5	1	1.5	2	3	4	5	6	7	8	9	10	15	20	30
150	0.79	1.31	2.62	3.93	5.24	7.86	10.49	13.12	15.77	18.42	21.08	23.76	26.45	40.19	54.60	86.60
151	0.79	1.32	2.64	3.95	5.27	7.91	10.56	13.21	15.87	18.54	21.22	23.92	26.63	40.46	54.96	87.18
152	0.80	1.33	2.65	3.98	5.31	7.97	10.63	13.30	15.98	18.66	21.36	24.07	26.80	40.73	55.32	87.76
153	0.80	1.34	2.67	4.01	5.34	8.02	10.70	13.39	16.08	18.79	21.50	24.23	26.98	41.00	55.69	88.33
154	0.81	1.34	2.69	4.03	5.38	8.07	10.77	13.47	16.19	18.91	21.64	24.39	27.15	41.26	56.05	88.91
155	0.81	1.35	2.71	4.06	5.41	8.12	10.84	13.56	16.29	19.03	21.78	24.55	27.33	41.53	56.42	89.49
156	0.82	1.36	2.72	4.09	5.45	8.18	10.91	13.65	16.40	19.15	21.92	24.71	27.51	41.80	56.78	90.07
157	0.82	1.37	2.74	4.11	5.48	8.23	10.98	13.74	16.50	19.28	22.06	24.87	27.68	42.07	57.14	90.64
158	0.83	1.38	2.76	4.14	5.52	8.28	11.05	13.82	16.61	19.40	22.21	25.02	27.86	42.34	57.51	91.22
159	0.83	1.39	2.78	4.16	5.55	8.33	11.12	13.91	16.71	19.52	22.35	25.18	28.04	42.60	57.87	91.80
160	0.84	1.40	2.79	4.19	5.59	8.39	11.19	14.00	16.82	19.65	22.49	25.34	28.21	42.87	58.24	92.38
161	0.84	1.41	2.81	4.22	5.62	8.44	11.26	14.09	16.92	19.77	22.63	25.50	28.39	43.14	58.60	92.95
162	0.85	1.41	2.83	4.24	5.66	8.49	11.33	14.17	17.03	19.89	22.77	25.66	28.56	43.41	58.96	93.53
163	0.85	1.42	2.85	4.27	5.69	8.54	11.40	14.26	17.13	20.01	22.91	25.82	28.74	43.68	59.33	94.11
164	0.86	1.43	2.86	4.29	5.73	8.59	11.47	14.35	17.24	20.14	23.05	25.98	28.92	43.94	59.69	94.69
165	0.86	1.44	2.88	4.32	5.76	8.65	11.54	14.44	17.34	20.26	23.19	26.13	29.09	44.21	60.06	95.26
166	0.87	1.45	2.90	4.35	5.80	8.70	11.61	14.52	17.45	20.38	23.33	26.29	29.27	44.48	60.42	95.84
167	0.87	1.46	2.91	4.37	5.83	8.75	11.68	14.61	17.55	20.51	23.47	26.45	29.45	44.75	60.78	96.42
168	0.88	1.47	2.93	4.40	5.87	8.80	11.75	14.70	17.66	20.63	23.61	26.61	29.62	45.02	61.15	96.99
169	0.88	1.47	2.95	4.43	5.90	8.86	11.82	14.79	17.76	20.75	23.75	26.77	29.80	45.28	61.51	97.57
170	0.89	1.48	2.97	4.45	5.94	8.91	11.89	14.87	17.87	20.87	23.89	26.93	29.98	45.55	61.87	98.15
171	0.90	1.49	2.98	4.48	5.97	8.96	11.96	14.96	17.97	21.00	24.03	27.08	30.15	45.82	62.24	98.73
172	0.90	1.50	3.00	4.50	6.01	9.01	12.03	15.05	18.08	21.12	24.17	27.24	30.33	46.09	62.60	99.30
173	0.91	1.51	3.02	4.53	6.04	9.07	12.10	15.14	18.18	21.24	24.31	27.40	30.50	46.36	62.97	99.88
174	0.91	1.52	3.04	4.56	6.08	9.12	12.17	15.22	18.29	21.36	24.45	27.56	30.68	46.62	63.33	100.46
175	0.92	1.53	3.05	4.58	6.11	9.17	12.24	15.31	18.39	21.49	24.59	27.72	30.86	46.89	63.69	101.04
176	0.92	1.54	3.07	4.61	6.15	9.22	12.31	15.40	18.50	21.61	24.74	27.88	31.03	47.16	64.06	101.61
177	0.93	1.54	3.09	4.63	6.18	9.28	12.38	15.49	18.60	21.73	24.88	28.03	31.21	47.43	64.42	102.19
178	0.93	1.55	3.11	4.66	6.22	9.33	12.45	15.57	18.71	21.86	25.02	28.19	31.39	47.69	64.79	102.77
179	0.94	1.56	3.12	4.69	6.25	9.38	12.52	15.66	18.81	21.98	25.16	28.35	31.56	47.96	65.15	103.35

续表

N/(°)	0.3	0.5	1	1.5	2	3	4	5	6	7	8	9	10	15	20	30
180	0.94	1.57	3.14	4.71	6.29	9.43	12.59	15.75	18.92	22.10	25.30	28.51	31.74	48.23	65.51	103.92
181	0.95	1.58	3.16	4.74	6.32	9.49	12.66	15.84	19.02	22.22	25.44	28.67	31.92	48.50	65.88	104.50
182	0.95	1.59	3.18	4.77	6.36	9.54	12.73	15.92	19.13	22.35	25.58	28.83	32.09	48.77	66.24	105.08
183	0.96	1.60	3.19	4.79	6.39	9.59	12.80	16.01	19.23	22.47	25.72	28.98	32.27	49.03	66.61	105.66
184	0.96	1.61	3.21	4.82	6.43	9.64	12.87	16.10	19.34	22.59	25.86	29.14	32.44	49.30	66.97	106.23
185	0.97	1.61	3.23	4.84	6.46	9.70	12.94	16.19	19.44	22.72	26.00	29.30	32.62	49.57	67.33	106.81
186	0.97	1.62	3.25	4.87	6.50	9.75	13.01	16.27	19.55	22.84	26.14	29.46	32.80	49.84	67.70	107.39
187	0.98	1.63	3.26	4.90	6.53	9.80	13.08	16.36	19.65	22.96	26.28	29.62	32.97	50.11	68.06	107.96
188	0.98	1.64	3.28	4.92	6.57	9.85	13.15	16.45	19.76	23.08	26.42	29.78	33.15	50.37	68.43	108.54
189	0.99	1.65	3.30	4.95	6.60	9.91	13.22	16.54	19.86	23.21	26.56	29.93	33.33	50.64	68.79	109.12
190	0.99	1.66	3.32	4.98	6.63	9.96	13.29	16.62	19.97	23.33	26.70	30.09	33.50	50.91	69.15	109.70
191	1.00	1.67	3.33	5.00	6.67	10.01	13.36	16.71	20.07	23.45	26.84	30.25	33.68	51.18	69.52	110.27
192	1.01	1.68	3.35	5.03	6.70	10.06	13.43	16.80	20.18	23.57	26.98	30.41	33.85	51.45	69.88	110.85
193	1.01	1.68	3.37	5.05	6.74	10.11	13.50	16.89	20.29	23.70	27.12	30.57	34.03	51.71	70.25	111.43
194	1.02	1.69	3.39	5.08	6.77	10.17	13.57	16.97	20.39	23.82	27.26	30.73	34.21	51.98	70.61	112.01
195	1.02	1.70	3.40	5.11	6.81	10.22	13.64	17.06	20.50	23.94	27.41	30.88	34.38	52.25	70.97	112.58
196	1.03	1.71	3.42	5.13	6.84	10.27	13.71	17.15	20.60	24.07	27.55	31.04	34.56	52.52	71.34	113.16
197	1.03	1.72	3.44	5.16	6.88	10.32	13.78	17.24	20.71	24.19	27.69	31.20	34.74	52.79	71.70	113.74
198	1.04	1.73	3.46	5.18	6.91	10.38	13.85	17.32	20.81	24.31	27.83	31.36	34.91	53.05	72.07	114.32
199	1.04	1.74	3.47	5.21	6.95	10.43	13.92	17.41	20.92	24.43	27.97	31.52	35.09	53.32	72.43	114.89
200	1.05	1.75	3.49	5.24	6.98	10.48	13.99	17.50	21.02	24.56	28.11	31.68	35.27	53.59	72.79	115.47
201	1.05	1.75	3.51	5.26	7.02	10.53	14.06	17.59	21.13	24.68	28.25	31.84	35.44	53.86	73.16	116.05
202	1.06	1.76	3.53	5.29	7.05	10.59	14.13	17.67	21.23	24.80	28.39	31.99	35.62	54.13	73.52	116.62
203	1.06	1.77	3.54	5.32	7.09	10.64	14.20	17.76	21.34	24.93	28.53	32.15	35.79	54.39	73.89	117.20
204	1.07	1.78	3.56	5.34	7.12	10.69	14.27	17.85	21.44	25.05	28.67	32.31	35.97	54.66	74.25	117.78
205	1.07	1.79	3.58	5.37	7.16	10.74	14.33	17.94	21.55	25.17	28.81	32.47	36.15	54.93	74.61	118.36
206	1.08	1.80	3.60	5.39	7.19	10.80	14.40	18.02	21.65	25.29	28.95	32.63	36.32	55.20	74.98	118.93
207	1.08	1.81	3.61	5.42	7.23	10.85	14.47	18.11	21.76	25.42	29.09	32.79	36.50	55.47	75.34	119.51
208	1.09	1.82	3.63	5.45	7.26	10.90	14.54	18.20	21.86	25.54	29.23	32.94	36.68	55.73	75.71	120.09
209	1.09	1.82	3.65	5.47	7.30	10.95	14.61	18.29	21.97	25.66	29.37	33.10	36.85	56.00	76.07	120.67

续表

N/(°)	0.3	0.5	1	1.5	2	3	4	5	6	7	8	9	10	15	20	30
210	1.10	1.83	3.67	5.50	7.33	11.01	14.68	18.37	22.07	25.78	29.51	33.26	37.03	56.27	76.43	121.24
211	1.10	1.84	3.68	5.53	7.37	11.06	14.75	18.46	22.18	25.91	29.65	33.42	37.20	56.54	76.80	121.82
212	1.11	1.85	3.70	5.55	7.40	11.11	14.82	18.55	22.28	26.03	29.79	33.58	37.38	56.81	77.16	122.40
213	1.12	1.86	3.72	5.58	7.44	11.16	14.89	18.64	22.39	26.15	29.94	33.74	37.56	57.07	77.53	122.98
214	1.12	1.87	3.74	5.60	7.47	11.22	14.96	18.72	22.49	26.28	30.08	33.89	37.73	57.34	77.89	123.55
215	1.13	1.88	3.75	5.63	7.51	11.27	15.03	18.81	22.60	26.40	30.22	34.05	37.91	57.61	78.25	124.13
216	1.13	1.89	3.77	5.66	7.54	11.32	15.10	18.90	22.70	26.52	30.36	34.21	38.09	57.88	78.62	124.71
217	1.14	1.89	3.79	5.68	7.58	11.37	15.17	18.99	22.81	26.64	30.50	34.37	38.26	58.14	78.98	125.29
218	1.14	1.90	3.81	5.71	7.61	11.42	15.24	19.07	22.91	26.77	30.64	34.53	38.44	58.41	79.35	125.86
219	1.15	1.91	3.82	5.73	7.65	11.48	15.31	19.16	23.02	26.89	30.78	34.69	38.62	58.68	79.71	126.44
220	1.15	1.92	3.84	5.76	7.68	11.53	15.38	19.25	23.12	27.01	30.92	34.84	38.79	58.95	80.07	127.02
221	1.16	1.93	3.86	5.79	7.72	11.58	15.45	19.33	23.23	27.14	31.06	35.00	38.97	59.22	80.44	127.59
222	1.16	1.94	3.88	5.81	7.75	11.63	15.52	19.42	23.33	27.26	31.20	35.16	39.14	59.48	80.80	128.17
223	1.17	1.95	3.89	5.84	7.79	11.69	15.59	19.51	23.44	27.38	31.34	35.32	39.32	59.75	81.17	128.75
224	1.17	1.95	3.91	5.87	7.82	11.74	15.66	19.60	23.54	27.50	31.48	35.48	39.50	60.02	81.53	129.33
225	1.18	1.96	3.93	5.89	7.86	11.79	15.73	19.68	23.65	27.63	31.62	35.64	39.67	60.29	81.89	129.90
226	1.18	1.97	3.94	5.92	7.89	11.84	15.80	19.77	23.75	27.75	31.76	35.79	39.85	60.56	82.26	130.48
227	1.19	1.98	3.96	5.94	7.93	11.90	15.87	19.86	23.86	27.87	31.90	35.95	40.03	60.82	82.62	131.06
228	1.19	1.99	3.98	5.97	7.96	11.95	15.94	19.95	23.96	27.99	32.04	36.11	40.20	61.09	82.99	131.64
229	1.20	2.00	4.00	6.00	8.00	12.00	16.01	20.03	24.07	28.12	32.18	36.27	40.38	61.36	83.35	132.21
230	1.20	2.01	4.01	6.02	8.03	12.05	16.08	20.12	24.17	28.24	32.32	36.43	40.56	61.63	83.71	132.79
231	1.21	2.02	4.03	6.05	8.07	12.11	16.15	20.21	24.28	28.36	32.46	36.59	40.73	61.90	84.08	133.37
232	1.21	2.02	4.05	6.08	8.10	12.16	16.22	20.30	24.38	28.49	32.61	36.75	40.91	62.16	84.44	133.95
233	1.22	2.03	4.07	6.10	8.14	12.21	16.29	20.38	24.49	28.61	32.75	36.90	41.08	62.43	84.81	134.52
234	1.23	2.04	4.08	6.13	8.17	12.26	16.36	20.47	24.59	28.73	32.89	37.06	41.26	62.70	85.17	135.10
235	1.23	2.05	4.10	6.15	8.21	12.32	16.43	20.56	24.70	28.85	33.03	37.22	41.44	62.97	85.53	135.68
236	1.24	2.06	4.12	6.18	8.24	12.37	16.50	20.65	24.80	28.98	33.17	37.38	41.61	63.24	85.90	136.25
237	1.24	2.07	4.14	6.21	8.28	12.42	16.57	20.73	24.91	29.10	33.31	37.54	41.79	63.50	86.26	136.83
238	1.25	2.08	4.15	6.23	8.31	12.47	16.64	20.82	25.01	29.22	33.45	37.70	41.97	63.77	86.62	137.41
239	1.25	2.09	4.17	6.26	8.35	12.53	16.71	20.91	25.12	29.35	33.59	37.85	42.14	64.04	86.99	137.99

2.5 拔模斜度

压力铸造拔模斜度（近似值）[9]

材料类别	外部面积 k_1＝深度t的%	内侧面的最小倾角			
		活动型芯		固定型芯	
		k_1	不小于…mm	k_1	不小于…mm
铝	0.2%…0.5%	0.5%	0.05	1.0%	0.1
锌	0.0%…0.2%	0.2%	—	0.4%	0.03
镁	0.0%…0.3%	0.3%	0.03	0.6%	0.05
铜	1.0%…1.5%	2.0%	0.1	4.0%	0.2
铝和锡	0.0%…0.1%	0.1%	—	0.2%	—

冒口的近似值[9]

材料类别	最小直径 d/mm	与d相关的最大贯通长度	与d相关的最大盲孔长度
铝	2.5	5d	3d
锌	0.8	8d	4d
镁	2	5d	3d
铜	4	3d	2d

模型油漆定义[2]：

打光模制表面，对模型和芯盒上漆；

填入细小木纹和孔以及模具制作的所有其他材料；

保护模具，以防成形时的机械影响(摩擦、冲击、振动)；

防止潮气和腐蚀性介质进入模具表面；

达到脱模效果，防止模型或芯盒上造型材料的粘连(黏接)；

对所用铸造材料和成型时必须注意的特点加上颜色标志。

2.6 标记

EN 12890规定的模型用油漆与色标[3.5]

面或所占面积	铸钢	球墨铸铁	片状石墨铸铁	可锻铸铁	重金属铸件	轻金属铸件
铸件上保留的未加工模型，芯盒表面的底漆	蓝	淡紫	红	灰	黄	绿
铸件上需加工的面		黄色漆（四周黑色漆）			红色漆	黄色漆
模型或芯盒上松散模型零件(嵌入件)以及松散零件的螺钉钉的接合面	红色	红色	蓝色	红色	蓝色	蓝色
型芯掌位置和插入芯棒的标志	黑色					
型芯标志	在特殊情况下漆表明					
内角倒圆	在特殊情况下，如对内角不倒圆，则需在半径标注下需涂黑					
出于铸造技术的考虑，盲冒口、加工余量和标有"P"字母的试件	在模型底漆或未涂漆的工件上，但采用黑色漆条　黑色条带和相应的文字					
模型部分壁上芯型位置	黑色或黑色标志					
转动模板和拉伸模圆角	清漆					
拉伸模板	蓝	淡紫	红	灰	黄	绿

2.7 材料

模型制作用材料[5]

材　料	应　用	用　途
非金属材料		
木材	低成型系数的模型设备、大型模型、模块。大型芯盒、模块	机械强度，温度稳定性
塑料	用于模型、模型设备、五金件、模板、连接材料(胶合技术、可气化模型)	机械强度，温度稳定性
胶水	木模制作用连接材料	
油漆	模具制作用涂覆材料	
石膏和碎石	模板设备，目前为模型	机械强度低，脆，温度稳定性

续表

材　料	应　用	用　途
金属材料		
灰口铸件(GJL、GJS)	模型、模板、冷硬模、芯盒	高密度、难加工、高加工成本
钢和铸钢	模型、压铸模具、精密铸模、五金件、附件	高密度、难加工、高加工成本
轻金属合金	模型、模板装置、芯盒	化学稳定性、机械稳定性
有色金属合金	用于高负荷模型部件、自动机床模型、冷硬模和压铸模制作	可使用、成本高

图纸上的DIN ISO 1302表面结构的标注符号[6]

符　号	含　义／说　明
∨	只有当图纸上有特殊说明时，才使用该符号；符号标注连接一个粗糙度参数时，表明允许使用任何工艺加工或仿制
▽	表面必须通过去除材料的方法获得（切削、刨开或蚀刻）
◇	符号标注而无附加标注时，在交货状态下，表面必须保留上道加工工艺的状态，如半成品、未清理铸件、锻制面或由上一家供方通过材料切削加工成的面。符号标注而另加补充标注时，则表示表面不去除材料，如通过成形、变形、涂覆、不允许进行切削加工

注：要求特殊表面标注时，应在符号的长边上加一条横线。

补充性能的注写

符号上表面注写的位置

$a=$平均粗糙度 Ra，μm；

$b=$加工方法、处理或覆层，其他文字注写；

$c=$基准距离，极限波长，mm；

$d=$纹理方向；

$e=$加工余量；

$f=$其他粗糙度参数(如：R_z、R_p、R_{max})

$$e\sqrt[\,]{\dfrac{\dfrac{b}{c(f)}}{d}}\,^{a}$$

参 考 文 献

[1]　信息系统 Beuth出版社，http://www.beuth.de.

[2]　铸造百科全书[M]. 柏林：Schiele & Schön专业出版社，2008.

[3]　DIN EN 12890，2006年6月版 铸造、砂型铸模和砂芯生产用模型、模型
　　　设备和砂芯盒.

[4]　铸造实用手册[M]. 柏林：Schiele & Schön专业出版社，1990.

[5]　Flemming.E.，Tilch. W. 模型材料和模制工艺[M]. 德国原料工业出版社，
　　　1993：120.

[6]　DIN EN ISO 1302，产品几何技术规范(GPS) 技术产品文件中表面结构的
　　　表示法，2002，6.

[7]　VDI 3381：泡沫塑料模具；铸铁和钢铸件制成的模具零件的设计指南；
　　　2012.

[8]　Nogowizin. B. 压铸理论与实践[M]. 柏林：Schiele & Schön专业出版社，
　　　2011.

[9]　"有色金属的压铸"；技术标准，德国压力铸造协会. 2008：21～24.

3 铸造方法

3 铸造方法

3.1 劳动和环境保护

对劳动保护和环境保护的专用说明：

有关职业安全健康的行业规范：

BGR 500 "工具操作"；

BGR 500第2.21款 "铸造车间的操作"；

BGR 500第2.18款 "压铸机和注塑机的操作"。

行业信息：

BGI 549 "铸工"；

BGI 806 "铸造车间的危险品"。

良好工作实践的搬运守则：

"铸造车间岗位从业人员对尘埃和气溶胶的防护"。

这份良好工作实践的操作指南是在黑森州、下萨克森州和莱茵兰-普法尔茨州的测量机构与北南金属行业协会的通力合作下编制的。德国铸造工程师协会(VDG)对这份操作指南编写提出了咨询意见。出版者：黑森州社会部，Dostojewski街4，65187维斯巴登，2008年5月版。

3.2 模制技术

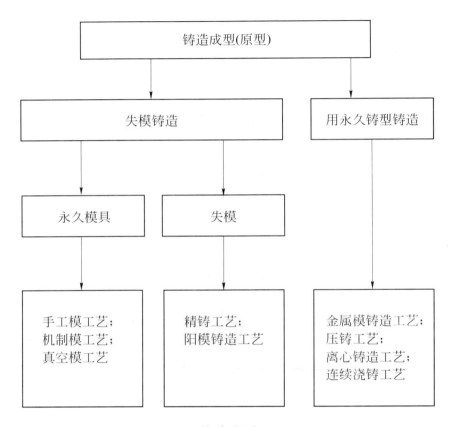

铸造成型

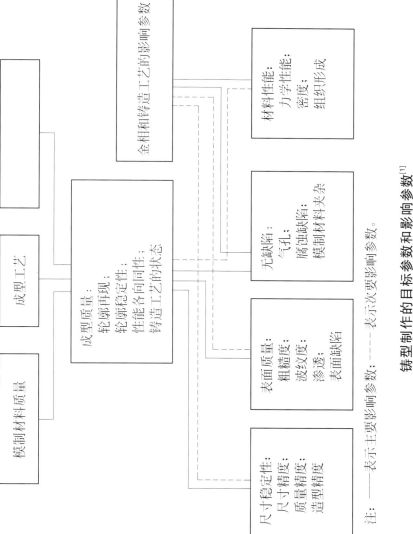

铸型制作的目标参数和影响参数[1]

注：──表示主要影响参数；------表示次要影响参数。

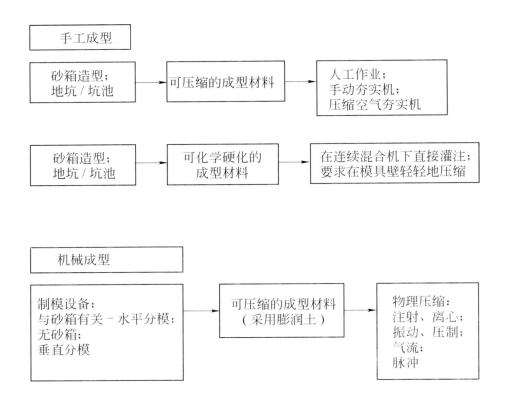

模型制作–失模浇注

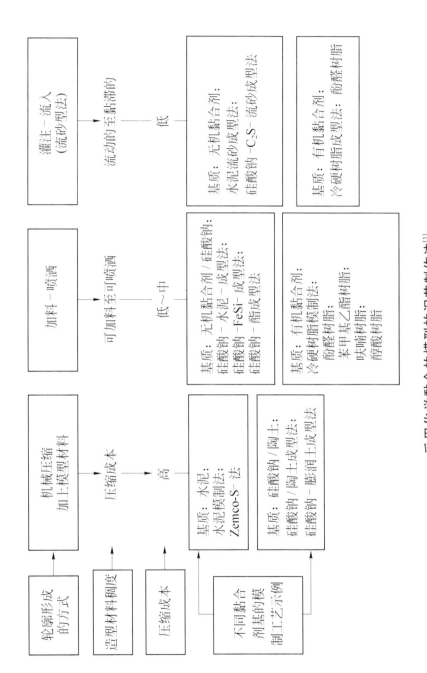

采用化学黏合的模型的泥芯制作法[1]

```
                    ┌─────────────────────────────────────┐
                    │         有机模制材料黏合剂体系           │
                    └─────────────────────────────────────┘
         ┌─────────────────┬──────────────────┬─────────────────┐
┌─────────────────┐ ┌─────────────────┐ ┌─────────────────┐
│   模具内冷硬化    │ │   模具内热硬化    │ │   模具外热硬化    │
└─────────────────┘ └─────────────────┘ └─────────────────┘
```

模具内冷硬化	模具内热硬化	模具外热硬化
加气法： 冷硬工艺、箱铸工艺，CB+、Gasharz 聚氨酯、Gasharz+、二氧化硫法、呋喃树脂、环氧树脂 自动硬化法： 有机快速硬化； Pentex； 聚氨酯 (派普树脂)； Polyole； 快硬树脂：呋喃树脂、有机 　　　　自动硬化、自硬的； 冷硬树脂：呋喃树脂； 呋喃脲； Sinotherm：酚醛树脂； Sinotherm200：酚醛树脂酯； Formoplast：凝固油； Tekarit：聚氨酯 - 异氰酸酯	温箱法： 呋喃树脂； 热冲击； 呋喃树脂； 酚醛树脂 热箱法： Resital； 酚醛树脂； 热固树脂； 呋喃树脂； 树脂； 脲 掩膜法： Resital 加工砂； Resitale； Corrodur； 酚醛清漆； 克罗宁法	烘箱干燥： 放射微粒； Optiol； Sinole； 泥芯黏结油； Abidur； 油； 可溶酚醛树脂

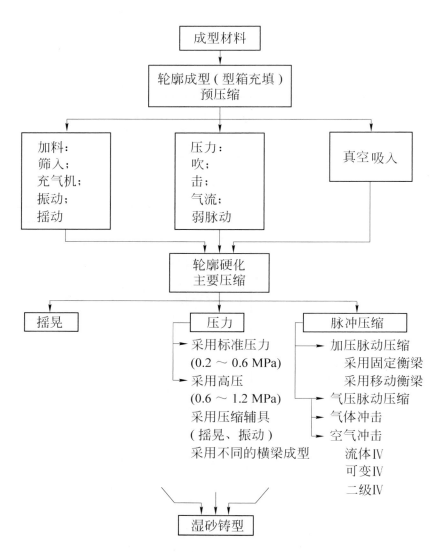

膨润土黏合成型材料的模型制作–主要压缩工艺一览[1]

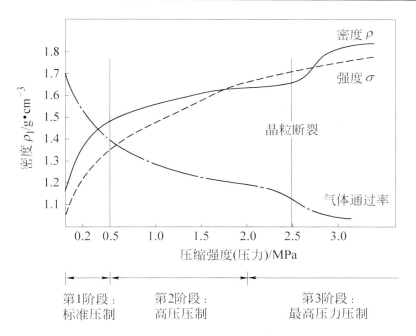

压铸时的压缩强度[1]

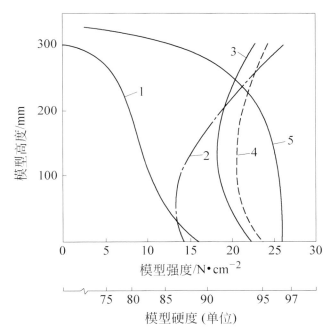

选用模制工艺的压缩特性[1]

1—摇晃；2—高压压制(1.2~1.4 MPa)；3—振动高压压制(0.8~1.0 MPa)；
4—气流压制(0.8~1.0 MPa)；5—脉冲压缩

不同模制法和浇铸法的尺寸精度和表面质量(基准公称尺寸约500 mm)[1]

方　法	尺寸精度，公差范围/%	表面质量，平均粗糙度 R_a/μm
陶土黏合的模制材料：		
手工模型；	2.5～5	120～360
传统的机械模型；	1.5～3	80～160
现代压缩	1.0～2	60～160
掩模工艺：		
陶瓷模制法；	0.8～1.5	40～80
精密铸造法；	0.5～0.8	40～50
阳模铸造；	0.3～0.7	6～30
真空模制法	1.0～1.5	80～160
	0.8～1.5	30～80
永久模制法：		
压力铸造；	0.1～0.4	3～40
金属模铸造；	0.3～0.6	20～60
连续浇铸；	0.6～0.8	10～40
挤压铸造	0.8～1.2	20～60
	0.2～0.5	10～40

3.3 浇口技术

机械成型铸造的浇口技术研制

第一代模具设备	浇口在工艺上无法进行成型
压力压缩：0.2~0.4 MPa 进一步研制	压缩后采用插接盖，对稳定定性的要求较低； 为了降低整修费用，使用带缩颈和小直径颈的插接盖和小直径颈的浇口
自1975年起的模具技术 加压压缩：0.4~0.7 MPa 进一步研制	成型前将浇口置于模架上； 带缩颈泥芯的小型浇口，体积小能明显减少铁水，提高效率； 具有更小直径的缩颈泥芯，体积更小，明显缩小了浇口体积； 采用成型泥芯，可改进浇口的定位； 开发无氟的冷型盒砂芯，不会对石墨的构成产生影响； 对密封供料的铸造几何形状采用放热轮廓缩颈泥芯和分段
目前的模具技术 压力压缩：0.8~1.6 MPa	对铸造轮廓采用高压、高要求，则需要采用新的系统； 积木化浇口系统采用个性化的定位解决方案，复杂造型的压力释放和供液； 开发多段浇口，在压制过程中，通过上下模的伸缩移动形成浇口无压力成型的下模部分； 开发多段浇口，在压制过程中采用弹簧型，从而能对浇口进行无压力定位
引用文件	铸造实践：3/2008：专用浇口技术

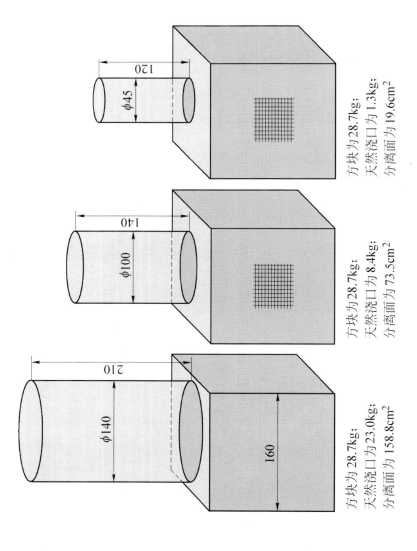

方块为28.7kg；
天然浇口为23.0kg；
分离面为158.8cm²

方块为28.7kg；
天然浇口为8.4kg；
分离面为73.5cm²

方块为28.7kg；
天然浇口为1.3kg；
分离面为19.6cm²

要求的浇口大小：自然放热热浇口和小型浇口的对比[2]

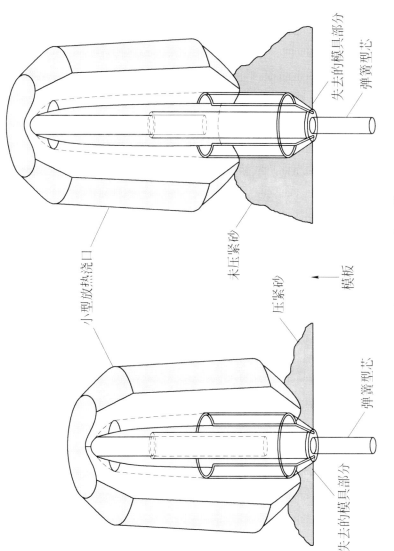

失去的模具部分

弹簧型芯

未压紧砂

小型放热浇口

压紧砂

模板

弹簧型芯

失去的模具部分

折边浇口的原理 (BKS浇口) [2]

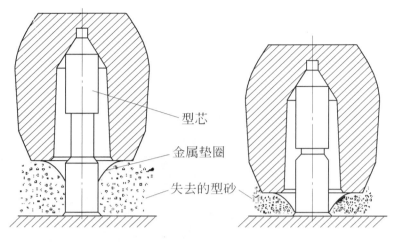

型芯

金属垫圈

失去的型砂

(a) 压缩前用弹簧型芯的成型　　　　(b) 压缩后用弹簧型芯的成型

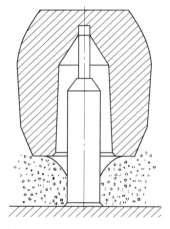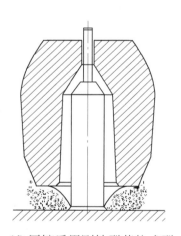

(c) 压缩前用刚性型芯的成型　　　　(d) 压缩后用刚性型芯的成型

采用弹簧型芯和刚性型芯成型的浇口技术[3]

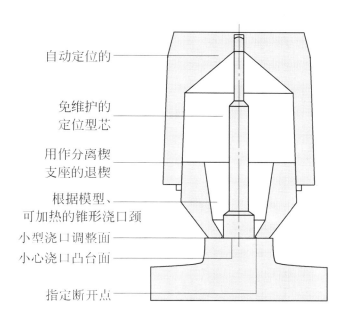

自动定位的

免维护的
定位型芯

用作分离楔
支座的退楔

根据模型、
可加热的锥形浇口颈

小型浇口调整面

小心浇口凸台面

指定断开点

压缩后

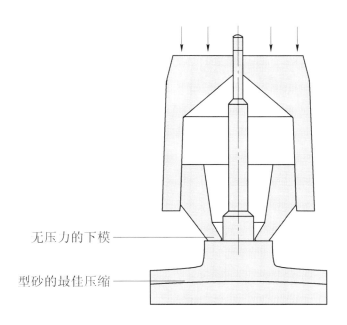

无压力的下模

型砂的最佳压缩

3.4 快速制作样件

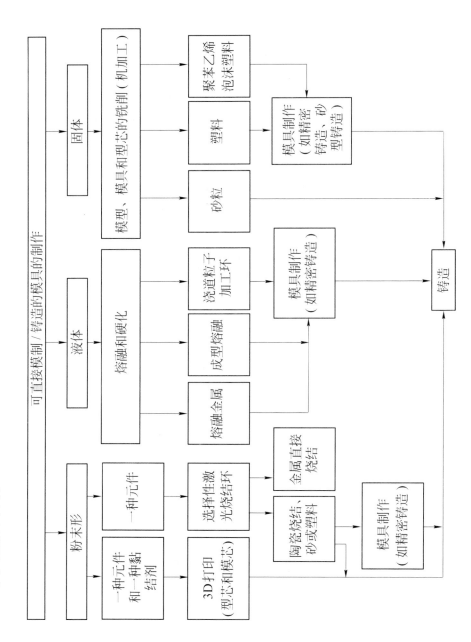

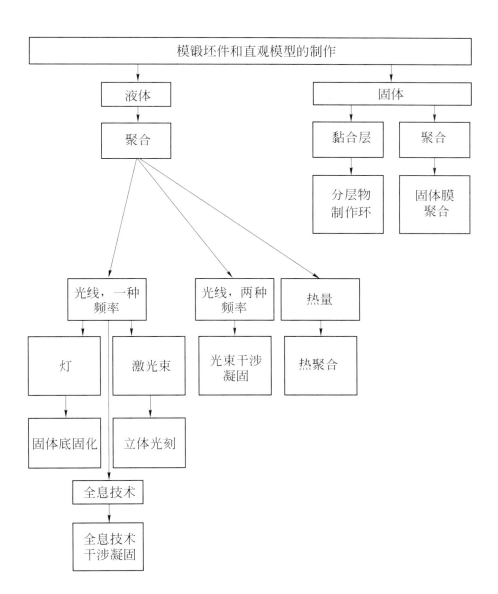

工艺和材料

工　艺	材　料
立体光刻（STL）	光敏聚合物
激光束烧结； 选区激光烧结（SLS）	热塑塑料； 金属； 陶瓷； 砂； 壳模砂
分层实体制造（LOM）	纸； 塑料； 金属
熔化沉积制造（FDM）	热固性塑料； 模蜡
实体磨削固化（SGC）	光敏聚合物
3D打印技术（打印）	塑料； 砂
铣削	模芯； 陶瓷； 塑料

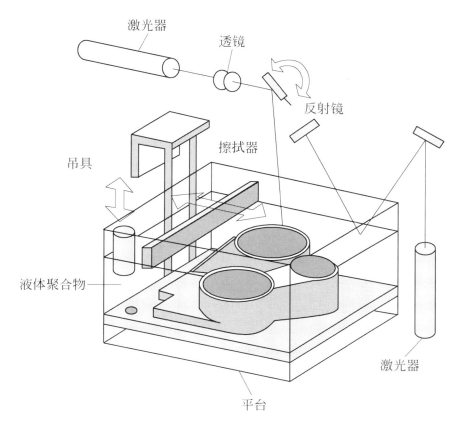

激光器

透镜

反射镜

擦拭器

吊具

液体聚合物

激光器

平台

立体光刻

　　自1987年以来，德国便采用了立体光刻技术，这是一种全新的加工技术。它使用一条经过由计算机控制的聚合物表面的激光束，通过对紫外线敏感的聚合物的固化来形成模具。如果在载体平台上完成一层实物，则应将需固化的模具部分降到聚合物反射镜以下，从而重新予以分配，再形成下一层。

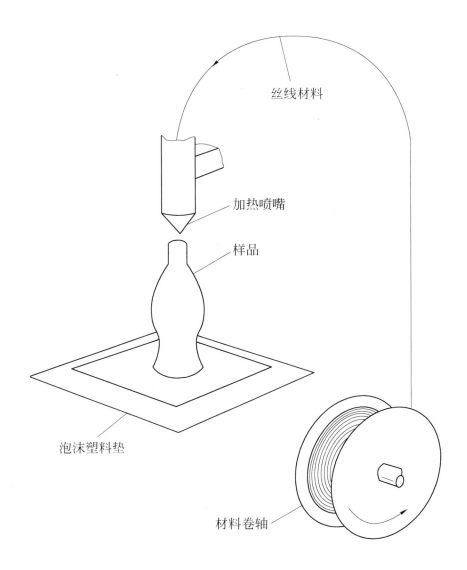

丝线材料

加热喷嘴

样品

泡沫塑料垫

材料卷轴

熔化沉积制造(FDM)

　　采用熔化沉积制造设备，可依据数据组，用蜡和塑料制作模型，如上图所示。需采用线状材料，在一个喷嘴中熔化，按工件的轮廓，分层涂布在载体上。

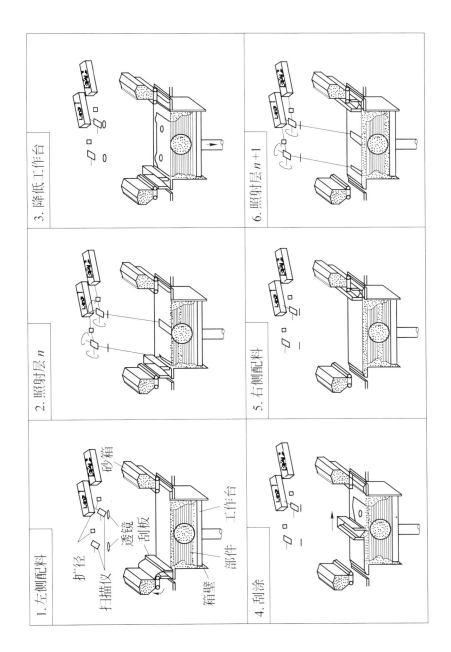

1. 左侧配料
扩径
扫描仪
砂箱
透镜
刮板
部件
工作台
箱壁

2. 照射层 n

3. 降低工作台

4. 刮涂

5. 右侧配料

6. 照射层 n+1

选区激光烧结(SLS)

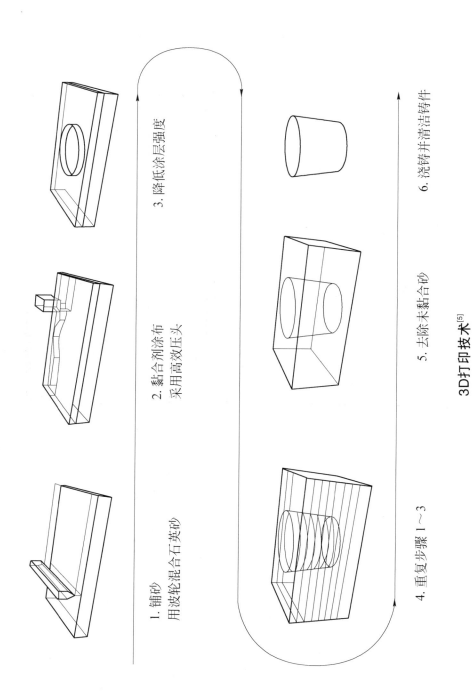

1. 铺砂
用波轮混合石英砂

2. 黏合剂涂布
采用高效压头

3. 降低涂层强度

4. 重复步骤 1～3

5. 去除未黏合砂

6. 浇铸并清洁铸件

3D打印技术[5]

直接用于模型、工件及模具制作的工艺[6]

材　料	加工工艺	所需资料	优　点	常见的制模工艺	缺　点
聚苯乙烯	SLS	3D数据	任何铸造位置，模具无斜度，不用考虑脱模，无分模	精密铸造	失模，往往无法适用于非传统的成型批量生产
蜡	FDM、硅预成型	3D数据	任何铸造位置，模具无斜度，不用考虑脱模，无分模	精密铸造	失模，往往无法适用于非传统的成型批量生产
PMMA聚甲基丙烯甲酯（有机玻璃）	SLS、SDM、铣削	3D数据、2D图纸	任何铸造位置，模具无斜度，不用考虑脱模，无分模	精密铸造、砂型铸造	失模，往往无法适用于非传统的成型批量生产
聚苯乙烯泡沫塑料	铣削、切割等	3D数据、2D图纸	任何铸造位置，模具无斜度，不用考虑脱模，无分模	砂型铸造	失模，往往无法适用于非传统的成型批量生产
砂	打印、铣削	3D数据、2D图纸	任何铸造位置，模具无斜度，不用考虑脱模	直接浇铸	往往无法适用于非传统的成型批量生产
壳模砂	SLS	3D数据	任何铸造位置，模具无斜度，不用考虑脱模	直接浇铸	往往无法适用于非传统的成型批量生产

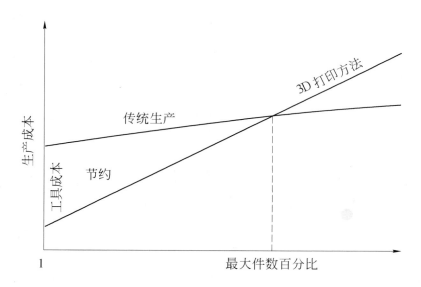

Voxeljt 技术的成本优势[5]

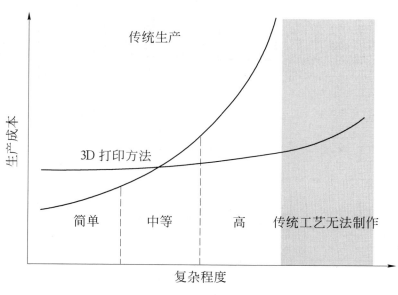

生产成本对比[5]

成本和时间对比[6]

	成本	时间
四气门摩托车发动机内置气缸盖		
具有五个芯盒样车的传统制作	50000欧元	10周
两种铸件CAD数据的激光烧结	10000欧元	2周
两种铸件用两种模具和模芯的打印	5000欧元	1周
乘用车曲柄轴		
两块模板和三个芯盒样车的传统制作	30000欧元	10周
两种铸件CAD数据的激光烧结	5000欧元	2周
两种铸件用两种模具和模芯的打印	4000欧元	1周

3.5 硬模铸件

金属模铸件：金属硬模铸造[7]

金属模铸造（硬模）中有砂型铸造，它的加热物理方法在于，导热性能很高的金属模制材料可对凝回熔液进行加速冷却。由于凝固的时间很短，便能产生细晶粒和密集的组织，这样可提高铸件的力学性能。

例如：气密和水密的黄铜配件与砂型铸造相比，金属模铸造的其他优点在于：

（1）尺寸精度和尺寸稳定性更高（加工余量更小）；

（2）通过金属模具可更好地再现轮廓和表面。

必须注意：金属永久性模具是不透气的，可能会产生模具的排气问题，熔液不能完全填满模具型腔，从此可能会使气体夹杂增多。

金属模铸件（按用途）分类

轻金属模铸造	铝合金和镁合金
重金属模铸造	黄铜合金
铸铁模铸造	近共晶和过共晶成分的铸铁

金属模铸造材料

铸造材料标准：

DIN EN 1982	铜锌铸造合金
DIN EN 1706	铝和铝合金
DIN EN 1753	镁和镁合金
DIN EN 1774	锌和锌合金
DIN EN 1982	铜和铜合金

金属模材料

机械用结构钢；

铸铁；

耐热工具钢；

专用钼合金；

钨重金属。

全金属模 = 完全由金属制成的金属模；

半金属模 = 金属模（下模）和砂型（上模）的组合；

混合金属模 = 采用砂芯。

在结构上可分为垂直主分模面和水平主分模面。

通过金属芯（移动块）来形成腔体和凹槽。

金属模铸件成分及用途

金属模铸件成分及用途

成分/%						用 途
C	Si	Mn	P	S	其他	
2.9 ~ 3.2	1.6 ~ 2.0	0.8 ~ 0.9	< 0.1	< 0.1	0.3 ~ 1.1 Cr	轻金属和锌铸件用金属模
2.9 ~ 3.2	1.6 ~ 2.0	0.8 ~ 0.9	< 0.1	< 0.1		
3.0 ~ 3.4	1.6 ~ 2.5	0.5 ~ 0.8	< 0.1	< 0.1	0.3 ~ 1.1 Cr	轻重金属铸件用金属模
3.2 ~ 3.8	1.8 ~ 2.6	0.6 ~ 1.0	< 0.2	< 0.1	0.5 ~ 0.8 Mo	轻金属、灰口铸铁和可锻铸铁用金属模
3.6 ~ 3.8	1.4 ~ 1.6	0.6 ~ 0.8	< 0.1	< 0.1	0.3 ~ 1.1 Cr	灰口铸铁和可锻铸铁用金属模
					0.3 ~ 1.1 Cr	灰口铸铁和可锻铸铁用金属模（钢制金属模）

注：根据金属模壁厚，按如下确定铬的含量：

壁厚10 ~ 25 mm，0.3% ~ 0.4%的铬；

壁厚25 ~ 35 mm，0.4% ~ 0.5%的铬；

壁厚35 ~ 50 mm，0.5% ~ 0.6%的铬；

壁厚50 ~ 65 mm，0.6% ~ 0.7%的铬；

壁厚65 ~ 80 mm，0.7% ~ 0.8%的铬；

壁厚80 ~ 100 mm，0.8% ~ 0.9%的铬；

壁厚100 ~ 150 mm，0.9% ~ 1.1%的铬。

金属模的表面处理方法

金属模的表面处理方法

方法	处理温度/℃	工具钢要求的性能或条件	处理层厚度/mm	表面硬度(HV)
渗氮	450～570	耐回火，淬火及调质状态（去钝化表面）	1	最大1200
增碳	900～1000	碳含量低、对过热不敏感	2	最大900
渗硼	800～1050	对过热不敏感，硅含量尽量低	0.4	最大2000
渗铬硬化	50～70	铬含量尽量低、去钝化表面、在中性环境中进行热处理	1	1000～2000
电火花硬化	可能有几千度	无	0.1	约950

金属模耐用性的近似值

金属模耐用性的近似值

金属模材料

铸件质量/kg	孕育铸铁		铸钢		耐热工具钢	
	简单轮廓	复杂轮廓	简单轮廓	复杂轮廓	简单轮廓	复杂轮廓
0.150	80000	50000	100000	65000	120000	80000
0.600	50000	30000	65000	45000	80000	50000
1.500	30000	20000	40000	45000	50000	35000
4.000	20000	15000	28000	25000	35000	30000
10.000	15000	10000	20000	15000	25000	20000

金属模铸造方法[6]

重力金属模铸造：在重力作用下将熔液注入金属模中。其中还包括：

（1）倾斜铸造法。将金属模向浇注侧倾斜，以连续注模方式使金属模法向位置对准。尤其对于黄铜金属模铸造可以实现无涡流、无泡沫充型。

（2）倾倒坩埚法。金属模与密封的铸造系统的保温坩埚相接；倾倒坩埚使液态金属流入通过法兰相接的金属模中，同时将坩埚保持在倾倒位置上，向正在凝固的铸件送液。

低压金属模铸造：在铸造炉内通过对熔液的加压，经虹吸管将溶液送入金属模中(在重力下)。采用气动或惰性气体加压，在凝固过程中保持这一压力。

这种方法用于轻金属和重金属铸造中(黄铜金属模铸件)。然后再自动进行加工。

优点：

（1）稳定充型避免了氧化物和气体夹杂物；

（2）局部放弃使用浇口，因此至凝固结束时始终能保持充型压力；

（3）通过差压，使密封供料能尽可能避免由凝固引起的缺陷。

根据部件的造型，可分为不同等级实现可控充型。

气压支持的底压铸造方法

反压金属模铸造（CPC = 反压铸造）。不仅是铸造炉的炉液，还有压力致密充注的金属模都采用了压缩气体（（4~5）×10⁵Pa）。通过金属浴和金属模之间的压差，铸造内略高一些的压力就可将金属送入金属模中。

这些略有差异的压力比一直保持到铸件凝固结束为止。在炉和金属模两个系统达压力平衡之后凝固铸件便产生了强度，直到最终解除了对系统的加压。

优点：

（1）送液高压产生孔较小的组织（压力充型），从而达到最佳的机械性能。

（2）从液相向固相转变时减少了溶解气体的分离。

粒度和所有部件范围内的枝状晶体均匀分布。

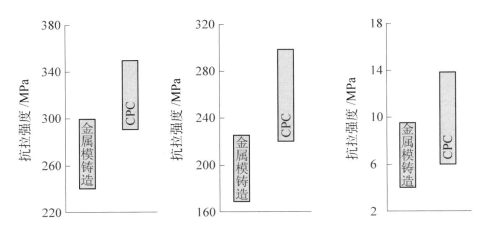

采用CPC方法浇注的AlSi7Mg合金，与重力金属模铸件相比的典型机械性能[8]

特殊工艺：

（1）复式铸件。

用这两种工艺(重力和低压金属模铸造)都能与另一种材料的插入件一同浇注。在固体和液态金属的表面之间分别通过交互作用实现材料连接。

相界面上的过程：

1）浸润和延展过程；

2）在形成合金层时进行连接；

3）扩散过程。

（2）铝翼法。

采用铝翼法时，将利用铁其液铝的"溶蚀"来形成扩散层或连接层。通过这种方式在轻金属模铸造中对以后的浇铸作准备的铸铁和钢制件进行镀复，将彻底洗净的浇铸件浸入液铝中预热。由此形成黏附力很强的$FeAl_3$镀层，便于对复合件的浇铸。

金属模铸型涂料的制备

铸型涂料的任务：

（1）通过铸型涂料的绝热或良好热导性来控制热量传递，以实现受控凝固；

（2）支持充型,从而使金属可抵达金属模的所有部位；

（3）减少了发黏倾向，延长了金属模的使用寿命；

（4）简化了从模具中取出铸件，故可避免变形；

（5）降低了溶解磨损；

（6）改善了铸件表面，降低了以后加工的成本；

（7）金属模浸入铸型涂料时冷却(黄铜–金属模铸造)；

（8）优化了维护成本。

铸型涂料的类型：

（1）专用隔热铸型涂料。

在浇铸系统和浇口中，防止模具过快散热。由于液态黏稠，可用毛刷涂抹，此时涂层的厚度可达数毫米。除其他物质外，这些铸型涂料也包括了高岭土、氧化锌和硅酸钠。

（2）保温铸型涂料。

用于对模型需阻止过快散热的铸件薄壁部分。这些铸型涂料也称作"白色"铸型涂料，含有碳酸钙、滑石、硅酸、高岭土和硅酸钠。

（3）石墨铸型涂料。

成分中含有20％左右的石墨便能使铸造用材料与金属模之间实现良好的热传递。它的使用针对材料堆积较厚、需快速散热的部位。采用专用的石墨铸型涂料便于从金属模中取出铸件。

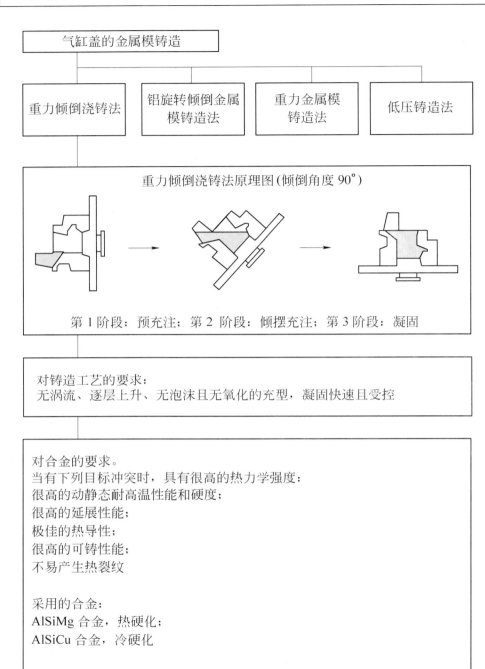

内燃机气缸盖的制作方法

3.6 表面涂覆

上釉[9]

上釉是指将一种牢固粘附的无机氧化涂层(玻璃状硅/搪瓷)施涂于金属或玻璃上。

上釉用途：

（1）防止工件表面受到腐蚀、氧化和高温；

（2）改进绝热性能；

（3）极耐酸碱；

（4）对磨损介质上有很高的耐磨性能；

（5）便于清洗、表面光滑；

（6）外观漂亮。

釉层厚度为200～600 μm，适用于对钢铁材料的涂覆。

湿涂（使用上釉刮刀） 通过浸、灌、浇或对空心件采用真空吸入方法，用适当调整的刮刀直接在上釉表面施涂	干法上釉（采用熔结粉） 根据工艺的不同，采用热或冷法加粉、充气，采用静电场来施加釉粉，或将工件本身浸入熔结粉中

烤瓷：加上釉层后，将工件在一个炉室或连续烤漆箱内，在 780～900℃下烘烤 10～30min

表面涂覆工艺

铸件的热镀锌 [10]

用于防腐蚀，如建筑业中镀层厚度为50～55 m的结构件。

对镀复的铸件质量/铸件表面的要求：

（1）无残余的铸造用材料、铸型涂料、残余石墨、金属渗透和退火处理留下的氧化物；

（2）铸造表面不太粗糙；

（3）喷射的图形洁净；

（4）不用抹平表面缺陷；

（5）铸件的壁厚相差不大。

必须注意：

（1）钢铁材料的硅含量(GJL\GJS;GJMB)在硅与锌溶液的作用下会导致涂层产生缺陷，从而形成较粗的锌镀层，颜色发灰或有黑斑。

（2）铸件的壁厚差异可在锌镀层上产生应力/裂纹。

热喷镀[10]

目的：

形成表面的功能特性，尤其是采用250 m涂层厚度的硬质涂层。

防腐蚀—耐磨—防止氧化—隔热—滑动层—黏附层—对磨损表面的修复。

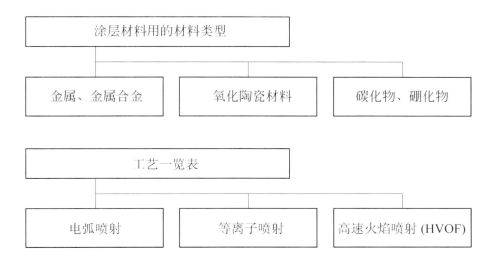

应用示例：

（1）印刷业的转印辊；

（2）内燃机的汽缸工作面；

（3）飞机涡轮/气轮机的隔热层；

（4）机械导向杆；

（5）造纸和薄膜制作用轧辊；

（6）压缩机和泵用转子和活塞。

浸渍[11]

目的：

对泄漏处和迁移路径(孔隙)予以密封，而不影响部件的特性，如尺寸、功能和外观。

工艺流程：

（1）使浸渍剂渗入孔隙/泄漏缝隙；

（2）回收多余的浸渍剂；

（3）清洗工件表面；

（4）使工件组织中的浸渍剂硬化。

浸渍材料：

聚甲基丙烯酸甲酯单体，硅酸盐或环氧化物。

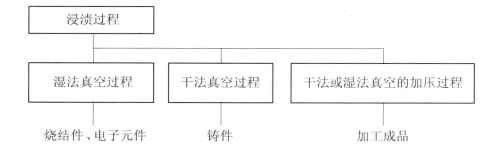

参 考 文 献

[1] Flemming E，Tilch W.模具用材料和模制工艺.德国原料工业出版社，
1993.

[2] Ergül H，Fischer S，Sherdi U.浇口的"无所不能".铸造实践，2008
(3)：80~82.

[3] Schäfer J.批量生产中为实现成本优化的改进型浇口系统.铸造实践，
2008(3)：90~92.

[4] Brieger G，Biemel M.锥体的浇口技术可实现以前无法完成的任务.铸造
实践，2008(3)：83.

[5] Ederer I.不采用工具，而采用3D打印技术的模具制作.铸造实践，
2004(11).

[6] Pöschl M的汇编，Schmees优质钢厂有限公司，朗根费尔德.

[7] 铸造业百科全书.Schiele & Schön专业出版社，2008.

[8] Zeuner，T.金属模铸件用气压支持的铸造工艺.铸造实践，2007(5).

[9] Klimesch Ch，Brechtle S，Vogt O，Ziegler S，Röpke S，Schüler A.对高压汽
缸盖的要求.铸造实践，2011(5)：187～191.

[10] Behler，F J.工业搪瓷.化学工程师技术，2009，81(6)：677～678.

[11] Brandt O，Siegmann S.现代涂覆工艺—德国材料学协会进修班，多特蒙
德，2000.

[12] Versmold R.铸件浸渍；第1部分：真空浸渍基础，第2部分：浸渍过程，
第3部分：浸渍剂.铸造实践，2012(3，4，9).

4 压 力 铸 造

4　压 力 铸 造

4.1 劳动保护和环境保护

下列文件中包括有对劳动保护和环境保护的专门指引：

劳动安全与健康的职业规范：
　　BGR 500 "工具操作"；
　　BGR 500 第2.21条 "铸造业操作"；
　　BGR 500 第2.18条 "压铸机和压注机的操作"。

职业规范：
　　BGI 549 "铸工"；
　　BGI 806 "铸造厂的危险品"。

良好操作实践守则：
　　"铸造岗位操作人员防尘和防气熔胶"。
　　这些良好操作实践的操作守则是由黑森、下萨克森州、莱茵兰-普法尔茨州计量站与北南金属行业协会共同编制的。德国铸造工程师协会(VDG)为这一操作守则提出了咨询意见。
　　出版社：黑森州社会部，Dostojewski街4号，65187威斯巴登，2008年5月版。

4.2 标准

技术规范、标准一览表与VDG标准[1]：

技术规范：
　　有色金属压力铸造。出版日期：2008年4月。
　　德国压力铸造协会(VDD)。www.gdm-metallguss.de.

选出的VDG标准：
　　K100　　铸件表面的粗糙度
　　M80　　压铸模具热处理导则
　　M81　　压铸模具的设计与加工守则
　　M82　　模具用结构钢
　　M83　　压铸模具的焊接
　　P680　　压铸件，需保证的公差
　　P201　　有色金属铸件的容积不足

DIN手册262。出版日期：2012年3月。

压铸、压注和压力铸造设备。

该汇编(第四版)列出了有关压铸、压注和压力铸造设备的主要标准。

选用的压力铸造技术标准：

DIN ISO 8693:2012-07。出版日期：2012年7月。

压塑模、浇塑模和压铸模。

扁推杆。引用"本标准规定了压铸、压注和压力铸造设备用扁推杆的尺寸和公差(mm)。本标准还指明了材料和硬度，并规定了扁推杆的标记。"

代替：DIN ISO 8693：2000-08。

标准DIN 1530-1 出版日期：2011年5月

压塑模、浇塑模和压铸模 第1部分：圆柱头顶杆

标准DIN ISO 8405 出版日期：2000年11月

压塑模、浇塑模和压铸模 圆柱头推顶套 通用基本系列

标准DIN 16759 出版日期：2008年6月

压塑模、浇塑模和压铸模 定心套筒

标准DIN 16760-1 出版日期：2008年6月

压塑模、浇塑模和压铸模 加工未钻孔板

试行标准DIN V 16760-2 出版日期：1994年11月

压塑模、浇塑模和压铸模 加工钻孔板 (打算在2012年9月予以废止)

标准DIN 24482 出版日期：1992年6月

卧式冷腔压铸机 规格、主要尺寸

压铸件的选用标准和技术规范：

标准DIN 1687-4 出版日期：1986年8月
　　重金属合金铸造管件；压铸；一般公差、加工余量

标准DIN 1688-4 出版日期：1986年8月
　　轻金属合金铸造管件；压铸；一般公差、加工余量

标准DIN 50148 出版日期：1975年6月
　　有色金属压力铸造用拉伸试样

技术规范DVS 0604 出版日期：2004年4月
　　适焊铝压铸部件的设计与加工条件

技术规范 RAL-GZ 680 出版日期：2001年9月
　　锌压力铸造 质量保证

选用的压铸材料标准：

DIN EN 1706 (2010-06)
　　铝和铝合金 铸件 化学成分和力学性能

DIN EN 1774 (1997-11)
　　锌和锌合金 铸造合金 铸锭和溶液

DIN EN 12844 (1999-01)
　　锌和锌合金 铸件 规范

DIN EN 1753 (1997–08)
　　镁和镁合金　铸造合金　铸锭和溶液

DIN EN 1754 (1997–08)
　　镁和镁合金　阳极、铸锭和铸件

DIN EN 1982　出版日期：2008年8月
　　铜和铜合金　铸锭和铸件

标准DIN 17640–1　出版日期：2004年2月
　　一般用途的铅合金
　　引文"本标准规定了制作半成品和铸件用铅合金(铸锭)的标记、概念、化学成分、材料性能、取样、分析以及标志和标签。此外，本标准还包括了对试验证书和合约声明的选项"。

标准DIN 1742　出版日期：1971年7月
　　压铸锡合金　压铸件

标准DIN EN 611–1　出版日期：1995年9月
　　锡和锡合金　锡合金和锡制品　第1部分：锡合金

标准DIN EN 611–2　出版日期：1996年8月
　　锡和锡合金　锡合金和锡制品　第2部分：锡制品

4.3 压铸合金的性能

压铸合金的性能一览表

主要合金 铝合金 ⎫
　　　　 镁合金 ⎬ 配有卧式或立式冷室的压铸机
　　　　 铜合金 ⎭

　　　　 锌合金　配有热室的压铸机

区别：

（1）冷室压铸机：金属从保温炉经配料装置进入压铸腔中；

（2）热室压铸机：压铸腔直接位于被加热的金属浴上

特点：

（1）立式冷室压铸机(铸压法/压挤铸造法)；

（2）铸造腔或型腔中使用金属压力的压铸法(精速密压铸)；

（3）真空压铸法型腔强制排风(Vacural技术/多级真空法Vacu2)；

（4）无气泡压铸法用氧代替模腔中的空气(PFD法)；

（5）部分液态金属态合金的压铸法(半固态金属铸造/触变铸造/渐变铸造)；

（6）镁合金触变喷铸(在凝固间隔时间内采用颗粒，对镁合金进行处理)

文献：

（1）压铸理论与实践. Boris Nogowizin，2011 Schiele & Schön出版社.

（2）有色金属压铸. 2008 德国压力铸造协会(VDD)，　www.gdm-metallguss.de.

常温铸造状态下压铸铝合金的力学性能[2]

牌　号	0.2%屈服点 /MPa	抗拉强度 /MPa	抗交变弯曲强度 /MPa	断裂伸长率 /%	硬度 HB
EN-AC-AlSi8Cu3	140	240		1	80
EN-AC-AlSi9	120	220		2	55
EN-AC-AlSi9Cu3(Fe)	140	240		<1	80
EN-AC-AlSi9Cu3(Fe)(Zn)	140	240		<1	80
EN-AC-AlSi10Mg(Fe)	140	240		1	70
EN-AC-AlSi11Cu2(Fe)	140	240		<1	80
EN-AC-AlSi12(Fe)	130	240		1	60
EN-AC-AlSi12Cu1(Fe)	140	240		1	70
EN-AC-AlMg9	130	200		1	70
GD-AlSi9Cu3	140~240	240~310	70~100	0.5~3	80~120
GD-AlSi10Mg	140~200	220~300	60~90	1~3	70~100
GD-AlSi12	140~180	220~280	60~90	1~3	60~100
GD-AlSi12(Cu)	140~200	220~300	60~90	1~3	60~100
GD-AlMg9	140~220	200~300	60~80	1~5	70~100
GD-AlSi12	176	260	70	1.8	103
GD-AlSi10(Cu)	158	294	—	3.6	102
GD-AlSi6Cu3	167	263	112~120	2.2	103
GD-AlMg8(Cu)	211	285	—	2.8	103
GD-AlMg9	190	283	65~70	4.3	98

续表

牌　号	0.2%屈服点 /MPa	抗拉强度 /MPa	抗交变弯曲强度 /MPa	断裂伸长率 /%	硬度 HB
GD–AlSi9Cu3	145	245	80	1.5	
GD–AlSi12	140	180	—	0.8	
GD–AlSi7Mg	128	225	—	4.0	
360.0 (AlSi10Mg)	172	324		3.0	75
380.0 (AlSi9Cu3)	165	331		3.0	80
384.0 (AlSi11Cu3)	172	324		1.0	—
413.0 (AlSi12Cu)	145	296		2.5	80
518.0 (AlMg8)	186	310		8.0	80
A380.0	158～160	320～325		3.5～4.0	75
A380.0	141～222	310～346		2.6～6.5	70～98
AlSi10MnMg	117～146	250～286	89	11～6	—
AlMg5Si2Mn	160～220	310～340	100	14～18	—

常温铸造状态下压铸镁合金的力学性能[2]

牌　号	0.2%屈服点 /MPa	抗拉强度 /MPa	抗交变弯曲强度 /MPa	断裂伸长率 /%	硬度 HB
EN-MCMgAl8Zn1	140～160	200～250		1～7	60～85
EN-MCMgAl9Zn1	140～170	200～260		1～6	65～85
EN-MCMgAl2Mn	80～100	150～220		8～18	40～55
EN-MCMgAl5Mn	110～130	180～230		5～15	50～65
EN-MCMgAl6Mn	120～150	190～250		4～14	55～70
EN-MCMgAl7Mn	130～160	200～260		3～10	60～75
EN-MCMgAl2Si	110～130	170～230		4～14	50～70
EN-MCMgAl4Si	120～150	200～250		3～12	55～80
GD-MgAl8Zn1	140～160	200～240	50～70	1～3	60～85
GD-MgAl9Zn1	150～170	200～250	50～70	0.5～3	65～85
GD-MgAl6Zn1	130～160	200～240	50～70	3～6	55～70
GD-MgAl6	120～150	190～230	50～70	4～8	55～70
GD-MgAl4Si1	120～150	200～250	50～70	3～6	60～90
GD-MgAl8Zn1	152～156	222～236	60～76	3～4	73～79
GD-MgAl9Zn1	149～166	214～234		2.7～3.1	73～77
GD-MgAl9Zn2	167	248		3.9	79
AZ91	160	240		3	70
AM60	130	225		8	65
AM50	125	210		10	60
AM20	90	190		12	45
AS41	140	215		6	60
AS21	110	175		9	55
AE42	145	230		10	60

续表

牌　号	0.2%屈服点/MPa	抗拉强度/MPa	抗交变弯曲强度/MPa	断裂伸长率/%	硬度 HB
AZ91	148	248		6.6	70
AM60	123	247		12	65
AM50	116	237		14	60
AM20	94	206		16	45
AS41	130	240		10	60
AS21	120	230		12	55
AE42	130	237		13	60
AZ91HP	150~170	200~250		0.5~3	65~85
AM50HP	110~140	180~220		5~9	50~65
AE41HP	110	215		15	60
AE42HP	137	225		11~17	63
AZ91HP	150~170	200~250	50~70	0.5~3	65~85
AZ81HP	140~160	200~240	50~70	1~3	60~85
AM60HP	120~150	190~230	50~70	4~8	55~70
AM50HP	110~140	180~220	50~70	5~9	50~65
AM20HP	90~120	160~210	50~70	8~12	40~55

续表

牌 号	0.2%屈服点 /MPa	抗拉强度 /MPa	抗交变弯曲强度 /MPa	断裂伸长率 /%	硬度 HB
CuZn33Pb2Si-C	280	400		5	110
CuZn35Pb2Al-C	215	340		5	110
CuZn39Pb1Al-C	250	350		4	110
CuZn32Al2Mn2Fe1-C	330	430		3	130
CuZn16Si4-C	370	530		5	150
GD-CuZn37Pb	最小120	最小280	110	最小4	最小75
GD-CuZn15Si4	300	550	150	8	125
GD-Ms60	120~160	250~350		1.5~4	75~100

续表

牌　号	0.2%屈服点 /MPa	抗拉强度 /MPa	抗交变弯曲强度 /MPa	断裂伸长率 /%	硬度 HB
ZnAl4	210～250	250～320		3～10	80～120
ZnAl4Cu1	250～300	290～370		3～10	90～101
ZnAl4Cu3	290～350	320～400		3～10	100～120
ZnAl8Cu1	280～300	360～385		5～10	95～105
ZnAl11Cu1	310～330	320～415		4～7	95～105
ZnAl27Cu2	360～380	405～440		1～2	110～120
GD–ZnAl4	200～230	250～300	60～80	3～6	70～90
GD–ZnAl4Cu1	220～250	280～350	70～100	2～5	85～105
GD–ZnAl8Cu1	290	375		6～10	100
GD–ZnAl11Cu1	320	400		4～7	100
GD–ZnAl27Cu2	370	425		2～3.5	120
AG40A	—	283	48	10	82
AG40B	—	283	47	13	80
AC41A	—	328	56.5	7	91
AC43A	—	358	59	7	100
ZA8	290	374	103	8	103
ZA12	320	404	117	5	100
Za27	371	426	117	2.5	119

常温铸造状态下压铸锌铜合金的力学性能[2]

牌 号	0.2%屈服点 /MPa	抗拉强度 /MPa	抗交变弯曲强度 /MPa	断裂伸长率 /%	硬度 HB
ZnAl4	220	283	48	10	82
ZnAl4Cu1	230	328	57	7	91
ZA8	283~296	365~386	103	6~10	100~106
ZA12	310~330	392~414	117	4~7	95~105
ZA27	359~379	407~441	145	2~3.5	116~122
ZnAl4	230	280	130	4	85
ZnAl4Cu1	250	330	150	3	105
Superloy	210	315	170	5	95
ZnAl4	210~250	270~320	80	3~10	80~90
ZnAl4Cu1	250~300	290~350		3~10	90~105
ZnAl4Cu3	290~350	320~380		3~10	100~120
ZnAl18Cu1	280~300	360~385		5~10	95~105
ZnAl111Cu1	310~330	390~415		4~7	95~105
ZnAl127Cu2	360~380	405~440		1~2	110~120

铝合金和纯铝与温度有关的0.2%屈服点$R_{p0.2}$和抗拉强度R_m[2]

牌　号		强度/MPa	温度/℃								
			24	100	150	205	260	315	370	427	527
360.0	AlSi10Mg	$R_{p0.2}$	172	172	165	96	52	31	21		
		R_m	324	303	241	152	83	48	31		
380.0	AlSi9Cu3	$R_{p0.2}$	165	165	158	110	55	28	17		
		R_m	331	310	234	165	90	42	28		
384.0	AlSi11Cu3	$R_{p0.2}$	172	172	165	124	62	28	17		
		R_m	324	317	262	179	96	48	31		
413.0	AlSi12Cu	$R_{p0.2}$	145	138	131	103	62	31	17		
		R_m	296	255	221	165	90	41	31		
518.0	AlMg8	$R_{p0.2}$	186	172	145	103	62	31	17		
		R_m	310	276	221	145	90	59	34		
	99.9Al	$R_{p0.2}$	25	21	19	18	17	15	13	10	5
		R_m	50	42	38	36	33	28	24	20	10

镁合金与温度和试样厚度有关的0.2%屈服点$R_{p0.2}$和抗拉强度R_m[2]

牌　号	强度/MPa	厚度/mm	温度/℃							
			20	40	80	120	140	160	200	220
EN–MCMgAl9Zn1(A)	$R_{p0.2}$	2	146	144	143	140	138	130	115	107
		3	136	134	127	134	126	118	106	95
		5	132	131	123	127	121	114	101	91
	R_m	2	225	225	222	210	190	166	135	122
		3	195	192	201	192	182	160	135	114
		5	185	191	187	179	172	156	126	110
EN–MCMgAl5Mn	$R_{p0.2}$	2.8	113	118	112	116	116	105	90	90
	R_m		211	229	204	189	184	156	118	107

锌合金与温度有关的抗拉强度[2]

温度/℃	牌　号				
	ZnAl4	ZnAl4Cu1	ZA 8	ZA 12	ZA 27
20	283	328	374	403	425
40	245	296			
50			328	350	398
95	195	242			
100			224	229	259
150	140	160	128	119	129

标准压铸合金与温度有关的计算弹性模量[2]

（GPa）

牌　号	温度/℃									
	20	100	150	200	250	300	350	400	450	500
EN-AC-AlSi10Mg(Fe)	74.8	72.4	70.6	68.8	66.6	64.4	61.9	59.3	56.1	52.9
EN-AC-AlSi2(Fe)	75.6	73.2	71.4	69.6	67.4	65.2	62.7	60.0	56.9	53.6
EN-AC-AlSi9	74.7	72.3	70.5	68.6	66.5	64.3	61.7	59.1	55.9	52.6
EN-AC-AlSi9Cu3(Fe)	75.8	73.3	71.5	69.6	67.5	65.3	62.6	60.0	56.8	53.5
EN-AC-AlSi11Cu2(Fe)	76.0	73.5	71.8	69.9	67.7	65.6	63.0	60.4	57.1	53.9
EN-AC-AlSi8Cu3	75.4	73.0	71.2	69.3	67.1	64.9	62.3	59.7	56.5	53.2
EN-AC-AlSi12Cu1	75.9	73.5	71.7	69.9	67.7	65.5	63.0	60.4	57.2	53.9
EN-AC-AlMg9	68.5	66.2	64.5	62.6	60.5	58.4	56.0	53.4	50.4	47.4
EN-MCMgAl8Zn1	46.7	45.2	44.0	42.8	40.7	39.7	38.0	36.1		
EN-MCMgAl9Zn	44.4	42.9	41.8	40.6	39.3	37.9	36.4	34.9		
EN-MCMgAl2Mn	45.4	44.0	42.9	41.7	40.2	38.7	37.0	35.1		
EN-MCMgAl5Mn	46.0	44.5	43.4	42.2	40.7	39.1	37.4	35.6		
EN-MCMgAl6Mn	44.3	42.6	41.6	40.5	39.5	38.4	37.4	36.4		
EN-MCMgAl7Mn	46.3	44.9	43.7	42.5	41.0	39.4	37.7	35.9		
EN-MCMgAl2Si	46.1	44.4	43.3	42.2	41.2	40.1	39.1	38.0		
EN-MCMgAl4Si	46.0	44.6	43.5	42.3	40.8	39.2	37.5	35.7		
CuZn33Pb2Si-C	106.0	102.3	98.8	94.2	89.3	84.0	78.0	73.7	69.1	68.1
CuZn35Pb2Al-C	102.2	98.4	94.8	90.2	85.1	79.7	73.6	69.6	65.3	64.4
CuZn39Pb1Al-C	104.2	100.5	96.8	92.1	87.0	81.7	75.6	71.2	66.4	65.5
CuZn16Si4-C	123.0	120.0	117.2	113.8	110.2	106.3	101.9	97.2	92.0	89.7

续表

牌 号	温度/℃											
	20	100	150	200	250	300	350	400	450	500
ZP3(ZnAl4)	92.9	89.7	85.7	79.6	73.9	68.2	62.2			
ZP5(ZnAl4Cu1)	93.1	90.0	85.9	79.9	74.2	68.5	62.4			
ZP2(ZnAl4Cu3)	93.7	90.5	86.5	80.5	74.8	69.1	63.0			
ZP8(ZnAl8Cu1)	92.0	88.9	85.0	79.2	73.7	68.2	62.3			
ZP1(ZnAl11Cu1)	91.2	88.1	84.3	78.7	73.3	67.9	62.2			
ZP2(ZnAl27Cu2)	87.4	84.5	81.1	76.4	71.8	67.1	62.0			

标准压铸合金与温度有关的密度和线膨胀系数[2]

牌号	密度/kg·m⁻³			线膨胀系数(×10⁻⁶)/K⁻¹ 温度范围/℃						温度/℃		收缩率/%
	ρ_{20}	ρ_{S}	ρ_{L}	20~100	200	300	400	500	20到固态	固态	液态	
EN-AC-AlSi10Mg(Fe)	2632	2515	2382	19.5	20.3	21.0	22.0	22.8	23.9	557	596	1.28
EN-AC-AlSi12(Fe)	2638	2524	2397	18.9	19.6	20.4	21.2	22.0	23.1	570	580	1.27
EN-AC-AlSi9	2650	2532	2393	19.9	20.7	21.4	22.3	23.2	24.3	577	593	1.35
EN-AC-AlSi9Cu3(Fe)	2705	2585	2445	19.6	20.4	21.2	22.0	22.9	24.1	521	593	1.21
EN-AC-AlSi11Cu2(Fe)	2678	2562	2430	19.0	19.8	20.5	21.4	22.2	23.4	521	582	1.17
EN-AC-AlSi8Cu3	2710	2588	2443	20.0	20.8	21.5	22.4	23.3	24.6	510	610	1.21
EN-AC-AlSi12Cu1	2656	2541	2414	18.8	19.6	20.3	21.1	22.0	23.0	577	582	1.28
EN-AC-AlMg9	2562	2431	2277	23.8	24.7	25.6	26.7	27.8	29.0	538	621	1.50
EN-MC-MgAl8Zn1	1810	1684	1632	25.4	26.1	26.9	27.8		29.5	425	615	1.19
EN-MC-MgAl9Zn1	1816	1691	1638	25.4	26.1	27.0	27.8		29.5	420	598	1.18
EN-MC-MgAl2Mn	1758	1634	1586	25.5	26.2	27.0	27.8		29.5	435	638	1.22
EN-MC-MgAl5Mn	1776	1652	1602	25.4	26.1	26.9	27.7		29.5	440	620	1.24
EN-MC-MgAl6Mn	1783	1658	1608	25.1	25.8	26.6	27.5		29.5	445	615	1.25
EN-MC-MgAl7Mn	1789	1665	1613	25.4	26.1	26.9	27.7		29.5	435	610	1.22
EN-MC-MgAl2Si	1762	1639	1592	24.9	25.6	26.4	27.2		28.9	435	632	1.20
EN-MC-MgAl4Si	1774	1651	1603	24.8	25.5	26.3	27.1		28.8	435	617	1.19

续表

牌　号	密度/kg·m⁻³			线膨胀系数(×10⁻⁶)/K⁻¹ 温度范围/℃						温度/℃		收缩率/%
	ρ_{20}	ρ_s	ρ_L	20~100	200	300	400	500	20到固态	固态	液态	
CuZn33Pb2Si-C	8063	7659	7323	19.4	20.0	20.5	20.9	21.3	25.8	900	930	2.27
CuZn35Pb2Al-C	8064	7653	7283	19.9	20.7	21.1	21.5	21.9	26.6	900	915	2.34
CuZn39Pb1Al-C	7977	7573	7210	20.2	21.0	21.6	22.0	22.4	27.0	895	900	2.36
CuZn16Si4-C	7736	7358	7101	16.9	17.4	17.7	18.0	18.4	22.8	1000	1020	2.23
ZP3(ZnAl4)	6700	6406	6130	30.0	33.0	35.0			37.0	381	387	1.33
ZP5(ZnAl4Cu1)	6708	6420	6140	29.7	32.7	34.7			36.7	380	386	1.32
ZP2(ZnAl4Cu3)	6734	6440	6160	29.2	32.1	34.0			36.3	379	390	1.30
ZP8(ZnAl8Cu1)	6315	6040	5762	29.4	32.2	34.1			36.3	375	404	1.29
ZP12(ZnAl11Cu1)	6050	5782	5507	29.1	32.0	33.8			36.0	377	432	1.28
ZP27(ZnAl27Cu2)	4950	4721	4463	27.7	30.0	31.5			34.2	375	484	1.21

标准压铸合金与温度有关的比熔、热导率和熔化热量[2]

（指数20: 常温20℃下　指数S: 固态温度下　指数L: 液态温度下）

牌号	比熔 c/J·(kg·K)$^{-1}$			热导率 λ/W·(m·K)$^{-1}$			熔化热量 /kJ·kg^{-1}
	c_{20}	c_S	c_L	λ_{20}	λ_S	λ_L	
EN-AC-AlSi10Mg(Fe)	878(910)	1072	1096	113	153	72	417(410)
EN-AC-AlSi12(Fe)	872(900)	1070	1092	121	158	74	424(448)
EN-AC-AlSi9	879	1072	1094	138	168	79	414(406)
EN-AC-AlSi9Cu3(Fe)	846(880)	1034	1056	96	139	65	403(410)
EN-AC-AlSi11Cu2(Fe)	853	1045	1067	92	136	64	413(419)
EN-AC-AlSi8Cu3	848	1035	1056	96	139	65	400(402)
EN-AC-AlSi12Cu1	861(890)	1057	1079	121	158	74	420(448)
EN-AC-AlMg9	910(940)	1090	1119	92	137	64	385(390)
EN-MCMgAl8Zn1	1002	1170	131	53	80	46	362(370)
EN-MCMgAl9Zn1	1000(1031)	1168(1225)	1308	51	78(81)	45	362(370)
EN-MCMgAl2Mn	1027(1020)	1197(1289)	1354	94	111(122)	64	370(370)
EN-MCMgAl5Mn	1023(1020)	1194(1289)	1344	65	92(100)	53	371(370)
EN-MCMgAl6Mn	1021(1019)	1192(1191)	1341	61	88(94)	51	371(370)
EN-MCMgAl7Mn	1020	1191	1338	57	84	49	371(370)
EN-MCMgAl2Si	1023(1025)	1195(1197)	1350	84	105(114)	61	373(370)
EN-MCMgAl4Si	1020(1020)	1192(1289)	1343	68	94	54	373(370)
CuZn33Pb2Si-C	373	449	471	63	154	82	141
CuZn35Pb2Al-C	373	449	471	87	185	98	139
CuZn39Pb1Al-C	381	457	481	87	185	98	142
CuZn16Si4-C	393	484	503	84	188	100	186
ZP3(ZnAl4)	396(419)	455	492	113	96	50	105(105)
ZP5(ZnAl4Cu1)	396(419)	455	492	109	95	49	106(105)
ZP2(ZnAl4Cu3)	396(419)	456	493	105	94	49	107(105)
ZP8(ZnAl8Cu1)	406(435)	466	504	115	97	51	109(112)
ZP12(ZnAl11Cu1)	413(450)	475	513	118	98	51	112(116)
ZP27(ZnAl27Cu2)	457(525)	529	568	125	100	52	129(128)

标准压铸合金的热物理性能[2]

合金	性能	室温下	固态温度下	液态温度下
铝合金	密度/kg·m⁻³	2600~2700	2400~2600	2300~2400
	热焓/J·(kg·K)⁻¹	850~910	1030~1100	1060~1120
	热导率/W·(m·K)⁻¹	90~140	140~170	64~80
	熔化热量/kJ·kg⁻¹		390~420	
	线膨胀系数(×10⁻⁶)/K⁻¹	19~24	23~29	
	弹性模量/GPa	69~76	47~54	
镁合金	密度/kg·m⁻³	1700~1820	1640~1690	1600~1640
	热焓/J·(kg·K)⁻¹	1000~1030	1170~1200	1310~1350
	热导率/W·(m·K)⁻¹	50~90	80~100	45~60
	熔化热量/kJ·kg⁻¹		370	
	线膨胀系数(×10⁻⁶)/K⁻¹	25	29	
	弹性模量/GPa	44~47	35~38	
铜合金	密度/kg·m⁻³	7800~8060	7400~7660	7100~7300
	热焓/J·(kg·K)⁻¹	370~390	450~450	470~500
	热导率/W·(m·K)⁻¹	63~87	160~190	80~100
	熔化热量/kJ·kg⁻¹		140~190	
	线膨胀系数(×10⁻⁶)/K⁻¹	17~20	23~27	
	弹性模量/GPa	100~120	65~90	
锌合金	密度/kg·m⁻³	5000~6700	4700~6400	4500~6100
	热焓/J·(kg·K)⁻¹	400~460	460~530	500~570
	热导率/W·(m·K)⁻¹	105~125	94~100	50~52
	熔化热量/kJ·kg⁻¹		105~130	
	线膨胀系数(×10⁻⁶)/K⁻¹	28~30	34~37	
	弹性模量/GPa	90~94	62~63	

压铸合金的热物理性能[3]

合金	性能	室温下	固态温度下	液态温度下
铝合金	密度/kg·m⁻³	2600~2800	2400~2600	2200~2400
	热熔/J·(kg·K)⁻¹	880~920	1100~1200	1100~1200
	热导率/W·(m·K)⁻¹	100~180	150~210	60~80
	熔化热量/kJ·kg⁻¹		400~500	
	线膨胀系数(×10⁻⁶)/K⁻¹	20~24	25~30	
	弹性模量/GPa	68~75	40~50	
镁合金	密度/kg·m⁻³	1750~1850	1650~1750	1550~1650
	热熔/J·(kg·K)⁻¹	1000~1050	1150~1250	1200~1350
	热导率/W·(m·K)⁻¹	50~85	80~120	50~70
	熔化热量/kJ·kg⁻¹		280~380	
	线膨胀系数(×10⁻⁶)/K⁻¹	24~26	30~34	
	弹性模量/GPa	42~47	30~35	

4.4 压铸合金和孔隙率

室温20℃下有孔和无孔压铸合金的最大、最小与平均密度[2]

压铸合金牌号	密度/kg·m^{-3}			
	无孔隙			有孔隙
	最小	最大	平均	
EN-AC-AlSi10Mg(Fe)	2674	2686	2680	2614
EN-AC-AlSi12(Fe)	2664	2676	2670	2604
EN-AC-AlSi9	2668	2680	2674	2608
EN-AC-AlSi9Cu3(Fe)	2751	2813	2782	2713
EN-AC-AlSi11Cu2(Fe)	2742	2770	2756	2688
EN-AC-AlSi8Cu3	2731	2786	2758	2690
EN-AC-AlSi12Cu1	2695	2717	2706	2639
EN-AC-AlMg9	2570	2603	2586	2522
EN-MCMgAl8Zn1	1796	1816	1806	1762
EN-MCMgAl9Zn1	1804	1823	1813	1769
EN-MCMgAl2Mn	1759	1765	1762	1719
EN-MCMgAl5Mn	1777	1784	1780	1736
EN-MCMgAl6Mn	1784	1790	1787	1743
EN-MCMgAl7Mn	1790	1797	1793	1749
EN-MCMgAl2Si	1765	1768	1766	1723
EN-MCMgAl4Si	1778	1783	1780	1737
CuZn33Pb2Si-C	8000	8200	8100	7900
CuZn35Pb2Al-C	8090	8250	8170	7970
CuZn39Pb1Al-C	8000	8100	8050	7850
CuZn32Al2Mn2Fe1-C	7700	8030	7900	7700
CuZn16Si4-C	7600	8000	7800	7606
ZP3 (ZnAl4)	6651	6720	6686	6520
ZP5 (ZnAl4Cu1)	6659	6734	6697	6531
ZP2 (ZnAl4Cu3)	6684	6761	6723	6556
ZP8 (ZnAl8Cu1)	6230	6311	6271	6115
ZP12 (ZnAl11Cu1)	5991	6086	6039	5890
ZP27 (ZnAl27Cu2)	4882	5059	4971	4848

不产生气泡的退火温度或脱模温度[2]

压铸合金牌号	压力/MPa	温度/℃
EN-AC-AlSi9Cu3(Fe)	60	280
	40	310
EN-MCMgAl9Zn1	60	240
	40	260
CuZn35Pb2Al-C	60	570
	40	600
ZnAl4Cu1	30	250
	20	270

PFD法和标准压铸法不同热处理状态下试样的力学性能[4]

方 法	合金	状态	抗拉强度/MPa	0.2%屈服限/MPa	伸长率/%
PFD	AZ91	Gu	240~250	150~160	4~5
		T4	280~310	120~130	11~14
		T6	260~280	170~180	6~7
	AM60	Gu	270~280	140~150	12~19
		T4	270~290	120~130	20~22
标准压铸	AZ91	Gu	200~240	150~170	0.5~3
	AM60	Gu	240~270	120~150	4~10

采用PFD法时,每次喷注前都需对型腔充氧。熔液流入型腔时,压铸合金与氧起反应,自动形成氧化物,产生部分真空,这样也许会产生气孔。

4.5 压铸件的尺寸精度

根据VDG P680，轻金属和重金属合金压铸件的模制和非模制长度尺寸需保证的公差带[5]　(mm)

模腔对角线范围/mm	尺寸参数	≤6	6~10	10~18	18~30	30~50	50~80	80~120	120~180	180~250	250~315	315~400	400~500
公称尺寸范围/mm													
铝和镁合金压铸件													
≤50	L_0	0.08	0.10	0.12	0.14	0.16							
	L_1	0.18	0.20	0.22	0.24	0.26							
50~180	L_0	0.10	0.12	0.14	0.20	0.20	0.24	0.28	0.32				
	L_1	0.22	0.24	0.26	0.28	0.32	0.36	0.40	0.44				
180~500	L_0	0.12	0.16	0.18	0.22	0.26	0.30	0.36	0.40	0.46	0.52	0.60	0.60
	L_1	0.26	0.30	0.32	0.36	0.40	0.44	0.50	0.54	0.60	0.66	0.70	0.80
锌合金压铸件													
≤50	L_0	0.04	0.06	0.08	0.08	0.10							
	L_1	0.10	0.12	0.14	0.14	0.16							
50~180	L_0	0.06	0.08	0.10	0.10	0.12	0.16	0.18	0.20				
	L_1	0.14	0.16	0.18	0.18	0.20	0.24	0.26	0.28				
180~500	L_0	0.08	0.10	0.12	0.14	0.16	0.20	0.22	0.26	0.30	0.32	0.36	0.40
	L_1	0.18	0.22	0.22	0.24	0.26	0.30	0.32	0.36	0.40	0.42	0.46	0.50
铜合金压铸件													
≤50	L_0	0.12	0.16	0.18	0.22	0.26							
	L_1	0.24	0.28	0.30	0.34	0.38							
50~180	L_0	0.16	0.18	0.22	0.26	0.32	0.38	0.44	0.50				
	L_1	0.32	0.34	0.38	0.42	0.48	0.54	0.60	0.66				

注：L_0为模制尺寸，L_1为非模制尺寸。

4.6 工艺参数

铝、镁和铜合金压铸件的模制和非模制长度尺寸需保证和最小的公差带

铝镁合金压铸件

条件	公称尺寸范围/mm												来源
	~6	6~10	10~18	18~30	30~50	50~80	80~120	120~180	180~250	250~315	315~400	400~500	
需保证	0.17	0.17~0.19	0.19~0.23	0.23~0.28	0.28~0.35	0.35~0.44	0.44~0.56	0.56~0.74	0.74~0.94	0.94~1.12	1.12~1.36	1.36~1.64	[1]
最小	0.07	0.07~0.09	0.09~0.12	0.12~0.16	0.16~0.22	0.22~0.30	0.30~0.40	0.40~0.55	0.55~0.72	0.72~0.87	0.87~1.06	1.06~1.29	[1]
需保证	0.08~0.12	0.10~0.16	0.12~0.18	0.14~0.22	0.16~0.26	0.24~0.30	0.28~0.36	0.32~0.40	0.46	0.52	0.60	0.60	[4]
需保证	0.10	0.10	0.10	0.10~0.11	0.11~0.15	0.15~0.21	0.21~0.29	0.29~0.41	0.41~0.55	0.55~0.68	0.68~0.85	0.85~1.05	NADCA

铜合金压铸件

条件	公称尺寸范围/mm												来源
	~6	6~10	10~18	18~30	30~50	50~80	80~120	120~180	180~250	250~315	315~400	400~500	
需保证	0.33	0.33~0.36	0.36~0.42	0.42~0.49	0.49~0.60	0.60~0.75	0.75~0.95	0.95~1.25	1.25~1.59	1.59~1.90	1.90~2.31	2.31~2.79	[1]
最小	0.08	0.08~0.10	0.10~0.14	0.14~0.19	0.19~0.27	0.27~0.38	0.38~0.52	0.52~0.73	0.73~0.97	0.97~1.18	1.18~1.46	1.46~1.79	[1]
需保证	0.12~0.16	0.16~0.18	0.18~0.22	0.22~0.26	0.26~0.32	0.38	0.44	0.50	0.98~1.26	1.26~1.52	1.52~1.86	1.86~2.26	[4]
需保证	0.36	0.36	0.36	0.36~0.38	0.38~0.46	0.46~0.58	0.58~0.74	0.74~0.98	0.98~1.26	1.26~1.52	1.52~1.86	1.86~2.26	NADCA

国际压力铸造竞标中压铸件模制尺寸的最小公差带和对称公差[6]

名 称	合 金	尺寸/mm	长度/mm	公差带和对称公差/mm			
				实 测	计算出的最小公式[1]	VDG P680	
汽油发动机的飞轮和风机	锌合金	直径237 高度70	237	+0.20	0.69/ ±0.34	0.30/ ±0.15	
导向叶片环	AlSi8Cu3		10	0.16/ ±0.08	0.10/ ±0.05	0.16/ ±0.08	
继电器线圈绕线机驱动杆壳体	AlSi9Cu3	236×301×322	322	1.0/ ±0.50	0.88/ ±0.44	0.60/ ±0.30	
空气流量计壳体	锌合金	152×132×81	50.75	+0.15	0.22/ ±0.11	0.20/ ±0.10	
电动剃须刀的剃须头	锌合金	57×29×28	6.55	0.10/ ±0.05	0.08/ ±0.04	0.08/ ±0.04	
汽化器壳体	AlSi10Mg	125.4×91.06	125.4	0.40/ ±0.20	0.42/ ±0.21	0.32±0.16	
呼叫分配器母线	AlSi12	280×138×124	280	0.60/ ±0.30	0.80/ ±0.40	0.52/ ±0.26	
汽车大光灯架	AlSi12	215×90×115	215	0.40/ ±0.20	0.64/ ±0.32	0.46/ ±0.23	
汽车前灯框架	AlSi8Cu3	407×212×70	407	1.0/ ±0.50	1.08/ ±0.54	0.60/ ±0.30	

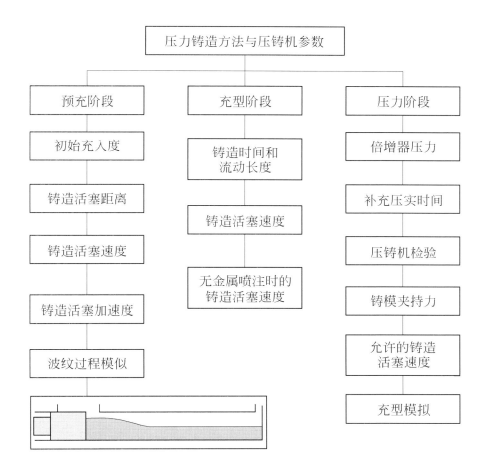

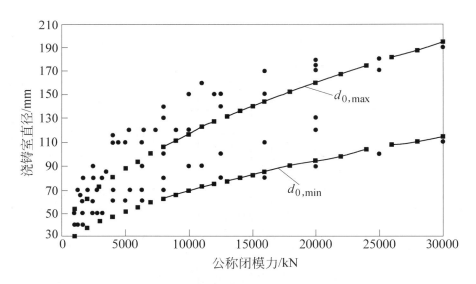

与公称闭模力 Q 有关的 d_0 的选择范围[2]

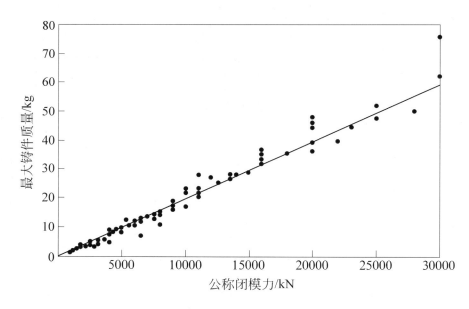

与公称闭模力有关的最大铸件质量的选择

4.7 浇注系统

锌合金与铸件平均壁厚和模具温度相关的铸造时间[2]

模具温度/℃	铸造时间/ms 铸件平均壁厚/mm											
	1.0	1.5	2.0	2.5	3.0	3.5	4.0	4.5	5.0	5.5	6.0	
160	12	15	18	21	23	25	27	29	31	33	35	
180	14	18	21	24	27	29	32	34	36	38	41	
200	16	20	24	28	31	34	37	39	42	44	47	
220	18	23	27	31	35	38	42	45	47	50	53	
177	3.4	8	14	21	31	42	55	69	85	103	122	
204	4.1	9	17	37	37	50	66	83	103	124	148	

EN-AC-AlSi9Cu3 压铸铝合金与铸件平均壁厚、铸造前的模具温度和型腔中压铸合金流动速度相关的铸造时间和流动长度 [2]

模具温度 /℃	铸件平均壁厚 /mm	压铸合金的流动速度/m·s⁻¹					
		3		5		10	
		铸造时间 /ms	流动长度 /mm	铸造时间 /ms	流动长度 /mm	铸造时间 /ms	流动长度 /mm
200	1	8	24	7	35	6	60
	2	18	54	16	80	13	130
	3	37	111	32	160	25	250
	4	61	183	52	260	39	390
	5	89	267	74	370	55	550
	6	121	363	99	495	72	720
250	1	10	30	9	45	8	80
	2	23	69	20	100	16	160
	3	46	138	40	200	31	310
	4	76	228	65	325	49	490
	5	111	333	93	465	68	680
	6	151	453	125	625	90	900

EN-MCMgAlZn1压铸镁合金与铸件平均壁厚、铸造前的模具温度和型腔中压铸合金流动速度相关的铸造时间和流动长度[2]

模具温度 /℃	铸件平均壁厚 /mm	压铸合金的流动速度/m·s⁻¹					
		3		5		10	
		铸造时间 /ms	流动长度 /mm	铸造时间 /ms	流动长度 /mm	铸造时间 /ms	流动长度 /mm
200	1	11	33	10	50	9	90
	2	18	54	16	80	13	130
	3	37	111	32	160	24	240
	4	61	183	51	255	37	370
	5	88	264	72	360	52	520
	6	119	357	96	480	67	670
250	1	16	48	15	75	12	120
	2	23	69	20	100	16	160
	3	47	141	40	200	30	300
	4	77	231	64	320	47	470
	5	111	333	91	455	65	650
	6	150	450	121	605	84	840

ZP5(GD-ZbAk4Cy1)压铸锌合金与铸件平均壁厚、铸造前的模具
温度和型腔中压铸合金流动速度相关的铸造时间和流动长度[2]

模具温度/℃	铸件平均壁厚/mm	压铸合金的流动速度/m·s⁻¹					
		3		5		10	
		铸造时间/ms	流动长度/mm	铸造时间/ms	流动长度/mm	铸造时间/ms	流动长度/mm
160	1	10	30	9	45	7	70
	2	26	78	22	110	17	170
	3	52	156	44	220	32	320
	4	85	255	69	345	50	500
	5	121	363	98	490	68	680
	6	163	489	129	645	87	870

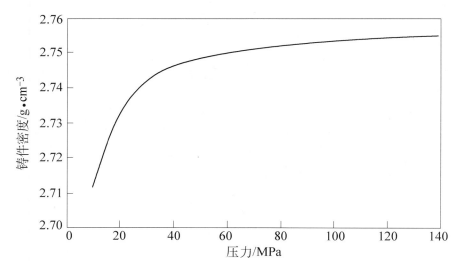

压力对铝合金GD-AlSi9Cu3制、
尺寸为200 mm×75 mm×10 mm板密度的影响[7]

内浇口与压铸合金和模具温度相关的凝固常数[2]

压铸合金牌号	模具温度/℃	凝固常数/$s \cdot mm^{-2}$
EN-AC-AlSi12(Fe)	200	0.016
	250	0.018
EN-AC-AlSi9Cu3(Fe)	200	0.020
	250	0.024
EN-AC-AlMg9	200	0.018
	250	0.021
EN-MCMgAl9Zn1	200	0.029
	250	0.038
ZP5 (ZnAl4Cu1)	150	0.022
	200	0.029
CuZn39Pb1Al-C	300	0.008
	350	0.009

内浇口中铝合金的凝固时间 [根据E.Rearwin]

内浇口厚度/mm	内浇口舌片/mm	凝固时间/s
0.75	1.5	0.008
0.75	3.1	0.011
1.0	1.5	0.014
1.0	3.1	0.017
1.25	3.1	0.020
1.25	4.7	0.028
1.5	4.7	0.038
1.5	6.25	0.045
2.0	5.5	0.060
2.0	6.25	0.085

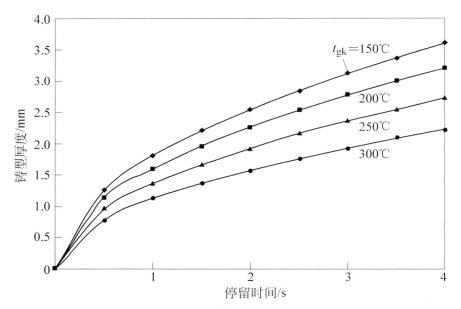

与材料号1.2344耐热工具钢所制铸造室中停留时间和铸造前铸造室温度t_{gk}有关的铸型厚度[2]

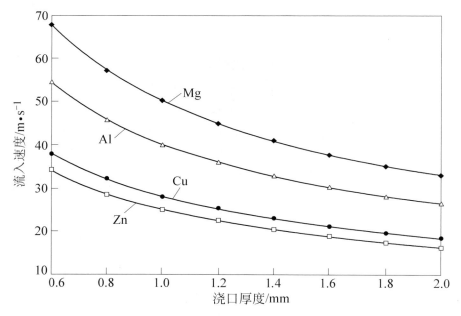

与内浇口厚度有关的不同压铸合金浇口中的最佳流入速度[2]

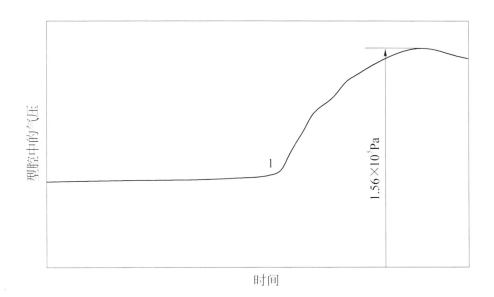

与时间有关的型腔气压[8]

该图给出了浇口的流动速度为52.4 m/s时，对铝合金铸件进行压力铸造时，对型腔气压的一张经实际测量的测量图。1×10^5Pa (1bar)气压等于充模前的外部大气压，它随着型腔中金属熔液的进入(点1)，最高可上升到1.56×10^5Pa (1.56bar)，然后保持恒定。

与铸模温度T_f、气温T_g和通气孔长度l和深度h有关的压铸铝合金的
气体从型腔的流出速度w_g，m/s[2]

长度 /mm	铸模温度150℃，气温550℃			铸模温度250℃，气温500℃		
	深度/mm					
	0.05	0.1	0.15	0.05	0.1	0.15
20	32	128	288	16	63	142
30	21	85	192	11	42	95
40	16	64	144	8	32	71
50	13	51	115	6	25	57
60	11	43	96	5	21	47
70	9	37	82	4.5	18	41
80	8	32	72	4	16	35
90	7	28	64	3.5	14	32
100	6.5	26	58	3	13	28

4.8 压铸成型件、温度曲线和使用寿命

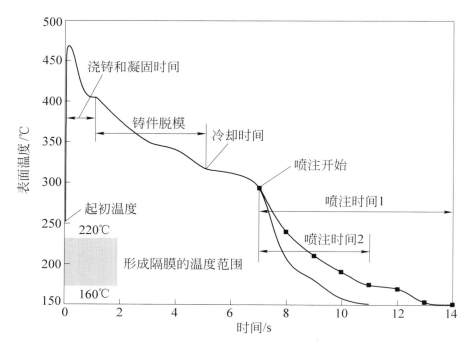

一个铸造周期中型腔的表面温度曲线[2]

与铸造前模型表面温度有关的两种压铸合金、材料号为1.2344的
耐热工具钢制成压铸模最高表面温度[2]

合 金 牌 号	浇铸前的模型表面温度 /℃	模型的最高表面温度 /℃
EN-AC-AlSi9Cu3(Fe)	180	489
	220	504
	260	518
	300	532
EN-MCMgAl9Zn1	180	451
	220	470
	260	488
	300	506

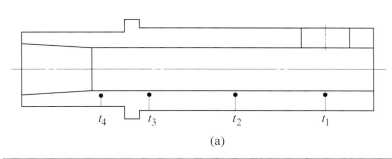

(a)

热电偶	t_1	t_2	t_3	t_4
最高温度/℃	342	287	225	287
最低温度/℃	230	222	147	173
温差/℃	112	65	78	114

(b)

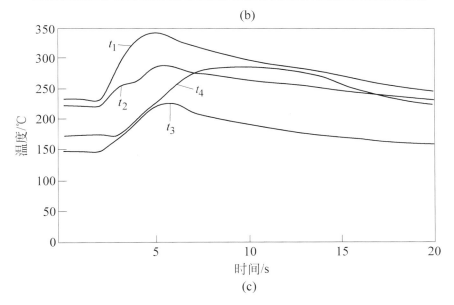

(c)

铸造室中温度曲线的实践测定[9]

(a)热电偶在铸室底部的位置；(b)最高和最低壁温；

(c)铸室底部的实测温度

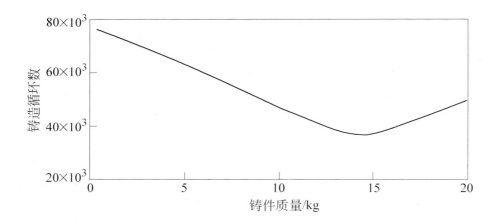

与铸件质量有关的铝压力铸造用传统耐热工具钢1.2344制成的
压铸模至首次修模时的铸造循环数[10]

与压铸合金、模制材料、铸前铸模温度 T_f、浇铸时的铸模表面温度 T_{fw} 有关的计算浇铸循环数 N、

实际浇铸循环数 N_p 和砂芯销的总变形量[2]

压铸合金牌号	造型材料	t_f in °C	t_{fw} in °C	ε in %	N	N_p
EN–AC–AlSi9Cu3(Fe)	1.2344	220	593	1.13	6700	5000
		260		1.00	9000	~
		300		0.88	15000	20000
	马氏体时效钢 1.2709	220	593	0.94	10000	
		260		0.84	13500	
		300		0.74	18000	
	TZM	220	593	0.48	25000	28000
		260		0.43	33000	~
		300		0.38	43000	70000
CuZn39Pb1Al–C	1.2344	350	900	1.28	4200	2600
	TZM	350	900	0.53	19000	21000

铝合金压力铸造时涂覆砂芯销的铸造循环数[2]

处　理	涂　覆	铸造循环数
无		10000
渗氮		10000
CVD	Diamant	10000
PVD	TiN	100000
CVD	TiN	170000
PVD	TiAlN	22000
	CrN	11200
	CrC	10900
无		9 889
PA-CVD	TiN	13001
PVD	TiN	13068
PVD	CrN	17925
PVD	TiB2	18787
HT-CVD	TiN	21293
PA-CVD	TiN	13000
	TiC/TiN	15976
	Ti(B.N)	29750
无		10000
渗氮		5000
PVD	CrN	23000
PVD	CrN	35000
PVD	TiN	40000

铜合金压力铸造时模制件的铸造循环数[2]

模制件	材料牌号	铸造循环数
压铸模	1.2344	10000
	X30WCrV8-2	5000 ~ 10000
	高合金钢	10000
	1.2581	18000 ~ 24000
	1.2365	11000
		4480
	1.2344	6000
	马氏体时效钢	6000
	含17％镍	
	马氏体时效钢	3500
	8% Ni, 4% Co	
	镍铬合金713	10000
	TZM	33000
	TZM	32000
砂 芯	1.2365	2600
	X32CrMoCoV3-3-3	1250
	TZM	21000

耐热工具钢X30XCrV8-2(1.2581)型腔表面的粗糙度R_z，m[2]

铸造循环数	压铸合金基		
	锌	铝、镁	铜
1	3.2 ~ 6.3	3.2 ~ 6.3	3.2 ~ 6.3
250	3.2 ~ 6.3	3.2 ~ 6.3	6.3 ~ 10
500	3.2 ~ 6.3	3.2 ~ 6.3	10 ~ 20
1000	3.2 ~ 6.3	6.3 ~ 10	40 ~ 80
2000	3.2 ~ 6.3	6.3 ~ 10	80 ~ 160
5000	3.2 ~ 6.3	6.3 ~ 10	160 ~ 320
10000	6.3 ~ 10	10 ~ 20	
20000	10 ~ 20	20 ~ 40	
30000	10 ~ 20	40 ~ 80	
40000	20 ~ 40	80 ~ 160	
100000	40 ~ 80		

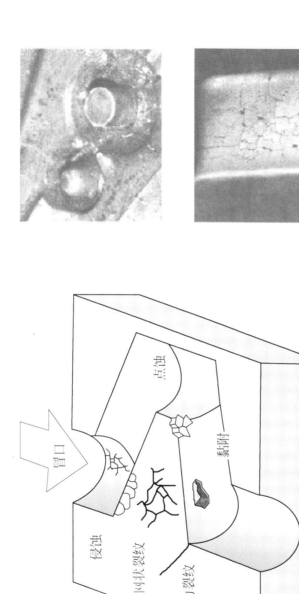

耐热工具钢X30WCrV8–2(1.2581)型腔表面的粗糙度R_z，(根据Z. Lihnagvili)

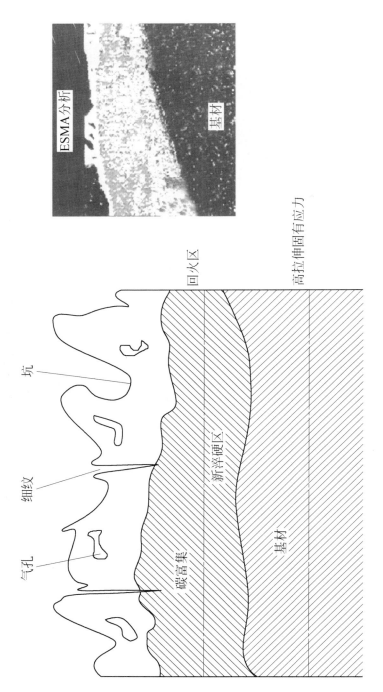

引起压铸模的过早损坏的侵蚀过程 (根据Z.Lihagvili)

4.9 压铸件脱模

不同铸造条件下合金AlSi8Cu3铸件的脱模力、压应力和分模剂之间的关系

铸 件	模具的关闭时间/s	分模剂	压力/MPa	脱模力/kN	压应力/MPa
A	6	$O_1 + O_2$	62	34.3	39.2
B	12	O_1	76	60.0	34.6
	15			64.2	37.1
	18			71.7	41.4
	8	O_1	31	36.3	31.2
	10			43.4	37.3
	12			44.4	38.2
C	6		31	40.7	34.9
	6	O_1	62	44.2	38.0
	10		31	44.1	37.9
	10		62	45.4	38.9
D	15	O_1	62	140	65.3
		O_2		153	71.6
		W_1		165	76.4
		W_2		165	76.4
E	7	O_1	90	72.9	42.0
		W_1		94.8	54.6
		W_2		87.0	50.2
		W_3		88.3	50.8
F	9	O_1	66	26.6	23.4
		W_1		32.3	31.7
		W_2		30.8	30.2

注：O_1、O_2为含油分模剂；W_1、W_2、W_3为含水分模剂。

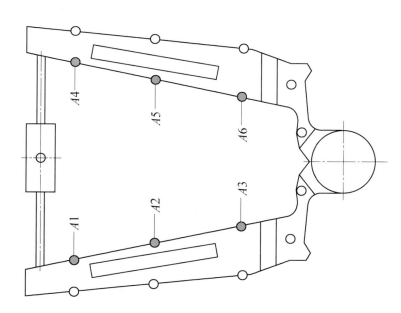

力传感器	推杆上的力/N	压应力/MPa
A1	2000	39.8
A2	1780	35.4
A3	620	12.3
A4	1910	38.0
A5	1780	35.4
A6	570	11.3

直径8 mm推杆后力传感器A1～A6位置的双列部件以及双列部件形变过程的测量结果[12]

直径8 mm的6根推杆和平均压应力与分模剂和喷注程序相关的实测脱模力[12]

系列	分模剂	固体成分 /%	喷注程序	6根推杆的脱模力 /N	平均压应力 /MPa
1	1	0.3	1	7449	24.7
2	1	0.3	2	9184	30.5
3	1	0.3	3	11113	36.9
4	1	0.8	1	6904	22.9
5	1	0.8	2	4918	16.3
6	1	0.8	3	5048	16.7
7	2	0.3	1	4474	14.8
8	2	0.3	2	10529	34.9
9	2	0.3	3	12679	42.0
10	2	0.8	1	8030	26.6
11	2	0.8	2	7083	23.5
12	2	0.8	3	7944	26.3
13	3	0.3	1	5808	19.3
14	3	0.3	2	9434	31.3
15	3	0.3	3	9344	31.0
16	3	0.8	1	5943	19.7
17	3	0.8	2	7480	24.8
18	3	0.8	3	10113	33.5
不喷注				21455	71.1

喷注程序	喷注时间 /s	排气时间 /s	分模剂 /mL	分模剂压力 /Pa	喷注气压 /Pa
1	5.5	5.5	245	6×10^5	4×10^5
2	3.0	3.0	173	3×10^5	3×10^5
3	2.6	2.6	55	1×10^5	6×10^5

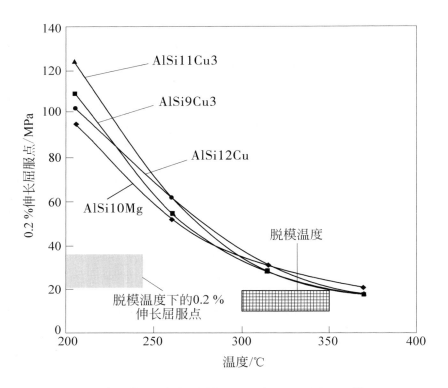

铝合金与温度有关的0.2 %伸长屈服点$R_{p0.2}$[2]

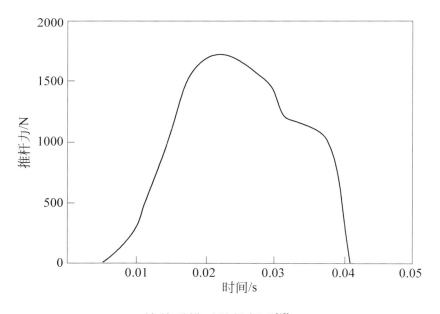

铸件脱模时的推杆力[12]

4.10 模具的加热和冷却

与压铸合金和脱模温度有关的输入热量Q与熔液容积V之比Q/V[13, 2]

合金牌号	脱模温度/℃	Q/V/J·cm^{-3}
EN-AC-AlSi9Cu3(Fe)	300	1706
	330	1635
EN-AC-AlSi12(Fe)	300	1703
	330	1633
EN-AC-AlMg9	300	1654
	330	1585
EN-MCMgAl9Zn1	250	1270
	280	1215
CuZn39Pb1Al-C	450	1445
	500	2294

制作压铸铝合金铸件，如果将500 cm³的熔液浇入铸室，从而带来了800～850 kJ的热量。将同一压铸模具中的镁合金压铸件与铜合金压铸件相比，必须将冷却增大两倍左右[2]。

与卧式冷室压铸机公称闭模力相关的循环时间取值[13]

公称闭模力/kN	1600	2500	4000	6300	8000	10000	12500	16000	20000
循环时间/s	30～40	40～50	50～60	60～70	70～80	80～90	90～110	100～130	130～150

1×10⁵Pa压力下，与温度有关热流体的物理性能[2]

温度 T/℃	密度 /kg · m⁻³	比热容c /J · (kg · K)⁻¹	热导率 /W · (m · K)⁻¹	动力黏度ν (×10⁻⁶)/m² · s⁻¹	普朗特数 Pr
Marlotherm SH					
20	1044	1550	0.131	47.0	581
40	1030	1620	0.128	16.5	338
60	1016	1700	0.125	8.1	112
80	1001	1770	0.123	4.7	67.6
100	987	1850	0.120	3.1	47.2
120	973	1920	0.117	2.3	36.1
140	958	1990	0.115	1.8	29.4
160	944	2070	0.112	1.4	24.0
180	930	2150	0.110	1.2	21.7
200	915	2220	0.107	0.92	17.4
240	887	2370	0.102	0.65	13.5
280	858	2520	0.096	0.50	11.3
320	830	2670	0.091	0.40	9.70
360	801	2820	0.086	0.32	8.50
Marlotherm 603					
20	859	1887	0.135	49.1	590
40	846	1960	0.133	20.5	255
60	833	2033	0.132	10.6	135
80	819	2106	0.130	6.27	83
100	806	2179	0.129	4.12	56
150	774	2362	0.125	1.91	28
200	741	2545	0.122	1.13	18
250	708	2727	0.118	0.77	13
300	675	2910	0.114	0.58	10
水					
5	999.97	4205	0.572	1.518	11.15
10	999.70	4195	0.582	1.306	9.414
20	998.21	4185	0.599	1.003	6.991
30	995.65	4180	0.615	0.801	5.419
40	992.22	4179	0.629	0.658	4.341
50	988.05	4180	0.641	0.553	3.568
60	983.21	4183	0.651	0.474	2.998
70	977.78	4188	0.660	0.413	2.565
80	971.80	4196	0.667	0.365	2.229
90	965.32	4205	0.673	0.326	1.964
99.61	958.64	4216	0.678	0.295	1.760

热流体与流速相关的热传递系数和热流体的平均温度[14, 2]

平均温度 /℃	流速/m · s⁻¹					
	0.5	1.0	1.5	2.0	2.5	3.0
Marlotherm SH						
60	—	—	440	634	819	1000
80	—	425	684	931	1170	1403
100	—	584	898	1200	1500	1920
120	323	704	1060	1544	1845	2135
140	392	819	1218	1700	2032	2352
160	465	943	1483	1867	2232	2582
180	517	1032	1582	1992	2381	2756
200	604	1260	1743	2194	2623	3035
240	733	1433	1982	2495	2983	3451
水						
20	2153	4572	6300	7960	9516	11010
40	2837	5560	7689	9680	11570	13390
60	3705	6450	8922	11230	13426	15534

压铸铝和镁合金铸件温度的经验值[13, 2]

温　　度	值/℃
模型雕刻表面的最高温度	470~520
脱模温度	280~330
浇铸前模型雕刻表面的最高温度	200~250
压铸模深区的模具温度	160~220
压铸模外表面温度	100~140
压铸机固定压板的温度	50~60
压铸机活动压板的温度	40~50

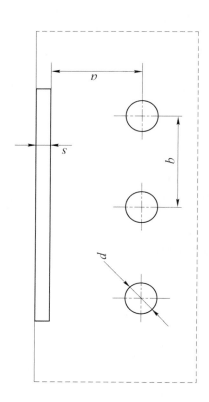

铸件壁厚 s/mm	浇道直径 d/mm	距离 a	距离 b
≤2	8～10		
≤4	10～12	(2～3)d	3d
≤6	12～15		

加热和冷却浇道的位置和尺寸[15]

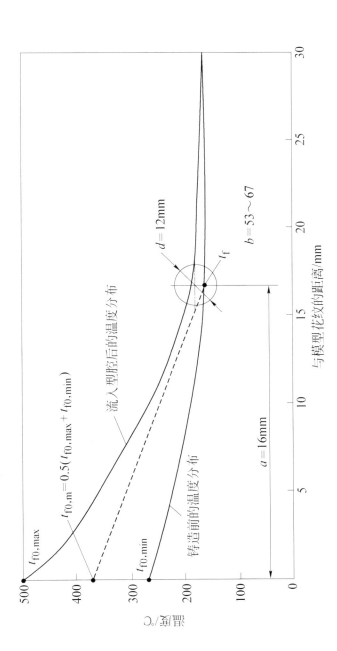

用压铸合金GD-AlSi9Cu3铸成尺寸200×75×20 mm板的铸造循环时铸模花纹不同距离的温度分布[16]

参 考 文 献

[1] 信息系统. Beuth出版社. http://www.beuth.de.

[2] Nogowizin，B. 压铸理论与实践[M]. 柏林：Schiele & Schön，2011.

[3] Kaschnitz，E，Pottlacher G. 铸造材料的热物理性能[J]. 铸造实践，2002（1）：23 ~ 28.

[4] Ito，T，Takikita T. 无气泡的镁压铸件[J]. 铸造实践，1991(11，12)：200 ~ 202.

[5] VDG P680 压铸件需保证的公差，1965.

[6] Nogowizin，B. 压铸件的尺寸精度[J]. 压铸实践，2007(2)：75 ~ 88.

[7] Metz，A. 将对压铸件的密度测量作为压铸车间质量控制[M]. 铸造实践手册 1996. 柏林：Schiele & Schön，1996：495 ~ 512.

[8] Schwezow，B. D. 压铸模的排气效应[J]. Litejnoc Proiswodstwo，1975(5)：26~28.

[9] Gerhenson，M，Rohan P W，Murray M T. 铝压铸件飞边状预凝固的形成[J]. 铸造实践，2001(3)：123 ~ 128.

[10] Breitler，R，A. Schindler. 压铸模用模具钢1.2344热处理的意义[J]. 铸造实践，1986(5)：45 ~ 57.

[11] Tosa，H，A.Uranami. 对压铸顶推杆的影响因素[J]. 铸造实践，1973(5)：79 ~ 84.

[12] German，A，Klein F. 压力铸造用水混分模剂喷注时的最佳做法[J]. 铸造研究，1998(3)：120 ~ 126.

[13] Nogowizin，B. 用温控器对压铸模的加热和冷却(第1部分)[J]. 压力铸造，2008(6)：259 ~ 269.

[14] Nogowizin，B. 用温控器对压铸模的加热和冷却(第2部分)[J]. 压力铸造，2008(7)：289 ~ 295.

[15] Seidel，G. 压铸模的加热和冷却[J]. 铸造车间，1978(11)：308 ~ 313.

[16] Klein，F，Szimon H W. 冷却介质水和热传递油对压铸模热量代谢的影响[J]. 铸造实践，1990(9，10).

5　造 型 材 料

5 造 型 材 料

5.1 劳动保护和环境保护

有关劳动保护和环境保护的特别指示包括在以下手册中。

同业工伤事故保险联合会的信息：

BGI 549 "铸造工人"；

BGI 806 "铸造车间中的有害物质"。

在铸件生产工序中第3个危险工作区域：

造型方法、造型材料、造型材料黏结剂的供应、造型材料黏结剂的准备、造型材料的制备（混合）。

危险材料的技术规则：

TRGS 552 N-亚硝胺；

TRGS 559 N 危险的矿尘；

TRGS 900 工作场所职业接触极限值。

关于良好工作实践的行为指南：

造型车间和型芯制作车间 "防止职工在铸造车间工作岗位上吸入粉尘和气溶胶的保护"。

有关正确的工作实践的行为指南是由德国黑森州、下萨克森州和莱茵兰-法尔茨州的州测量站会同南北金属同业工伤事故保险联合会合作制定。德国铸造专业工作者协会（VDG）在制定该行为指南过程中给予咨询支持。

出版商，黑森社会部，Dostojewskistrasse 4，65187 威斯巴顿（2008年5月版）。

5.2 造型主要材料

主要造型材料的评价[1]

综合性能	具 体 特 征
化学成分和矿物组成	化学成分，如SiO_2含量、基本成分的含量、其他组成部分； 颗粒的实际结构； 颗粒物质或颗粒表面的化学机理
粒度和形态参数	粒度组成，中等粒度、细粒度成分和料堆的粒度分布； 颗粒形状； 典型颗粒的颗粒表面结构； 颗粒料堆的比表面积； 典型颗粒的表面"活（放射）性"
物理-工艺性能	典型颗粒的硬度； 典型颗粒的密度； 颗粒料堆的坍落度； 颗粒料堆的烧结性能； 颗粒料堆的破碎性能-稳定性（在机械负荷和热负荷作用下各个颗粒的破碎倾向）； 热特性参数，如导热性

从铸造技术的角度对造型主要材料的要求[2]：

（1）颗粒分配、颗粒形状、颗粒表面、颗粒组织按照VDG–公报P 027；

（2）耐火的至特别耐火的；

（3）相对于铸造金属的化学耐受性；

（4）与黏结剂的化学相容性；

（5）很低的热膨胀；

（6）从低至高的导热性。

主要造型材料一览表[2]

矿　物	化学机理	材料种类	原产国
石英	SiO_2	天然矿砂，经加工	德国
石英-长石	$SiO_2 + KAlSi_3O_8$	天然矿砂，经加工	瑞典
红柱石	$Al_2[O|SiO_4]$	天然矿物，经加工	法国
橄榄石	$(Mg,Fe)_2[SiO_4]$	天然矿物，经加工	挪威
铬铁矿	$(Fe,Mg)Cr_2O_4$	天然矿，经加工	南非
锆石	$Zr[SiO_4]$	天然矿物，经加工	澳大利亚
金红石	TiO_2	天然矿物，经加工	澳大利亚
耐火黏土	$Al_2O_3 \cdot SiO_2$	烧结陶瓷，经加工	法国
Naigai Cerabesds®	$Al_2O_3 \cdot SiO_2$	喷射-烧结陶瓷，经加工	日本
多铝红柱石	$Al_2O_3 \cdot SiO_2$	氧化物陶瓷，经加工	德国
熔炼铝矾土	$Al_2O_3(>80\%)$	氧化物陶瓷，经加工	中国
标准刚玉	$Al_2O_3(96\%)$	氧化物陶瓷，经加工	意大利
刚玉（贵刚玉）	$Al_2O_3(99.5\%)$	氧化物陶瓷，经加工	德国

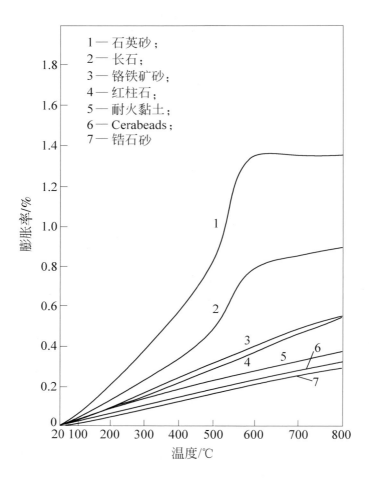

1—石英砂；
2—长石；
3—铬铁矿砂；
4—红柱石；
5—耐火黏土；
6—Cerabeads；
7—锆石砂

各种主要造型材料的坍落度特性

造型主要材料的烧结性能[2]

造型主要材料	烧结开始 温度/℃	固态烧结 温度/℃	致密化烧结 温度/℃	在1550℃时 的状态
石英–长石	1150	1200	1300	dicht
铬铁矿	1200	1200	1400	dicht
标准刚玉	1100	1200	1550	dicht
橄榄石	1350	1400	1550	dicht
熔炼铝矾土	1300	1300	1550	dicht
红柱石	1300	1400	1550	dicht
耐火黏土	1400	1500	1550	dicht
金红石砂	1300	1400	1500	dicht
Naigai Cerabesds®	1400	1500	1550	fest
多铝红柱石	1300	1400	> 1550	locker
石英	1500	> 1550	> 1550	locker
锆石	> 1550	> 1550	> 1550	lose
贵刚玉	> 1550	> 1550	> 1550	lose

不同矿床铬矿的化学成分（R.Feldkamp）

铬矿－矿床	化学成分/%							
	Cr_2O_3	Al_2O_3	FeO	MgO	CaO	SiO_2	烧损
古巴/卡马圭	31.4	29.1	13.4	18.3	0.8	5.4	1.5
古巴	34.7	27.9	14.1	17.1	0.5	4.9	0.9
菲律宾（吕宋岛）	32.5	29.8	13.0	18.1	0.6	5.1	0.5
南非德兰士瓦	44.0	15.0	24.5	10.8	0.2	3.5	—
津巴布韦（塞卢奎）	49.6	12.8	13.9	13.1	1.2	6.8	2.2
伊朗	52.0	10.5	15.0	16.0	—	3.5	—
土耳其	49.2	16.7	14.5	16.1	0.6	2.1	1.9
希腊	37.8	23.0	14.1	17.7	1.5	3.8	2.5
前苏联	56.0	7.6	15.1	12.6	0.9	3.3	3.2
印度	44.2	12.4	21.7	13.2	0.6	1.3	—
芬兰	46.0	14.0	21.6	10.4	0.3	1.9	1.1
其他	46.8	13.1	26.9[①]	9.5	0.1	0.9	—

① Fe_2O_3。

橄榄石砂的化学特性参数（部分按照K.Beckius）

矿床		化学成分/%					
		MgO	SiO_2	Fe_2O_3	CaO	Oxide[①]	烧损
Aaheim/Lefdal（挪威）		49	42.6	6.6		1.8	0.6
NOrddal（挪威）		48	41.5	7.6	0.3	1.6	2.0
Handöl（瑞典）		46	41	8.2	0.2	2.0	1.8
Burnsville（美国北卡罗来纳州）		50.5	40.1	6.7	0.2	1.0	0.7
哈密尔顿（美国华盛顿州）		49.2	41.2	7.1	0.2	1.8	0.7
日本北海道		最大47	最小42	2.0	0.4	最大8.5	最小2.5
前苏联		45.2	32.7	11.2			1.0
西班牙		38.5	38.5	9.5		3.5	10.0
St.Lorenzen奥地利	原材料	42.5	35	8	0.5	0.5	14
	烧结的	50	39	9	0.5	0.6	<0.4
Vidracco意大利		42	43	8	2.0	3.0	0.8

① Al_2O_3, TiO_2, MnO, Cr_2O_3, NiO, CaO。

商业通用的各类锆石砂的物理和化学特性参数

种类	AMA SP标准，细；AMA WT N标准，粗；RZM N Premium，粗；RZM N标准，中等							
产地	东澳大利亚	西澳大利亚	美国佛罗里达	南非	马来西亚			
粒度范围/mm	0.06~0.18	0.1~0.35	0.1~0.35	0.09~0.25	0.06~0.2	0.06~0.2	0.06~0.18	0.06~0.2
颗粒等级/mm　数量成分按质量百分比计　>0.355	—	—	—	—	—	—	—	—
0.355~0.25	—	15	14	2	1	1	—	—
0.25~0.18	1	65	53	28	7	5	1	5
0.18~0.125	16	17	20	52	41	55	30	45
0.125~0.09	62	3	3	17	46	30	61	32
0.09~0.063	18	—	—	1	4	9	8	15
<0.063	3	—	—	—	1	1	—	3
中等粒径/mm	0.11	0.21	0.20	0.16	0.12	0.13	0.11	0.13
AFS-编号	100~120	60	66	75	102	101	110	110
化学特征　值/%　ZrO_2+HfO_2	66	66	66	66	65.5	65.5	66.5	65.8
SiO_2	32~33	32~33	33	33	32.2	34.0	33.0	33.0
Fe_2O_3	0.05~0.15	0.05~0.15	0.025	0.04	0.18	0.04	0.23	0.23
TiO_2	0.1~0.4	0.1~0.12	0.08	0.25	0.25	0.04	0.4	0.4
Al_2O_3	0.1~0.4	0.1~0.4	0.10	0.13	0.27	0.08	0.89	0.89
物理特征　值/g·cm^{-3}　密度	4.2~4.8	4.2~4.8	4.6	4.6	4.6	4.56	4.6	4.55
堆积密度	2.7~2.9	2.7~2.9	2.7~2.9	2.7~2.9	2.7	2.7	2.75~2.9	2.5

5.3 黏结剂体系

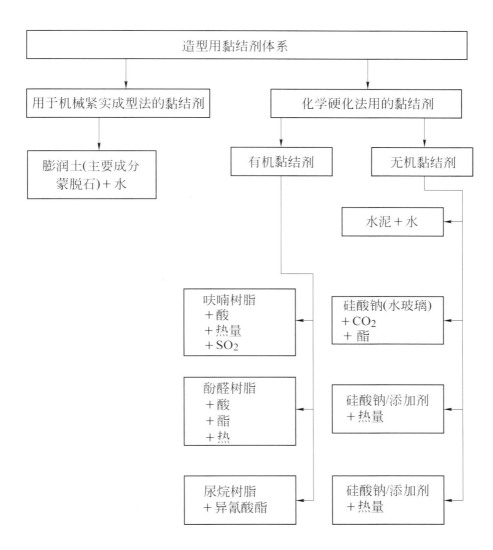

水玻璃-酯	自硬树脂-工艺		甲阶酚醛树脂-酯	聚氨酯+异氰酸酯	
硅酸钠（水玻璃）	呋喃树脂	酚醛树脂	甲阶酚醛树脂（碱性凝结）	酚醛树脂+催化剂（吡啶）	氨基聚合物
+酯硬化剂（甘油二乙酸酯+甘油三乙酸酯）	+酸硬化剂（PTS或H_3PO_4）	+酸硬化剂	+酯硬化剂	+聚异氰酸酯	+聚异氰酸酯

制芯用的黏结剂体系（冷自硬型）

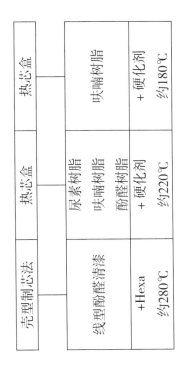

水玻璃-CO₂	冷芯盒	甲阶酚醛树脂-CO₂	甲阶酚醛树脂-MF	乙缩醛-工艺	SO₂工艺
硅酸钠黏结剂（水玻璃）	酚醛树脂＋聚异氰酸酯	甲阶酚醛树脂（碱基凝结）	甲阶酚醛树脂（碱基凝结）	聚酚醛树脂	呋喃树脂环氧树脂丙烯酸树脂
CO₂一气体	＋叔胺（气态）	CO₂气体	甲酸甲酯（气态）	乙缩醛（气态）	过氧化物
					＋SO₂气体

吹入气流硬化制芯方法

壳型制芯法	热芯盒	热芯盒	热芯盒
线型酚醛清漆	尿素树脂呋喃树脂酚醛树脂	呋喃树脂	
＋Hexa	＋硬化剂	＋硬化剂	
约280℃	约220℃	约180℃	

热固（硬）的或高温热固的制芯法

177

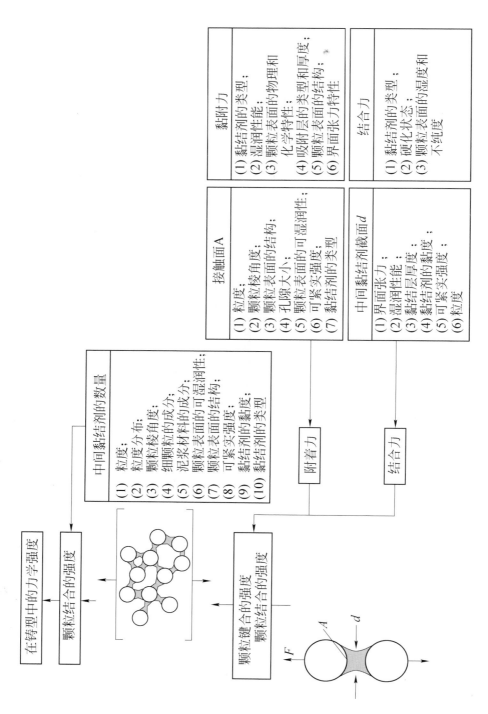

影响铸型力学强度的因素

铸造工艺中对造型黏土的要求[1]

湿砂型的成型性能	评价和检验准则
(1) 在"型砂湿"状态下结合能力强。造型材料料强度和铸型强度高（黏结剂低含量时），透气性好，剩余强度低。	(1) 湿强度（抗压强度，抗剪强度和抗拉强度）高;
(2) 在"型砂湿"状态下塑性好，成型性能好。	(2) 亚甲基蓝值;
(3) 热稳定性和型砂的抗热强度高（在压应力较低时），防止膨胀缺陷和铸型冲蚀。	(3) 震裂系数;
	(4) 湿抗拉强度;
	(5) 热抗压强度;
(4) 良好的回收性能（造型材料循环利用），干（态）强度低，剩余强度低，烧结性能低，造型材料易于溃散。旧造型材料	(6) 热抗剪强度（15s）;
	(7) 压应力;
	(8) 膨胀体积;
(5) 中等的耐火性（烧结性能），防止烧焦/渗透，清理成本低。	(9) 离子层;
	(10) 干抗压强度;
(6) 热稳定性好	(11) 热抗剪强度（60s）;
	(12) 烧结开始 T_B;
	(13) DTA（"脱水温度");
	(14) 燃尽率"α"

使用蒙脱石含量较高的造型用黏土，（蒙脱石）膨润土

铸造工艺中对造型型黏土的要求[2]

铸造造型工艺	评价和检验准则
耐火黏土-成型工艺，干型铸造造型工艺 （1）耐火性好： 1）防止渗透； 2）防止金属型型砂材料的反作用。 （2）干态力学强度高	Al_2O_3含量； 高岭石的成分； 耐火稳定性（测温锥点）不低于1650℃； 干态抗压强度
使用高岭石含量较高的造型用黏土	
水玻璃-黏土-造型工艺 （1）在"型砂湿"状态下中等结合能力。 （2）中等耐火性能/烧结性能。 （3）较高的吸水能力，用来硬化水玻璃。 （4）较高的研磨细度。 1）表面质量 2）从黏结剂中排水	湿型砂抗压强度； 烧结性能 T_B、T_E； 恩斯林氏（粘提吸湿容量）值； 比面积； 粒子大小（颗粒度）； 精细过筛（空气射流筛）； 筛余物大于0.063mm

使用：伊利石、蒙脱石基的造型用黏土，混合层-黏土矿物（反应合成）黏土（如Fridländer）。

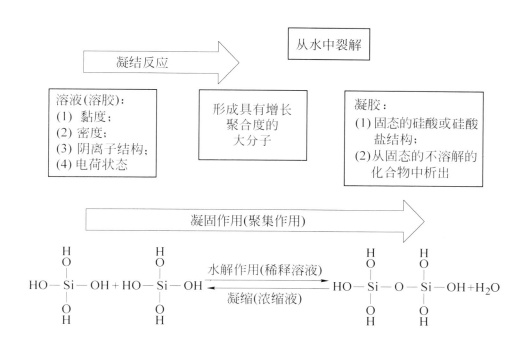

通过凝结（溶胶-凝胶-过渡）固化的硅酸盐黏结剂体系

5.4 造型材料和型芯材料

各种有光泽的碳（闪光碳）组分的应用技术比较

项　目	烟煤	天然树脂	合成经树脂
烧损/%	93.4	99.9	99.9
挥发性的成分/%	38	85	94
亮煤/%	13.8	43.8	56.2
挥发性成分的挥发温度/℃	400~500	300~400	250~350
软化范围/℃	300~400	150~250	<100
单位芳香烃散发（与亮煤相关的）	低	中等	高
单位气味散发（与亮煤相关的）	低	中等	高
Cover效应	低	中等	高

各种固体碳载体的比较[3]

固体碳载体	挥发性/%	烧损/%	亮煤/%	形　貌
褐　煤	45~65	90~94	5~8	多角形至棱角形
烟　煤	38.0	93.4	13.8	多角形至棱角形
无烟煤	3~6	90~95	1~3	多角形至棱角形
烟煤焦炭	2~4	90~95	<1	多角形至棱角形
石油焦炭	2~3	95~99	<1	多角形至棱角形
石　墨	<1	85~99	<1	片　状

光亮碳形成能力的评价

试验方法	以下造型材料成分影响到结果
灼热烧损	（1）光亮碳组分； （2）焦炭（光亮碳组分的燃烧产物）； （3）膨润土（结晶水、碳酸盐）； （4）型芯黏结剂残余； （5）金属残余（生成的氧化铁皮）； （6）其他添加剂（石墨、有机胶料）； （7）其他残余物质（如液压油）
C含量	（1）光亮碳组分； （2）焦炭（光亮碳组分的燃烧产物）； （3）膨润土（碳酸盐）； （4）型芯黏结剂残余； （5）其他添加剂（石墨、有机胶料）； （6）其他残余物质（如液压油）
挥发成分	（1）光亮碳组分； （2）膨润土（结晶水、碳酸盐）； （3）型芯黏结剂残余； （4）其他添加剂（有机胶料）； （5）其他残余物质（如液压油）

　　评价膨润土结合的造型材料光亮碳形成能力的已知方法除了光亮碳组分外还概括了其他造型材料成分，因此不适用于或确切地说只能与其他信息结合后方能对用这种造型材料生产的铸件的预期表面质量做出论述。[7]

自冷硬性造型工艺的技术工艺评价

特性和性能	材　料					
	酚醛树脂	呋喃树脂	Pep-set	Resol-酯	WG-酯
工艺性能					
单位强度	+	++	++	○	○
加工时间	+	+	++	+	+
硬化速度/生产率	○	+	++	+	+
脱模性能	○	○	++	++	+
造型基本材料的可变性	○	○	+	+	○
温度敏感性	+	+	+	+	+
造型材料造成的铸造缺陷					
耐磨性	+	+	+	+	○
热稳定性	+	++	○	++	++
气孔缺陷倾向	+	○	○	++	++
氮吸收量	+	+	++	++	++
硫吸收量	○	+	+	++	++
光亮碳形成	○	+	+	++	+
热裂倾向	○+	○+	++	++	++
龟裂倾向					
环境特性					
铸造时浓烟散发性	+	+	○	++	++
落砂特性/溃散	+	++	++	+○	○
可再生性	++	++	++	○	○
可相容性(黏土结合的造型材料)	○	○+	+	+	++
废物处置性	+	+	○	++	++
水溶性/清理					++
可达到的铸件质量灵活性/品种	+、+	++、+	++、++	++、+	+、+○

冷芯盒制芯工艺：造型材料成分和工艺特征

工艺	造型材料混合	24h后的抗弯强度/MPa	t/h	涂层（膜）	工艺特征
水玻璃-CO_2工艺	(1) 100MT石英砂； (2) 3.5~5.5MT黏结剂； (3) 3~5MT CO_2气体	2.5~4	3~8 （覆盖）	乙醇基， 酒精基	(1) 对环境少污染的； (2) 硬化速度慢； (3) 初强度低； (4) 次强度高（溃散不好）
PUR-冷芯盒制芯工艺	(1) 100MT石英砂； (2) 0.6~1.0MT树脂； (3) 0.6~1.0MT活化剂； (4) 0.05~0.2MT催化剂	4~7	1~3	乙醇和水	(1) 型芯制作迅速； (2) 热稳定性不够，龟裂； (3) 氨的气味（劳动保护）； (4) 费时的处置； (5) 适度的（温和）； (6) 溃散（G-Al）
SO_2-呋喃树脂	(1) 100MT石英砂； (2) 1~1.2MT树脂； (3) 0.35~0.45MT过氧化物； (4) 0.3~0.5MT SO_2气体	5~7	12~24	乙醇和水	(1) 型芯制作非常迅速； (2) 热稳定性高； (3) 对F-Al溃散性好； (4) 在造型模具中压型黏附倾向大

续表

工　艺	造型材料混合	24h后的抗弯强度/MPa	t/h	涂层（膜）	工艺特征
SO₂环氧树脂	(1) 100MT石英砂； (2) 1~1.2MT树脂； (3) 0.35~0.45MT过氧化物； (4) 0.3~0.5MT SO₂气体	5~7	12~24	乙醇和水	(1) 在造型模具中压型黏附倾向小； (2) 溃散较差； (3) 不含苯酚和甲醛； (4) 必须处置SO₂
SO₂丙烯酸树脂	(1) 100MT石英砂； (2) 1.5~1.8MT树脂； (3) 2.0~2.5MT过氧化物； (4) N₂/CO₂ + SO₂气体的气体混合物	3~5	12~14	乙醇和水	(1) 硬化特别迅速； (2) 型芯溃散好、清理费用低； (3) 在造型模具中压型黏附倾向性小； (4) 热稳定性好、无龟裂
冷芯盒MF-Betaset法、β(Betaset)冷芯制芯法–甲酸甲酯方法	(1) 100MT石英砂； (2) 1.6~2.0MT树脂（0.1~0.2MT酯）； (3) 0.3~0.5MT甲酸甲酯（气态）	1~2.5	约12h，添加酯时10~15min	乙醇和水	(1) 对环境少污染的，处置费用低； (2) 残余强度较高，溃散差； (3) 初强度较低（限制了型芯的难度）
Red-Set法(乙缩醛硬化法，红硬化)	(1) 100MT石英砂； (2) 0.8MT酸； (3) 1.5MT树脂； (4) 0.3MT丙酮醇	3~6	12~24	乙醇和水	(1) 型芯溃散好（G–Al）； (2) 对环境少污染的； (3) 热稳定性； (4) 缺陷倾向小
聚丙烯树脂–CO₂法		5~6	4~8	乙醇和水	(1) 型芯溃散高； (2) 强度高； (3) 耐储藏性好； (4) 缺陷倾向小

5.5 造型材料的分析

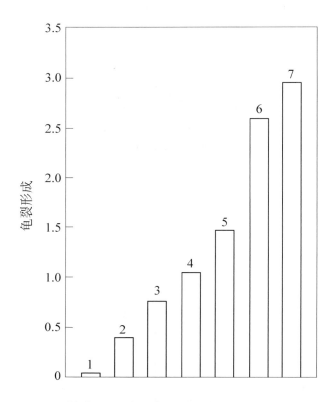

各种不同型芯造型材料的龟裂倾向

1—水玻璃黏结剂；2—酚醛树脂黏结剂–（线型）酚醛清漆型（壳型造型材料）；3—油黏结剂；4—尿烷黏结剂（冷–芯盒法）；5—尿烷黏结剂（Pep–Set (3) 酚醛尿烷树脂砂法）；6—酚醛树脂黏结剂–Resoltyp（热–芯盒法）；7—呋喃树脂黏结剂（自硬树脂法）

按照德国铸造专家协会准则检验造型主要材料、造型材料和黏结剂：

造型主要材料的检验

VDG-公报 P25，1997年4月

造型主要材料的检验

取样和试样分割

VDG-公报 P26，1999年10月

造型主要材料的检验

石英砂材料特性的确定

VDG-公报 P27，1999年10月

造型主要材料的检验

粒度特征值的确定

VDG-公报 P28，1979年5月

造型主要材料的检验

铬铁矿砂酸度消耗试验

VDG-公报 P31，1997年4月

黏土结合的造型材料的检验

取样和试样制备

黏土结合的造型材料的检验

VDG-公报 P32，1997年4月

黏土结合的造型材料的检验

含水量的确定

VDG-公报 P33，1997年4月

黏土结合的造型材料的检验

碳载体含量的确定

VDG-公报 P34，1999年10月

黏土结合的造型材料的检验

粒度特征值的确定

VDG–公报 P35，1999年10月

黏土结合的造型材料的检验

黏结性黏土的成分确定

VDG–公报 P36，1996年2月

黏土结合的造型材料的检验

悬浮泥粒（尾砂）成分的确定

VDG–公报 P37，1997年4月

黏土结合的造型材料的检验

造型性能的确定（堆积密度和紧实性）

VDG–公报 P38，1997年5月

黏土结合的造型材料的检验

强度的确定

VDG–公报 P40，1997年4月

黏土结合的造型材料的检验

可塑性的确定（Shatter指数）

VDG–公报 P41，1996年2月

黏土结合的造型材料的检验

透气性的确定

VDG–公报 P42，1997年4月

黏土结合的造型材料的检验

砂块和杂质含量的确定

VDG–公报 P43，1997年4月

黏土结合的造型材料的检验

型砂过性化程度的确定。

黏结剂的检验

VDG–公报 P69，1999年10月

黏土结合的造型材料的检验

黏结剂材料的检验

造型黏土的检验

VDG-公报 P70，1989年4月

黏结剂材料的检验

液态、酸自硬性呋喃树脂的检验

VDG-公报 P71，1999年10月

黏结剂材料的检验

热硬、合成树脂（结合的）湿型砂的抗弯强度

VDG-公报 P72，1999年10月

黏结剂材料的检验

自硬性、含硬化添加剂的合成树脂（结合的）湿型砂的检验

VDG-公报 P73，1996年2月

黏结剂材料的检验

自硬性、含气溶胶和气硬添加剂的合成树脂（结合的）湿型砂的检验

VDG-公报 P74，2000年2月

黏结剂材料的检验

壳型砂造型材料的检验

VDG-公报 P75，1989年4月

黏结剂材料的检验

液态、酸硬性酚醛树脂的检验

VDG-公报 P76，1989年4月

黏结剂材料的检验

固态和液态酚醛清漆的检验

VDG-公报 P77，1989年4月

黏结剂材料的检验

尿烷反应剂的检验

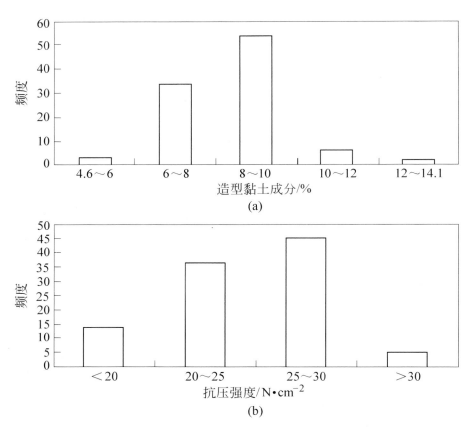

(a)

(b)

在铸铁车间内膨润土结合的造型材料的性能[5]

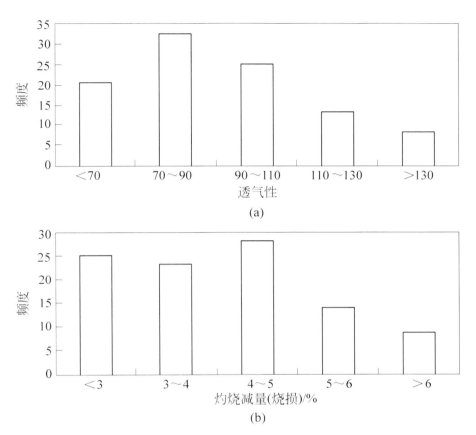

(a)

(b)

在铸铁车间内膨润土结合的造型材料的性能[5]

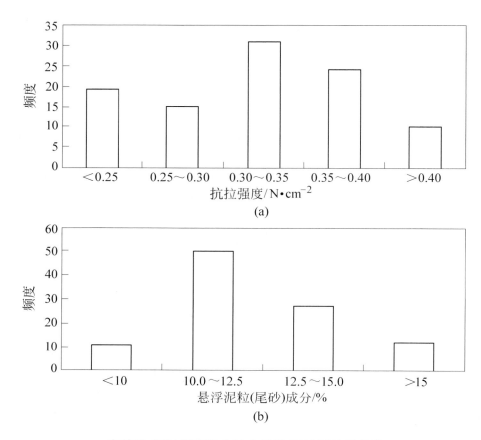

在铸铁车间内膨润土结合的造型材料的性能[5]

铸铁车间内制备用水的化学成分示例[4]

示例	电导率	钾	钾	镁	氯化物	硝酸盐	硫酸盐
地点1	93	1	6.5	3	8.7	1.4	16
地点2	204	6.6	26	4	100	3.6	18
地点3	560	1.1	66	29	2.6	1.3	13
地点4	654	13	69	7	63	15	55
地点5	989	2.8	66	18	166	20.2	19
地点6	1021	44	73	10	125	34	102

应用的制备水在种类和地域来源上有区别。

观察得出电导率（μ_s）可作为分析原因的总参数和单项值的结论。

抗拉强度的变化可以归结于活化状态的干扰。

5.6 铸型涂料

涂料的填料[1]

原　料	密度/g·cm⁻³	熔点/℃	颗粒形状	公　式
滑　石	2.8	1000~1400	片　状	$Mg_3((OH)_2/AlSi_4O_{10}))$
云　母	2.85	900	片　状	$Kal_2((OH)_2/AlSi_3O_{10}))$
高岭土	2.65	1600	片　状	$Al_2((OH)_4/SiO_2))$
叶蜡石	2.80	1600	片　状	$Al_2((OH)_4/Si_4O_{10}))$
锆　石	4.6	2200	多角形	$ZrSiO_4$

不同涂层工艺的比较

涂层方法	消耗的时间	涂料消耗量	环境相容性	自动化程度
涂抹	1500~2000	60~80	++	−
喷涂	400~500	160~200	+/−	+
浸入	200~300	80~90	+	++
注入	100	100	+	+

涂层原料与铸造材料的对应关系

铸造材料＼涂层原料	焦炭	石墨	石英	Zr-硅酸盐	云母	滑石	Mg-硅酸盐	Al-硅酸盐	耐火黏土	橄榄石
Mg-合金	0	0	-	-	-	-	+	-	-	-
Al-合金	0	0	-	-	-	-	+	+	-	+
Cu-合金	+	+	-	0	+	+	-	+	-	-
铸铁	+	+	+	0	+	+	-	0	-	+
球墨铸铁	+	+	+	+	+	+	-	0	-	+
可锻铸铁	+	+	+	+	+	+	-	0	-	+
非合金铸钢	0	0	0	+	-	-	-	-	+	-
合金铸钢	0	0	0	+	-	-	0	-	+	-

注：+表示正确或常见的；0表示有条件可能的；-表示不可能。

涂层载液的性能

载　液	水	乙醇	异丙醇	异丁醇
密度/g·cm⁻³	1.0	0.80	0.79	0.80
化学方程式	H_2O	C_2H_5OH	CH	$(CH_3)_2CHCH_2OH$
沸腾范围/℃	100	78	80	105
闪点/℃	—	12	12	28
蒸发系数	—	8.3	10.5	25
毒性/mg·kg⁻¹	—	—	$DL_{50}500\sim200$	$DL_{50}200\sim2000$
爆炸极限(体积)/%	—	3.5~15	2.0~12	1.4~11
MAK（车间空气中有害物质的最高容许浓度）值/%	—	0.001000	0.000400	0.000100
Smell极限/%	—	0.000350	0.000100	0.000015~ 0.000025

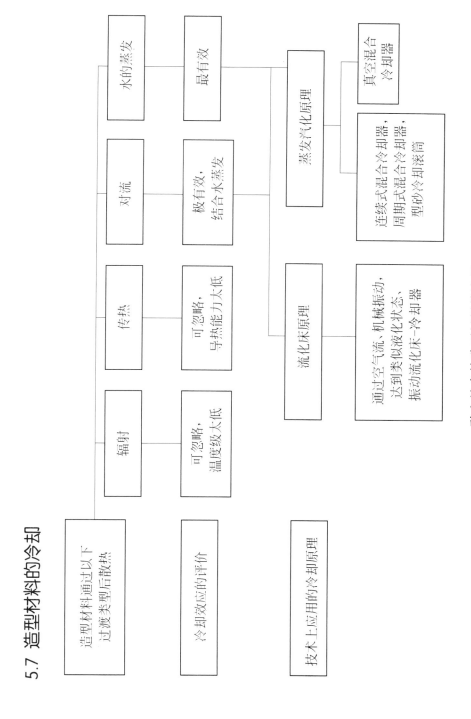

5.7 造型材料的冷却

造型材料通过以下过渡类型后散热

冷却效应的评价

技术上应用的冷却原理

辐射 | 传热 | 对流 | 水的蒸发

可忽略，温度级大低 | 可忽略，导热能力大低 | 极有效，结合水蒸发 | 最有效

流化床原理 | 蒸发汽化原理

通过空气流、机械振动，达到类似液化状态，振动流化床-冷却器

连续式混合冷却器，周期式混合冷却器，型砂冷却滚筒

真空混合冷却器

黏土结合的造型材料的冷却

（目标：造型材料在调匀后的温度不高于40℃）

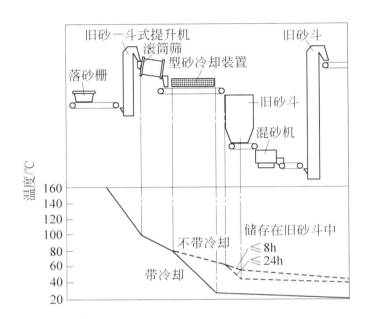

黏土结合的造型材料的冷却

冷却方法和设备技术的选择按照造型材料的入口温度：

（1）造型材料的目标温度；

（2）造型材料的热性能；

（3）待冷却造型材料的量；

（4）在材料流程中的位置情况。

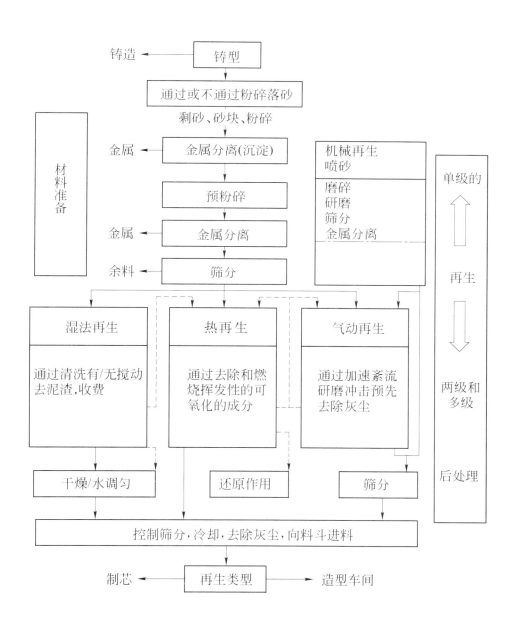

造型材料的冷却工艺流程[1]

5.8 再生

不同再生系统的可用性

砂　型		简单的机械系统	机械的			湿法再生	热再生,分选	组合再生
			研磨	破碎滚筒	气动冲刷			
单一砂	自硬的	x	x	x	x	x	x	o
	冷芯盒,SO₂,热芯盒,壳型铸造	o	x	x	x	o	x	o
	硅酸盐(CO₂或级)	o	o	o	x	x	o	o
	湿型砂(初级)	x	o	o	o	o	o	o
	湿型砂(次级)	o	x	o	x	x	o	o
有机混合砂		o	x	x	x	o	x	o
混合砂(湿砂+有机砂)		o	x	o	x	x	o	x

注:x表示可应用;o表示不可应用。

单一砂系统的再生工艺

造型材料类型		再生工艺	再生的主要要素	应用	边界条件	最低生产率/t·h⁻¹
无机单一砂系统	湿砂	机械的	离心研磨，搅动研磨	湿砂循环用的再生砂	必须预先干燥，细粒成分的利用	0.75
		气动的	气动研磨			
	水玻璃造型材料	机械的	离心研磨，搅动研磨	仅用于在水玻璃造型法时造型和型芯制造	在200℃下中间黏结剂脆化	0.5
		气动的	气动研磨			
有机单一砂系统	自硬树脂造型材料	机械的（气动的）	研磨，冲击，气动洗涤（冲刷）	自硬树脂造型	机械的：黏结剂完在铸造时脆化，很难在铸造时达到再生质量的目标值	1.5
		热的	空气床，流化床，回转炉	自硬树脂制芯用的新砂代用品		
	冷芯盒，SO₂，热芯盒和壳型铸造	机械的（气动的）	离心研磨，气动研磨	型芯制作中新砂代用品	机械的：黏结剂完在铸造时脆化，很难在铸造时达到再生质量的目标值	7.5
		热的	流化床洗涤，流化床，回转炉			

混合砂系统的再生工艺

造型材料类型	再生工艺	再生的主要要素	再生物的应用	输入条件	最低生产率/t·h⁻¹
由有机系统制的混合砂	机械的	气动研磨，离心研磨，冲击	型芯制作中新砂代用品的成分（再生砂成分50%~100%）	如果黏结剂壳在再生前通过加热脆化，则只能干燥研磨或机械再生	0.75
	热的	空气床，流化床，脉冲床，回转炉		定期检验砂中P_2O_5、PbO和其他危险元素	
	组合的	在加热的或流化的砂床中搅动研磨，加热的脉冲床		调整再生物必要的纯度，质量应该能与新砂媲美；利用热再生物中的灰尘	
由湿砂和有机方法制芯残余	机械的	气动研磨或无冲击，离心研磨，搅动研磨	用在同样的造型工艺中再生物的重新应用	砂在150~200℃下预干燥，预除尘和除尘，有必要重新使用活性膨润土	0.75
制成的混合砂	组合的	在加热的或流动的砂床中搅动研磨，加热的脉冲床	用于型芯制作的再生物（再生物的成分最高为50%）	定期检查型砂过性化程度和灰尘生含量	

6 熔　炼

6 熔　　炼

6.1 劳动保护和环境保护

关于劳动保护和环境保护的特别指示包括在以下规范中：

同业工伤事故保险联合会在工作时的安全和保健规范：

BGV C19 冶炼厂，包括实施说明在内；

BGV C19-DA；

BGV D 23 在废金属中的炸药包和空心体，包括实施说明BGV D23-DA。

同业工伤事故保险联合会在工作时的安全和保健规则：

BGR 500第2.21章 铸造车间的运营。

同业工伤事故保险联合会的信息：

BGI 548 铸造车间工人；

BGI 723 对废金属放射性成分的监督；

BGI 806 在铸造车间中的危险物质。

接触危险物质时的国家规范：

防护危险物质的法规-GefStoffV。

危险物质的技术规则：

TRGS 800防火措施；

TRGS 900 工作场所有害物质的极限值。

工作场所设计的国家规范：

工作场所法规-ArbStättV；

工作场所规则-ASR。

非铁金属：

同业工伤事故保险联合会在工作时的安全和保健规则：

BRG 204 处理镁的注意事项，1999年4月版，更新版2005年8月。

同业工伤事故保险联合会的信息：

BGI 843 处理铅及其无机化合物时的危险。

同业工伤事故保险联合会安全和保健中心铁和金属专业委员会Ⅲ-BGZ：

在加工和处理、熔炼和铸造镁的机器和设备上避免火灾危险和爆炸危险的特性要求。

危险物质的技术规则：

TRGS 505铅。

钢厂：

同业工伤事故保险联合会在工作时的安全和保健规则：

BGV C17钢厂；

BGV C 20高炉和直接还原式立式熔烧炉。

6.2 能量消耗

熔炼炉技术应用的重点

材料类别	冲天炉	电（弧）炉					烧油炉和烧气炉	
		感应-坩埚炉		槽式感应电炉	电弧炉	电阻加热的	坩埚炉，熔炼炉，立式熔烧炉，立式熔炼炉	卧式回转炉
		线路频率	中等频率					
钢			×		×			
铸铁	×	×	×		×			
铜/铜合金			×	×		×	×	
铝合金			×	×		×	×	×
锌			×	×		×	×	

在坩埚炉中电熔炼的极限功率和能耗参考值

材　料	极限功率/kW·t⁻¹		
钢和铸铁	300~350	50	580~600
	1000（<8t/炉）	125~250	
	800（>8t/炉）	125~250	
铜/铜合金	500~2000①	500~1000	340~380
铝合金	500	150	485~525

① 熔炼设备至2200kg的装料量。

感应炉的总效率[1, 2, 3, 4, 8]

材　料	总效率/%		
铁材料	80	70~75	75~80
铜/铜合金	80~88	50	56
铝合金	76~83	60~65	65
锌	85		

纯的材料和合金与相应的熔炼温度有关的焓和过热焓[1]

材料		熔化温度/℃	焓/kW·h·t^{-1}	过热焓/kW·h·(t·K)$^{-1}$
材料	Fe	1600	375	0.23
	Ni	1500	317	0.20
	Si	1500	877	0.27
	Cu	1150	195	0.14
	Mg	700	320	0.39
	Al	700	310	0.31
	Zn	500	88	0.13
合金	GJL合金（22%Ni）	1600	373	0.23
		1400	368	0.23
		1480	385	0.23
		1400	367	0.23
	铁	1400	621	0.26
	黄铜	1000	149	0.14
	铝合金	700	320	0.31
	铝合金	700	307	0.33
	铝合金	650	323	0.32

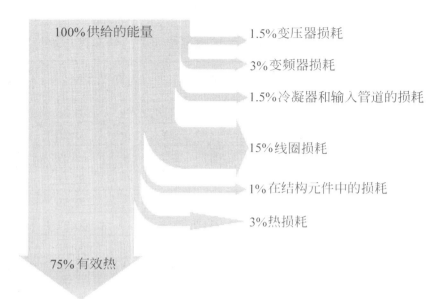

中频感应坩埚炉的能量通量图[1, 8, 9]

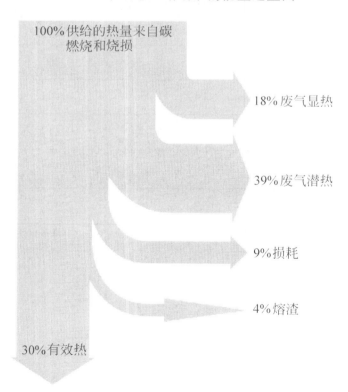

冷鼓风化铁炉的能量通量图[9]

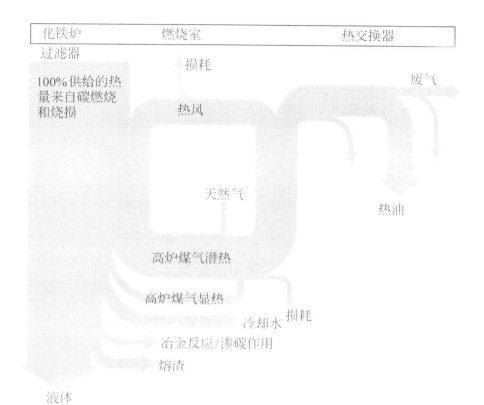

有热量回收的热鼓风–化铁炉设备的能量通量图[6, 9]

熔炼能耗值[2, 9, 11]

炉子类型	材料	熔炼能耗 /kW·h·t^{-1} 液态金属	熔炼总能耗包括附加损耗（配料、冷却水等） /kW·h·t^{-1} 液态金属
冷鼓风–化铁炉	铸铁	1105~1275	1342
热鼓风–化铁炉	铸铁	765~1148	1271
电弧炉	非合金钢	500	—
工频感应炉	铸铁	500~550	727
中频感应炉	铸铁	491~520	657

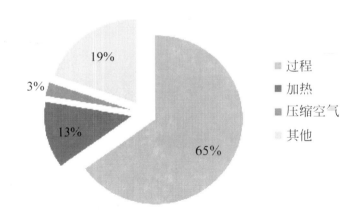

铸铁车间、铸钢车间和可锻铸铁铸造车间能耗的组成百分比[5]

**终端能量和原始能量以及对各种不同能量载体与终端能量
有关的CO_2排放之间的换算系数的汇总[2]**

各种不同能量载体的换算系数	输出能量/原始能量	与终端能量有关的CO_2排放系数/kg·(kW·h)$^{-1}$
电流（德国）	0.327	0.615
电流（西方国家）	0.540	0.293
烟煤	0.933	0.406
焦炭	0.897	0.473
褐煤	0.963	0.413
天然气	0.932	0.227
轻燃油	0.913	0.301
重燃油	0.878	0.318
液态气体	0.878	0.268
柴油	0.884	0.301

用于发电的与终端能量有关的CO_2排放换算系数的汇总[2]

电流能量载体的换算系数	与终端能量有关的CO_2排放系数/kg·(kW·h)$^{-1}$
电流（西方国家）	0.293
电流（德国，1996）	0.615
电流（德国，2007）	0.509
电流（德国，2020）①	0.345

①至2020年的行业预测所发的电流有47%将是再生电流。

6.3 浇注和测量

铸造温度的近似值

铸造材料的名称	铸造温度 （厚壁的－薄壁的）/℃
铝–铸造合金	620~730
镁–铸造合金	620~730
铜G–Cu	1150~1290
铜–铬–铸造合金	1200~1260
铜–铍–铸造合金	1180~1260, 1120~1230, 1010~1120
铜–锡铸造合金	1060~1260, 1050~1230
铜–铅–锡铸造合金	1010~1150
铜–铝铸造合金	1120~1260
铜–锌铸造合金	1040~1160, 980~1140, 960~1120
铜–镍铸造合金	1350~1430, 1370~1450
镍–铜–铸造合金	1370~1500
铸铁 (非合金和低合金的)	1340~1480
铸钢　非合金和低合金的	1560~1700
铸钢　高合金的	1500~1640
钛–铸造合金	1700~1800
锌–铸造合金 （压力铸造）	420~440, 420~480, 420~440, 475~530, 525~580

贵金属–热电偶

测量范围	正　极	负　极
−270~−230℃	Cu	AuFe0.02at%
	Cu	AuCo2.1at%
	PtIr10	AuPd40
	PtPd12.5	AuPd46
	Pd83Pt14Au3	AuPd35
	PtRh10	Pt
	PtRh30	PtRh6
	RhIr60	Ir

最常用的温差电偶

名　称	合　金	温度范围	温差电压（平均值）/μV·K⁻¹
铂–铂铑温差电偶 镍–铬镍温差电偶 铁–康铜温差电偶 铜–康铜温差电偶	（+）Pt	0~1300	10.5
	（−）PtRh10%	（600）	
	（−）NiAl2%(Si,Mn)	0~1300	41.3
	（+）NiCr10%(Si,Mn,Fe)	（1300）	
	（+）Fe	−200~700	54
	（−）CuNi45%(Si,Mn,Fe)	（900）	
	（+）Cu	−200~400	52
	（−）CuNi45%(Si,Mn,Fe)	（600）	

6.4 炉料和处理

各种金属和合金的熔点和熔化范围以及密度和冷却指数

金属/合金	标准成分/%	熔点/熔化范围/℃	密度/g·cm^{-3}	冷却指数 K[①]
铝	100 Al	658	2.70	+18.0±2
钙铝合金	73 Al; 26 Ca	900~1080	2.4	
铝铁合金	35 Al; 65 Fe	1230~1270	5.1	−17.3±2
铝铁合金	50 Al; 50 Fe			−15.9±2
钛铝合金	95 Al; 5 Ti	665~1095	2.1	
钛铝合金	90 Al; 10 Ti	665~1195	2.2	
钛铝合金	40 Al; 60 Ti	1440~1470	3.9	−15.7±3
铝–铍合金	5 Be; 95 Al	650~880	2.7	
铜–铍合金	4 Be; 96 Cu	865~890	8.25	
镍–铍合金	6 Be; 94 Ni	1160~1190		
金属铋	100 Bi	272	9.80	
铅–铋合金	30 Bi; 70 Pb	185~220		
硼	100 B	约2300	2.34	
硼铁合金	15 B; 2 Al; 1 Si; 82 Fe	1450~1500	约6.7	−16.2±6
硼铁合金	20 B; 2 Al; 1 Si; 77 Be	1500~1540	约6.5	−11.9±5
硼镍合金	15 B; 1 Fe; 84 Ni	1020~1250	约7.1	
钙铝合金	26 Ca; 7.3 Al	900~1080	2.4	
钙硅合金	31 Ca; 62 Si	980~1200	2.5	
钙硅–铝合金	27 Ca; 55 Si; 10 Al	900~970	2.4	

续表

金属/合金	标准成分/%	熔点/熔化范围/℃	密度 g·cm⁻³	冷却指数 $K^{①}$
钙硅铝合金	22 Ca; 53 Si; 18 Al	880~940	2.5	
钙硅铝合金	18 Ca; 38 Si; 37 Al	830~880	2.6	
钙硅镁合金	28 Ca; 53 Si; 10 Mg	1000~1250	2.3	
铬	100 Cr	约1900	7.2	−21.5±2
电解铬	99.9 Cr	约1875	7.2	
铬,铝热法的				
铬铁合金,超精炼的	99.4 Cr	约1850	7.2	
铬铁合金,超精炼的	72 Cr; 0.01 C; 0.6 Si; 26 Fe	1660~1690	7.35	−19.4±3
	72 Cr; 0.10 C; 0.6 Si; 26 Fe	1600~1650	7.35	−19.4±3
	72 Cr; 0.5 C; 0.6 Si; 25 Fe	1590~1650	7.35	−19.7±3
	70 Cr; 1 C; 0.6 Si; 27 Fe	1580~1610	7.34	
铬铁合金,精炼的	70 Cr; 2 C; 0.6 Si; 26 Fe	1400~1500	7.31	
铬铁合金,渗碳的	69 Cr; 4 C; 0.6 Si; 25 Fe	1360~1420	7.2	
	69 Cr; 6 C; 0.6 Si; 24 Fe	1350~1500	7.1	
	64 Cr; 6 C; 0.6 Si; 28 Fe			−24.9±4
	63 Cr; 5.5 C; 0.6 Si; 23 Fe	1400~1500	6.7	

续表

金属/合金	标准成分/%	熔点/熔化范围/℃	密度/g・cm^{-3}	冷却指数 $K^{①}$
铬氮铁合金	70 Cr; 3.8 N; 0.04 C; 0.75 Si	1425~1515	7.34	
硅铬40合金	42 Cr; 42 Si; 16 Fe	1300~1400	5.3	−16.9±4
硅铬60合金	61 Cr; 23 Si; 16 Fe	1500~1600	5.8	−22.7±4
钴	100 Co	1495	8.9	14.0±1
铜	100 Cu	1083	8.96	
铜钛合金	70 Cu; 30 Ti	875~900	7.3	
铜锆合金	65 Cu; 35 Zr	约1115		
铜锆合金	50 Cu; 50 Zr	890~900		
镁	100 Mg	650	1.74	
镁镍合金	15 Mg; 85 Ni	1050~1130	约6.1	
镁镍-铁合金	15 Mg; 69 Ni; 15 Fe	1050~1070	约6.0	
镁硅铁合金	5 Mg; 47 Si; 45 Fe	950~1275	约4.3	
镁-硅铁合金	10 Mg; 45 Si; 42 Fe	950~1245	约3.8	
镁-硅铁合金	30 Mg; 55 Si; 12 Fe	900~1000	约2.5	
镁-钙-硅合金	10 Mg; 55 Si; 39 Ca	900~1100	约2.2	
电解锰	99.9 Mn	约1240	7.4	−18.3±1
锰	96 Mn; 3 Fe; 0.5 Si	约1230	约7.8	−18.3±1
锰铁，超精炼的	85 Mn; 1.5 Si; 13.5 Fe	约1240	约7.3	−18.3±1

续表

金属/合金	标准成分/%	熔点/熔化范围/℃	密度/g·cm⁻³	冷却指数 K[①]
锰铁，精炼的	80 Mn; 1.5 Si; 1.5 C; 17 Fe	1150~1190	约 7.4	−18.7 ± 2
锰铁，渗碳的	78 Mn; 1 Si; 7 C; 14 Fe	1070~1260	约 7.3	
锰硅合金	70 Mn; 20 Si; 1 C; 8 Fe	1130~1235	约 6.3	−18.4 ± 3
锰硅合金	63 Mn; 33 Si; 0.05 C; 3 Fe	约 1275		−16.9 ± 2
钼	100 Mo	约 2620	10.2	
钼铁合金	70 Mo; 0.5 Si; 29 Fe	1800~1900	约 9.4	−10.8 ± 3
钼铁合金	62 Mo; 1 Si; 36 Fe	1800~1900	约 9.0	−10.8 ± 3
镍	100 Ni	1454	8.9	−10.3 ± 1
镍铁合金	51 Ni; 0.5 Co; 48 Fe	约 1430	约 8.3	
镍硼合金	84 Ni; 15 B; 1 Fe	1020~1250	约 7.1	
镍镁合金	85 Ni; 15 Mg	1050~1130	约 6.1	
镍铌合金	42 Ni; 56 Nb; 1 Al; 1 Fe	1280~1360	约 8.8	
铌铁合金	65 Nb; 1 Al; 1 Si; 32 Fe	1530~1580	约 8.1	−10.7 ± 3
铌铁钽合金	63 Nb; 5.5 Ta; 2 Al; 28 Fe	1530~1600	约 8.4	
磷铁合金	24 P; 1 Si; 73 Fe	1250~1350	约 6.4	
金属硅	99 Si	1410~1440	约 2.3	+17.0 ± 3
硅铁合金	45 Si; 24 Fe	1215~1300	约 5.1	−10.0 ± 3
硅铁合金	75 Si; 54 Fe	1210~1315	约 2.8	+ 4.9 ± 3

续表

金属/合金	标准成分/%	熔点/熔化范围/℃	密度/g·cm⁻³	冷却指数 K[①]
硅铁	90 Si; 9 Fe	1210~1380	约 2.4	+12.4±3
钛铁合金	30 Ti; 4 Al; 3 Si; 62 Fe	1315~1500	约 6.2	−16.4±4
	40 Ti; 6 Al; 2 Si; 51 Fe	1335~1480	约 5.9	−16.3±4
	70 Ti; 0.5 Al; 28 Fe	1070~1135	约 5.4	−12.3±3
钛铝合金	10 Ti; 90 Al	665~1195	约 2.2	
	60 Ti; 40 Al	1440~1470	约 3.9	−15.7±3
金属钒	99.8 V	约 1900	约 6.1	
钒铁合金	60 V; 1.5 Al; 37 Fe	1550~1600	约 6.9	−18.1±5
	80 V; 1 Al; 1 Si; 17 Fe	1690~1770	约 6.4	−17.7±5
钒铝合金	50 V; 49.5 Al	1450~1670	约 4.0	
	85 V; 14.5 Al	1840~1860	约 5.2	
金属钨	100 W	约 3410	约 19.3	
钨铁合金	80 W; 1 C; 17 Fe	约 3410	约 15.4	−6.5±3
熔点基准	30 W; 1 C; 2 Cr; 65 Fe			
锆铁合金	85 Zr; 15 Fe	935~1000		
锆铜合金	35 Zr; 65 Cu	约 1115		
锆铜合金	50 Zr; 50 Cu	890~900		
锆硅铁合金	38 Zr; 50 Si; 11 Fe	1250~1340	约 3.5	

① 冷却指数说明以 K 来表示的, 给钢水添加一种合金或金属的1%时1600℃的钢水熔池所经历的温度变化。冷却指数可用于约10%以内的添加量时。

电炉熔融金属渗碳剂的一览表[1, 5, 7]

渗 碳 剂	灰分/%	含水量/%	含氮量/%	含氢量/%	含硫量/%	挥发性成分/%	含碳量/%	平均容积密度/kg·m⁻³
合成石墨	0.50	0.30	0.01	—	0.04	0.10	99.00	840
天然石墨	11.00	0.70	0.02	—	0.10	1.00	87.30	—
电极石墨	0.20	—	<0.1	<0.1	0.05	<0.2	99.20	—
高含硫量的煅烧石油焦炭	0.40	0.40	0.60	0.15	1.50	0.30	98.90	770
低含硫量的煅烧石油焦炭	0.05	0.10	0.07	0.04	0.10	0.20	99.55	800
干燥的冶金焦炭	9.00	0.30	1.00	—	1.00	1.00	89.70	640
乙炔焦炭								
沥青焦炭	0.50	0.50	0.70	0.20	0.40	0.50	98.00	550
结焦褐煤	2.50	2.00	0.60	1.10	0.25	3.50	92.00	640
粉焦	9.00	—	1.00	—	1.00	1.00	88.00	—
烧结碳团	0.10	0.10	0.50	—	0.70	1.00	98.80	—
煅烧无烟煤	4.00	0.20	0.40	—	0.25	0.25	95.50	900

商业上常见孕育剂的成分

孕育剂	质量分数(余量为铁)/%							
	Si	Al	Ca	Ba	Sr	Zr	Mn	其他
FeSi 45 DIN 17560	42~48	最大1.5	—	—	—	—	—	1.25 Mg
FeSi 45 Mg	42~48	0.8	0.8	—	—	—	—	
FeSi 75	73~79	1.0~2.0	0.2~0.6	—	—	—	—	
FeSi 75 DIN 17560	73~79	1.0~2.0	—	—	—	—	—	
FeSi 75 DIN 17560	73~79	最大1.5	—	—	—	—	—	
FeSi 90 Mg	87~95	1.5	0.5	—	—	—	—	
FeSi 90 DIN 17560	87~95	1.0~2.0	—	—	—	—	—	
FeSi~Al	70	4	0.5	—	—	—	—	
FeSi~Ce	45	0.5	0.5	—	—	—	—	10 Ce,　3 Ce
FeSi~La	75	1.5	—	—	—	—	—	
FeSi~Mn~Zr	60~65	1.0~2.0	1.0~3.0	—	—	—	—	
FeSi~Mn~Zr~Ba	58	3.0	3.0	3.9	—	4.9	5.8	
FeSi75~Sr	75	<0.5	<0.1	—	0.8	—	—	
FeSi45~Sr	45~50	<0.5	<0.1	—	0.8	—	—	10 Ti;
FeSi45~Ti	45~50	1.5	6	—	—	—	—	35~45 石墨
FeSi45~石墨	40~50	1.0	1.5	—	—	—	—	
Cuprinoc	14	1	7	—	—	—	—	70 Cu, 6 Sn,
Inobar	60	1.5	1	10	—	—	—	3 石墨
Inoculoy	60	1.5	2	5	—	—	10	
SMZ	60~65	1.2~1.6	0.6~1.0	—	—	5.7	5.7	

续表

| 孕育剂 | 质量分数(余量为铁)/% | | | | | | | | 其他 |
	Si	Al	Ca	Ba	Sr	Zr	Mn	
Superseed	73~78	最大0.5	最大0.1	—	0.6~1.0	—	—	
Tensil	70~75	3~4	0.8~1.4	—	—	—	—	1.0~1.5 Mg
Vaxon	46~50	0.5~1.2	0.6~0.9	—	—	—	—	
Vaxon-D	46~50	0.5~1.2	0.6~0.9	—	—	1.5	—	
ZL80	80	最大1.5	2.5	—	—	—	—	
CaSiDIN17580	①	最大1.8	29~33	—	—	—	—	
CaSiC50DIN17580	①	最大1.8	29~33	—	—	—	—	
CaSi30	60	最大1.8	30	—	—	—	—	
CaSi-Zr	50~60	—	15~20	—	—	15~20	—	

① Ca + Si≥90 %。

作为炉料的纯铁[13]

品　种	C	Mn	P	S	N	Cu	Co	Sn
				质量分数/%				
Armco 1	0.020	0.20	0.015	0.015	0.007	0.06	n.b.	0.010
Armco 2	0.010	0.10	0.010	0.008	0.006	0.03	0.004	0.010
Armco 3	0.010	0.08	0.010	0.005	0.005	0.03	n.b.	0.010
Armco 4	0.010	0.06	0.005	0.003	0.005	0.03	0.004	0.005
典型的平均值								
Armco 2	0.006	0.06	0.005	0.005	0.003	0.012	0.004	0.002
Armco 4	0.006	0.049	0.004	0.0028	0.004	0.010	0.003	0.002
尺　寸	金属坯：80~120mm 四方形，长度300~10000mm 大断面坯：130~200mm 四方形，长度300~10000mm 板坯：218mm×330mm，265mm×385mm							

料坯：成分和供货形式

(%)

料坯	Mn	Si	Almet	Fe	C(总)	黏结剂（波特兰水泥）	氧化值
FeSi	—	50~60	最大1.5	18~20	—	15~20	18~22
SiC	—	35~40	最大0.3	最大1.5	25~33	15~20	25~30
FeSi/SiC	—	38~42	最大1.0	最大12	10~15	15~20	20~25
FeMn	50~55	—	最大0.3	最大15	4~6	15~20	18~22

注：供货形式：

立方体用于人工配料，包装在偏平的托盘上，用热塑薄膜包覆。

FeSi 0.5/1/1.5kg净重，1.5~3kg总质量。

SiC 1kg净重，2.5~3kg总质量；

六角形和圆柱形用于自动配料，不放在托盘上，而是散装的。

FeSi 50%~55%Si净重，约1.0kg总质量；

SiC 30%~45%Si净重，约1.0kg总质量；

FeMn 55%~60%Mn净重，约1.5kg总质量。

铸造车间用的生铁

品种组别	Si 订货期限	Si 供货期限	Mn	P①	S	C_{ges}
	质量分数/%					
特殊品种	1.5~2.0	2.00~2.30				3.7~4.1
		2.20~2.50	0.6~0.9	0.5~0.7	最大0.04	3.7~4.1
标准品种	2.00~2.50	2.50~2.80				3.6~4.0
	2.50~3.00	2.70~3.00				3.5~3.9
	3.00~3.50					

① 也可以0.10%~0.50%较低含量的P（半赤铁矿）或以0.70%~1.0%较高含量的P（以前为铸锰车间生铁Ⅲ）或1.00%~1.80%P供货。

赤铁矿低磷生铁

品种组别	Si 订货期限	Si 供货期限	Mn①	P	S	C_{ges}
	质量分数/%					
特殊品种	1.50~2.00	2.00~2.30				3.9~4.4
		2.20~2.50	0.7~1.0	最大0.04	最大0.04	3.8~4.3
标准品种	2.00~2.50	2.50~2.80				3.7~4.2
	2.50~3.00	2.70~3.00				3.6~4.1
特殊品种	3.00~3.50					

① 其他Mn含量也是可以的。

镜铁和高炉-硅铁

品种	质量分数/%				
	Si	Mn	P	S	C_{ges}②
镜铁	最大1.0	6~30①	0.10~0.15	最大0.04	4.0~5.0②
高炉-硅铁	8~13	0.4~0.7	0.10~0.15	0.02~0.04	1.6~2.5

① 在2%的等级中≤18% Mn和4%的等级中>18%Mn。
② 分别根据Mn含量而定。

在废钢、生铁和直接还原生铁中合金元素和伴生元素的典型含量

废铁类型	含量/%					
	Sn	As	Cu	Cr	Ti	Mn
深冲优质钢	<0.001	<0.01	0.02	0.01	<0.01	0.2~0.4
混合废钢	0.01~0.03	0.01~0.03	0.20	0.08	0.01	0.4~0.9
厚壁重型结构钢废料	0.01~0.03	0.01~0.04	0.2~0.4	<0.15	0.02~0.04	0.4~0.9
钢厂的捆料	<0.01	<0.01	0.02~0.1	<0.05	0.01~0.025	0.1~0.3
粉碎的废钢	0.02~0.1	0.01~0.4	0.2~0.7	0.05~0.4	0.02~0.03	0.2~0.4
脱锡的废钢	0.05~0.1	0.01	0.02~0.2	<0.5	0.01~0.02	0.05~0.3
普通生铁	0.005~0.04	0.005~0.025	0.05~0.03	0.02~0.1	0.02~0.03	0.1~1.0
高纯度生铁	0.001	—	0.02~0.04	<0.025	0.02	<0.04
垃圾类焚烧设备中拣出的铁	0.2~1.5	0.01~0.015	0.05~0.2	<0.015	0.01~0.02	0.02~0.2
直接还原生铁	0.002	0.002	0.005~0.01	$S_{p.}$0.02	0.01	$S_{p.}$

6.5 剩余物的分析

化铁炉炉渣的成分

	SiO$_2$ /%	CaO /%	MgO /%	Al$_2$O$_3$ /%	FeO /%	Fe$_2$O$_3$ /%	MnO /%	S /%	CaF$_2$ /%	碱度 $\dfrac{CaO+MgO}{SiO_2}$
酸性化铁炉炉渣	41.9 ~ 55.4	20.1 ~ 43.3	0.4 ~ 4.4①	3.7 ~ 12.0	0.4 ~ 8.0	0.1 ~ 10.6	0.7 ~ 4.3	0.2 ~ 0.9		0.38 ~ 1.08
碱性化铁炉炉渣	27 ~ 35	40 ~ 54	4 ~ 7	4 ~ 7	0.5 ~ 1.5		0.3 ~ 2.5	1.0 ~ 1.4	1.0 ~ 5.0	1.4 ~ 2.3
碱性化铁炉炉渣	27.3 ~ 28.8	58.5 ~ 60.2	0.9 ~ 3.1	2.6 ~ 3.9	0.9 ~ 2.1	0 ~ 0.3	0.8 ~ 1.0	1.5 ~ 2.1		2.1 ~ 2.3

① 白云石（代替石灰石）中的MgO为12.6%。

在化铁炉中铸铁材料熔炼时的炉渣和粉尘量[14]

炉 渣		粉 尘 喷 溅	
炉渣量	4%~8%/40~80 kg/tFe	粉尘量	5~13 kg/tFe
炉渣分析:		粉尘分析:	
SiO_2	45%~55%	氧化铁（Fe_2O_3及其他）	30%~60%
CaO	25%~40%	SiO_2（也可以是Fe_2SiO_4）	约25%
Al_2O_3	8%~20%	焦粉/碳（也称为烧损）	3%~15%
MgO	1%~3%	MnO	3%~10%
MnO	1%~4%	Al_2O_3	1%~3%
FeO	1%~6%	MgO	1%~3%
$Ca+FeS+MnS$	约1%	CaO	<1%
TiO_2	约1%	ZnO（分别根据炉料）	约3%（最大20%）
ZnO	约1%	PbO和重金属	<1%
		硫	约2%
		水溶性氧化钙Na_2O、K_2O（来自焦炭灰分）	0.3%~5%
		水溶性硫化物	0.3%~5%
		粒度　<10μm	KW 20%，HW 30%
		粒度　<100μm	KW 50%，HW 70%
		粒度　ZnO	0.01~3μm

化铁炉废气的平均成分

熔炼周期	浓度							η_V
	O_2 /%	CO_2 /%	CO /%	NO /%	NO_2 /%	NO_x /%	SO_2 /%	
1	0	16.91	16.67	0.0005	0.0003	0.0007	0.0327	0.50
2	0	16.24	16.75	0.0006	0.0001	0.0007	0.0169	0.49
3	0	15.38	16.96	0.0006	0.0001	0.0006	0.0127	0.48

注：1. 在第4和第5周期不进行废气分析。

2. η_V 表示焦炭的燃烧比：$\eta_V = (CO)/[(CO)+(CO_2)]$；在所有周期中的平均值达0.49。

熔渣（氧化熔渣）的化学分析结果，以质量百分数表示

成 分	周期1（S 16）	周期3（S 20）	周期4（S 22）	周期5（S 24）
CaO	35.3	34.6	31.8	35.1
SiO_2	43.1	43.9	45.1	44.2
Al_2O_3	9.78	10.8	11.1	9.63
Fe_2O_3	5.59	3.62	3.81	4.23
MnO_2	3.72	4.17	4.76	3.94
TiO_2	0.44	0.537	0.549	0.493
SO_3	0.297	0.387	0.421	0.352
MgO	0.811	0.836	0.871	0.604
K_2O	0.455	0.487	0.535	0.435
Na_2O	—	—	0.468	0.423
Cl	0.133	0.137	0.071	0.0992
SrO	0.079	0.0814	0.0765	0.0748
ZrO_2	0.058	0.0836	0.0759	0.0648
CrO_3	0.214	0.344	0.278	0.301
P_2O_5	—	—	—	0.366
NiO	0.023	0.0327	0.0368	0.0305
碱度$B=\dfrac{\%CaO}{\%SiO_2+\%Al_2O_3}$	0.67	0.63	0.56	0.65

在生产或处理铁和钢的生产过程中产生的剩余物质的典型化学成分 (%)

类　型	H_2O	Fe	Mn	Cr	Zn	Cu	P	C	Cl	K_2O	Na_2O
高炉炉顶灰	40	19	1.18	0.018	7.1	0.02	0.1	36	0.14	1.44	0.28
氧灰	10~20	59	0.8	0.06	3.2	0.03	0.05	0.61	0.25	0.29	0.39
辐射灰	0.8	74	0.7	0.21	0.78	0.11	0.053	1.6	0.03	0.09	0.16
化铁炉灰	4.2	14	2.6	0.07	4.8	0.09	0.09	21	0.41	2.11	0.74
Cu-渣渣	27	11	0.1	2.0	0.7	22.8	0.85	13.8	0.26	0.11	0.8
P-渣渣	48.6	22	1.71	0.06	9.7	0.03	14.6	2.0	0.15	0.14	2.2

6.6 耐火性

高熔点的氧化物作为耐火材料的基础

方程式	名　称	日常名称	熔点/℃
SiO_2	氧化硅	硅酸	1720
Al_2O_3	氧化铝	铝土	2050
CaO	氧化钙		2620
MgO	氧化镁	苦土	2800
Cr_2O_3	氧化铬		2600
ZrO_2	氧化锆	氧化锆	2700

6.7 金属的熔炼

熔炼厂含铝的炉料

材　　料	回收率	壁　　厚	氧化物成分	有机成分
光亮钢板	92%~98%	0.2~8 mm	<1 %	<1 %
漆板	85%~90%	0.2~8 mm	<1 %	1%~3 %
处理过的车屑粉	85%~94%	0.06~3 mm	<1 %	<1 %
未经处理的车屑粉	70%~85%	0.06~3 mm	<1 %	1%~10 %
光亮型材	92%~98%	1~10 mm	<1 %	<1 %
ISO–型材	80%~85%	1~10 mm	<1 %	5%~10 %
阳极氧化处理过的型材	83%~88%	1~10 mm	2~3%	<1 %
光亮箔	85%~90%	0.006~0.05 mm	<1 %	<1 %
彩色箔	70%~80%	0.006~0.05 mm	<1 %	10%~15 %
ISO–粉碎物	90%~92%	1~10 mm	<1 %	1%~3 %
粉碎钢板	85%~90%	0.2~8 mm	<1 %	1%~3 %
粉碎铸铁	88%~94%	5~50 mm	<1 %	1%~3 %
粉碎罐头盒	55%~75%	0.1~0.5 mm	<1 %	10%~20 %
光亮废钢丝	92%~96%	0.5~5 mm	<1 %	<1 %
油污废钢丝	85%~90%	0.5~5 mm	<1 %	1%~5 %
铝粒料	92%~96%	0.5~5 mm	<1 %	<1 %
餐具集中废料	80%~87%	0.5~30 mm	5%~30 %	4%~10 %
尾料	60%~85%	5 cm~1.5 m	5%~30 %	<1 %
浮渣	40%~60%	1 cm~0.5 m	30%~50 %	<1 %
经处理的SSL–和浮渣	5%~75%	0.5~50 mm	15%~40 %	<1 %
下脚料，铸造下脚料	65%~85%	0.5~100 mm	1%~5 %	5%~15 %
铸件，铸锭	96%~98%	0.7~1.5 m	<0.5 %	<1 %

制铝工业熔炼厂内的炉子类型[12]

炉型	炉料	优点	缺点
膛式熔炼炉（部分有磁性搅拌器）	大块清洁的回炉废料，或许是车屑粉和粒料	灵活，成本低	有机成分小于1%
带废屑预热塔的多室炉	漆板和型材，有合成物附着物的废料，油污的薄壁废料	烧损低，能耗低，含铝的炉料	剩余金属液，投资较高。维护费用较高
卧式回转炉	严重污染的废料，浮渣，车屑粉，碎小的废料	烧损低	清理废料的费用高（盐渣）
倾转式回转炉	浮渣，严重污染的废料	清理废料的费用低	炉子尺寸受限
感应电炉	干燥的车屑粉	烧损低	能耗成本高

在铝熔炼中的固体杂质（按照VDS）

杂质	来源	后果/对……的影响	消除可能
氧化物Al_2O_3、MgO；尖晶石Al_2O_3、MgO；硅酸盐$CaSiO_3$；铝酸盐$CaAl_2O_4$	与大气的反应；炉料；FF-炉衬的侵蚀	在加工时的刀具损伤（K）；在加工时刀具的磨损（G）；力学性能；腐蚀、抛光性能（K）；"灰色条状组织"（K）	镇静处理；用反应气体处理；过滤
氮化物AlN	与大气的反应；用N_2进行吹气精炼处理		
硅酸盐$CaSiO_3$；铝酸盐$CaAl_2O_4$	FF-炉衬		
碳化物SiC、TiC	熔融金属与碳的反应；FF-炉衬与SiC的磨损；中间合金		
氯化物$NaCl$、KCl	在盐气氛下的熔炼过程；用Cl_2进行吹气精炼处理		
金属间化合物Al_3Zr、Al_2Ti、$AlTiZr$及其他	中间合金；在合金成分不合理的情况下在熔融金属中的反应		结晶作用；过滤

注：G代表铸造合金；K代表塑性合金。

关于在回收时须去除的金属夹杂物一览表（按照VDS）

材 料	非金属夹杂物的类型	工艺上将通过……带入的粒子	备 注
MgAl合金	MgO	电解作用：熔池表面—紊流，搅拌，抽吸，加料的反应生成物	
MgAl合金	MgOAl$_2$O$_3$		最稳定的氧化物
MgAl合金	氮化镁	与氧化团一起出现；热力学计算证明，Mg$_3$N$_2$只有在极低的氧气分压力下才会生成（氧氮化物团小于50μm）	Mg$_3$N$_2$可以指示在熔融金属中的气泡存在
MgAl合金	碳化钙	原 料	这些粒子有时会被发现但这种情况很少出现
Mg合金	碳化铝	可以源自铝，此时Al$_4$C$_3$是常见的夹杂物	

续表

MgAl合金	硫酸盐	保护气氛含SO$_2$	这些粒子有时有，但很少被发现
Mg合金	MgS	保护气氛含硫	
MgAl合金	氟化镁	保护气氛含SF$_6$或MgF$_2$，是熔盐的组成部分	这些粒子有时会被发现，但这种情况很少出现。鉴于密度差小很难通过沉积去除最细小的盐粒子。但它们团聚在最细氧化物附近，改善了沉积条件
Mg-Al合金	氟化钙	作为防止氧化作用而加入	这些粒子有时有，但很少被发现。鉴于密度差小很难通过沉积去除最细小的盐粒子。但它们团聚在最细氧化物附近，改善了沉积条件
Mg合金	氯化镁		
Mg合金	氯化钙		
Mg合金	氯化钠		
Mg合金	氯化钾		

溶解在铝熔融金属中的杂质（按照VDS）

元 素	来 源	后果/对……的影响	消除可能
氢	与大气和燃烧气体反应；潮湿的炉料和耐火炉衬；合金添加元素	气泡、气孔率；退火气泡（K）	镇静处理；用反应气体处理（真空处理）
锂	炉料（Al-Li-合金）	氧化膜倾向；"蓝腐蚀"（K）	用反应气体和盐处理
钠	与耐火材料的反应	氧化膜倾向；边裂（K）；铸造性能	用反应气体和盐处理
钙	炉料；与耐火材料的反应	氧化膜倾向；铸造性能	用反应气体和盐处理
锑	炉料；（变质处理铸造合金）	分析偏差	无
铅	炉料（附着），易切削合金；轴承合金	分析偏差；铸造性能（G）	无（真空蒸馏）
铁	炉料（杂质）		无（结晶作用）
镁	炉料（合金元素）		用反应气体处理（真空蒸馏）
铋	炉料；易切削合金	铸造性能（G）	无
锌	炉料（合金元素）		（真空蒸馏）
锡	炉料（附着，轴承合金）	铸造性能（G）	无

注：G表示铸造合金；K表示塑性合金。

铝铸造合金的真空除气（按照Alker）

合　金	氢含量/cm³·100g⁻¹		
	在熔炼后	在真空处理后	在氯处理后
G-AlSi12	0.25	<0.05	0.08
G-AlSi9Mg	0.17	<0.05	<0.05
G-AlSi7Mg	0.30	<0.05	0.05
G-AlSiMg3	0.17	0.12	<0.05
G-AlCu4Ti	0.15	<0.05	0.08
G-AlCu4TiMg	0.17	<0.05	<0.10
纯铝	0.33	<0.05	<0.04

合　金	未经加工的Na	Na，真空法	合　金	未经加工的Na	Na，真空法
G-AlSi12	0.01	0.07	G-AlSi9Mg	0.07	0.04
G-AlSi12（Cu）	0.1	0.04	G-AlSi9Cu3	0.05	0.03
G-AlSi12Cu	0.08	0.04	G-AlSi7Mg	0.05	0.03
G-AlSi10Mg	0.08	0.05	G-AlSi6Cu4		
GK-AlSi10Mg	0.04	0.03	GK-AlSi7Mg GK-AlSi6Cu4	0.02	0.01

作为再精炼处理功能的力学性能（铸态）（按照D.Dragulin）　(MPa)

处　理	熔化温度730℃		
	R_p	R_p	R_p
未经处理	120	258	5.4
Cl_2处理	157	292	9
N_2处理	146	283	8.3
Ar处理	148	279	7.9
50 % Cl_2 50 % N_2	151	283	8.6

作为再精炼处理功能的力学性能（在T7-热处理后）（按照D.Dragulin）　(MPa)

处　理	熔化温度730℃		
	R_p	R_p	R_p
未经处理	130	205	6.9
Cl_2处理	165	224	14.8
N_2处理	165	213	13.2
Ar处理	159	219	13.7
50 % Cl_2 50 % N_2	164	217	13.8

7 标 准

7 标　　准

7.1 标准选用

铸件和合金、铁材料、非铁金属、铸钢和精密铸件的选用标准

供货技术条件
DIN EN 1559-1（2011-05）铸造学-技术交付状态

第一部分 总则
DIN EN 1559-2（2000-04）铸造学-技术交付状态
第二部分铸钢件的附加要求 信息：标准草案 2012-02

DIN EN 1559-3（2012-01）铸造学-技术交付状态
第三部分：铸铁件的附加要求

DIN EN 1559-4（1999-07）铸造学-技术交付状态
第四部分:铝合金铸件的附加要求

DIN EN 1559-5（1998-01）铸造学-技术交付状态
第五部分:镁合金铸件的附加要求

DIN EN 1559-6（1999-01）铸造学-技术交付状态
第六部分:锌合金铸件的附加要求

铁材料
DIN EN 1560（2011-05）
铸造学– 铸铁的标记体系
材料缩写名称和材料牌号

DIN EN 1561（2012-01）
铸造学–**灰铸铁**
非合金和低合金灰铸铁的性能

DIN EN 1562（2012-05）

铸造学-**可锻铸铁**

类别和对可锻铸铁的附加要求

DIN EN 1563（2012-3）

铸造学-**球墨铸铁**

球墨铸铁的类别

DIN EN 1564（2012-01）

铸造学-**奥铁体铸铁**

奥铁体铸铁类型和特性的划分和确定

DIN EN 12513（2011-05）

铸造学-**耐磨铸铁**

耐磨白口铸铁的类型的划分和确定

DIN EN 13835（2012-04）

铸造学-**奥氏体铸铁-类型划分**

ISO 16112（2006-08）

蠕墨铸铁-分类

DIN EN 16079（2012-02）

铸造学-**蠕墨铸铁**的品种确定和要求

DIN EN 16124（2012-02）

铸造学-用于高温下的**低合金铁素体球墨铸铁**

铸钢

DIN EN 10293（2005-06）

一般用途的**铸钢**

信息：新标准草案：2012-02

DIN EN 10340（2008-01）

建筑用铸钢
文件已修改：2008–11

DIN EN 10349（2010–02）
铸钢–奥氏体锰铸钢

DIN EN 10213（2008–01）
压力容器用**铸钢**
文件已修改：2008–11
信息：新标准草案2011–08已存在

DIN EN 10283（2010–06）
耐腐蚀**铸钢**

DIN EN 10295（2003–01）
耐热**铸钢**

非铁材料

DIN 1706（2010–06）
铝和铝合金–铸件
化学成分和力学性能

DIN EN 12258–1（2012–08）
铝和铝合金–术语–第一部分：一般定义

DIN EN 1780（2003–01）
铝和铝合金
合金铝锭，中间合金和铸件的命名
第一部分：数字命名系统
第二部分：以化学符号为基础的命名系统
第三部分：化学成分的书写规则

DIN EN 1676（2010–06）

铝和铝合金

合金铝锭，重熔合金铝锭，规范

EN 576（2004-01）

铝和铝合金

非合金铝锭，规范

DIN EN 601（2004-07）

铝和铝合金–铸件

与食品接触铸件的化学成分

DIN EN 1753（1997-08）

镁和镁合金

镁合金铸锭和铸件

DIN EN 1754（1997-08）

镁和镁合金

阳极棒、铸锭和铸件

DIN 17865（1990-11）

钛和钛合金铸件

精密铸件，舂实的铸件

DIN EN 1774（1997-11）

锌和锌合金–铸锭和液态铸造合金

DIN EN 12844（1999-01）

锌和锌合金–铸件，规范

DIN EN 12441-1（2002至2006）

锌和锌合金–化学分析第一部分至第十一部分

DIN EN 1412（1995-12）

铜和铜合金

欧洲材料编号体系

DIN EN 1976（1998–05）
铜和铜合金，铸造纯铜锭
信息：新标准草案已存在2010–12

DIN EN 1982（2008–08）
铜和铜合金，金属锭和铸件；德文版本EN 1982：2008

DIN 17730（1971–07）
镍和镍–铜铸造合金–铸件

ISO 12725（1997–07）
镍和镍合金铸件

ISO 16468（2005–08）
精密铸件（钢、镍–钴合金）
一般技术要求

标准DIN 17640–1 出版日期：2004–02
一般用途的铅合金
  箴言"在标准中规定了用于制造半成品和铸件的铅合金（金属锭）的名称，术语，化学成分，材料特性，取样和分析以及标记和标签。此外，还采纳了检验证书和一致性声明的选择权。"

标准DIN 1742
锡–压铸合金；压铸件
出版日期：1971–07

标准 DIN EN 611–1
锡和锡合金–锡合金和锡制器具–第一部分：锡合金
出版日期：1995–09

标准DIN EN 611–2
锡和锡合金–锡合金和锡制器具–第二部分：锡制器具
出版日期：1996–08

7.2 全球的铸造材料生产

各种铸造材料的全球总产量[1,3]

材　　料	生产量/t
灰铸铁	43.2×10^6
球墨铸铁	24.4×10^6
可锻铸铁	1.5×10^6
铸钢	10.5×10^6
铝合金	10.9×10^6
镁合金	0.3×10^6
铜合金	1.8×10^6
锌合金	0.7×10^6
其他非铁金属合金	0.9×10^6

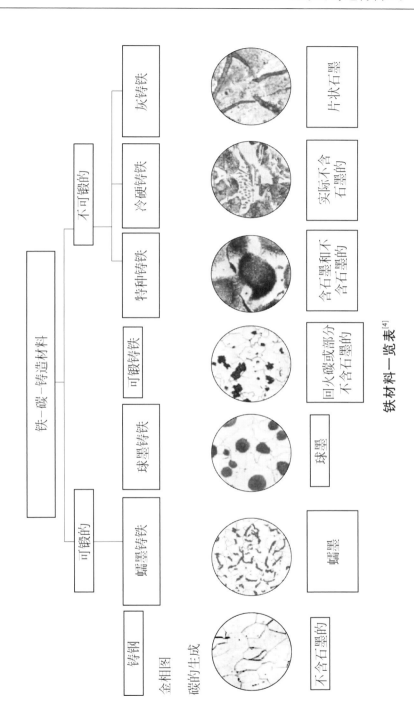

铁材料一览表[4]

7.3 概述

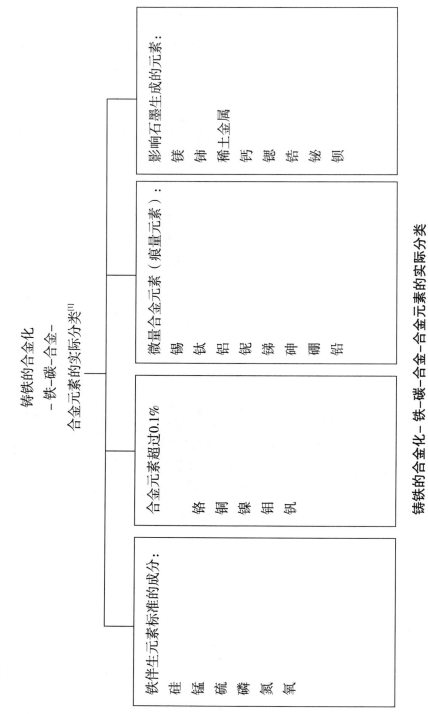

铸铁的合金化
－铁－碳－合金－
合金元素的实际分类[1]

铁伴生元素标准的成分：

硅
锰
硫
磷
氮
氧

合金元素超过0.1%

铬
铜
镍
钼
钒

微量合金元素（痕量元素）：

锡
钛
铝
铌
锑
砷
硼
铝

影响石墨生成的元素：

镁
铈
稀土金属
钙
锶
锆
铋
钡

铸铁的合金化－铁－碳－合金－合金元素的实际分类

主要铸铁类型一览表[3]

产品种类	缩写符号	特　征	标　准	商业上最常见的名称（德英文）
灰铸铁	GJL-	片状石墨	EN 1561，ASTM A48，ISO 185	灰铸铁，GGL/Grey Cast Iron
球墨铸铁	GJS-	球墨	EN 1563，ASTM A536，ISO 1083	GGG，球墨铸铁，GmK，球墨铸铁
可锻铸铁	GTW	脱碳，不含石墨	EN 1562，ASTM A47，A220	白心可锻铸铁
	GTS	石墨碳	ISO 5922	黑心可锻铸铁
蠕墨铸铁	GJV	蠕墨铸铁	ASTM A842，ISO 16112	GGV/CG铁
奥氏体铸铁	GJLA- GJSA-	奥氏体基体材料 片状石墨和球墨	EN 13835，ASTM A436，A439， ISO 2892	Ni-Resist，Nodumag

续表

产品种类	缩写符号	特　征	标　准	商业上最常见的名称（德/英文）
耐热硅铸铁	GJS GJV	3.8%~5.5%Si 0.4%~1.1%Mo 铁素体 球墨和蠕墨	EN 16124（试行标准）	SiMo
贝氏体球墨铸铁	GJS	奥铁体基体，球墨	EN 1564，ASTM A 897，ISO 17804	奥铁体铸铁
碳化物铸铁－耐磨合金铸铁	GJN–HV	碳化物，不含石墨	EN 2513，ASTM A533，ISO 21988	冷硬铸铁、白口铸铁、Ni–Hard，铬铸铁

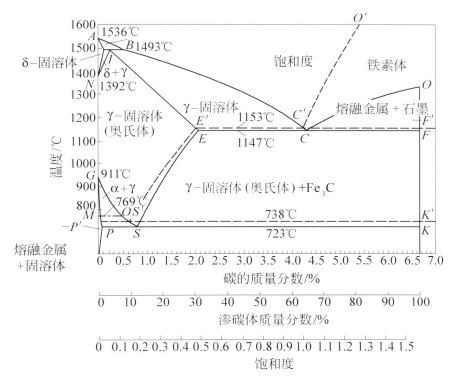

铁-碳平衡图

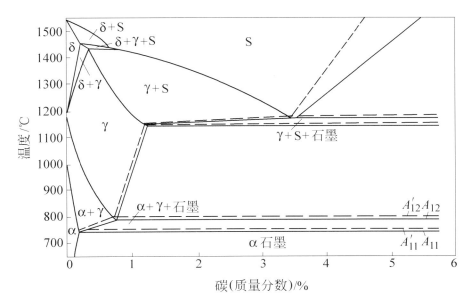

硅含量为2.4%常数值时Fe-C-Si体系的准二元截面[1]

7.4 灰铸铁

灰铸铁合金元素的作用

元素	含量/%	对组织的影响	对性能的影响	备　注
铝	≤3	很大程度上减少白口：1%Al相当于0.8%Si；有严重的铁素体化倾向	改善抗氧化性，对不含熔渣的组织提高了强度	熔渣缺陷和夹渣以及针孔的严重危险
铬	0.2~1.0	促进白口化：1%Cr相当于0.1%Si；抑制铁素体化	提高强度、硬度、抗生长性，抗氧化性以及热稳定性	由于自由碳化物和边缘硬度存在加工问题的危险，有显微缩松倾向
铜	0.4~2.0	减少白口形成；1%的Cu相当于0.3%Si，抑制铁素体化	提高强度、硬度，在一定条件下提高耐蚀度，减少壁厚影响，较好的可淬透性	
锰	0.3~1.3	与硫化合，然后弱珠光体化	稍提高强度和硬度，较好的可淬硬性	当Si含量未调节好时有熔渣缺陷的危险
钼	0.2~1.0	在白口时大致是中性的，可能起到弱铁素体化和珠光体化的作用，在含量高时生成贝氏体	很大程度地提高强度，增加热稳定性和耐温度交变性能，较好的可淬透性	有显微缩松的严重危险，首先是在与Cr结合和较高P含量时；在钼含量高时在薄截面中有贝氏体生成危险
镍	0.5~3.0	一定程度上减少白口：1%Ni相当于0.25% Si，弱珠光体化，促进贝氏体和马氏体的生成	提高强度、硬度和在一定条件下增强韧性；首先用在与Cr和Mo化合时；提高在碱中的抗蚀性，较好的可淬透性	在镍含量高时在薄截面中有贝氏体生成危险

续表

元素	含量/%	对组织的影响	对性能的影响	备 注
硅	1.0~6.0	很大程度上减少白口形成，起到铁素体化的作用	对同样的组织提高强度，很大程度上改善抗氧化性	在含量高时脆化，降低热导率
氮气	≤0.016	珠光体化	在很大程度上提高强度和硬度	在超过溶解度时在铸件中形成气泡
钛	≤0.1	减少白口倾向，铁素体化	通过TiC改善了耐磨性	熔渣缺陷和针孔的危险
钒	0.1~0.6	很大程度上促进白口的形成；1%V相当于-2%Si；从V碳化物中析出	提高强度、硬度和通过V型碳化物首先提高耐磨性	由于会增加刀具磨损的硬质V碳化物降低了机加工性能
锡	≤3	即使在D-石墨存在情况下也会强有力地抑制铁素体化	提高硬度和耐磨性	在超过恰好为珠光体化所需的含量时脆化

7.5 材料数据活页

偏析[2]

元素	在奥氏体中富集	在熔融金属中富集	备　注
碳		+	
硅	+		
锰		+	MnS的生成和析出
硫	+	+	MnS的生成和析出
铜	+		可能生成和析出富含铜的相
铝	+		
镍			
磷		+	亚磷酸盐–共晶体
钼		+	碳化物生成
铬		+	碳化物生成
锡		+	在晶界上析出
铋		+	
铅		+	金属铅的析出
氮气		+	气泡生成
镁		+	

7.6 热处理

铸铁的热物理性能[24]

物理性能	在室温下	在固相温度下	在凝固范围中	在液相范围内
热导率/W・(K・m)$^{-1}$	30~50	25~30	较恒定	25~35
热容/J・(kg・K)$^{-1}$	460~700	850~1050	下降	800~950
密度/kg・m^{-3}	6900~7400	6750~7350	收缩膨胀	6700~7300
韧性/mm^2・s^{-1}		8	急剧下降	0.5~0.8
弹性模量/GPa	80~160	60~100	消失	
热膨胀系数/μm・(m・℃)$^{-1}$	11~14	17~22	突然上升	
熔融焓/kJ・kg^{-1}			180~240	

材料：纯铁[13]

温度/℃	导热性/cm²·s⁻¹	比热 c_p /J·(g·K)⁻¹	密度/g·cm⁻³	热导率λ/W·(K·m)⁻¹
20	0.220	0.42	7.80	71.80
100	0.188	0.45	7.77	65.22
200	0.156	0.48	7.74	57.70
300	0.129	0.53	7.70	52.62
400	0.107	0.58	7.67	47.45
500	0.087	0.65	7.63	43.28
600	0.069	0.74	7.60	38.76
700	0.051	0.88	7.56	33.77

材料：G-X8CrNi12[13]

温度/℃	导热性 α /cm²·s⁻¹	比热 c_p /J·(g·K)⁻¹	密度 /g·cm⁻³	热导率λ /W·(K·m)⁻¹	线膨胀系数 范围/℃	α (×10⁻⁶)/K⁻¹	抗拉强度 R_m/N·mm⁻²	0.2%伸长率 $R_{p0.2}$ /N·mm⁻²	断后伸长率 A_{50}	弹性模量E /kN·mm⁻²
20	0.062	0.45	7.63	21.45			830	597	10.5	205
100	0.062	0.47	7.62	22.07	20~100	5.14				
200	0.061	0.49	7.60	22.53	100~200	10.23	750	555	12.7	182
300	0.059	0.53	7.57	23.60	200~300	11.57	745	564	12.2	185
400	0.056	0.60	7.54	25.03	300~400	12.31				
500	0.051	0.69	7.51	26.06	400~500	12.34	615	467	14.2	149
600	0.044	0.79	7.49	25.96	500~600	12.67				
700	0.035	1.02	7.46	26.75	600~700	12.10				
800							137	83	14.6	47

材料：GJL-150（珠光体）[12]

温度/℃	导热性 α /cm²·s⁻¹	比热 c_p /J·(g·K)⁻¹	密度 /g·cm⁻³	热导率 λ /W·(K·m)⁻¹	线膨胀系数		抗拉强度 R_m/N·mm⁻²	0.2%伸长率 $R_{p0.2}$ /N·mm⁻²	断后伸长率 A_{50}	弹性模量 E /kN·mm⁻²
					范围/℃	α (×10⁻⁶)/K⁻¹				
20	0.182	0.45	7.04	57.16			143	113	0.82	75
100	0.153	0.47	7.03	50.91	20~100	5.72	140	109	0.82	71
200	0.127	0.51	7.00	45.12	100~200	10.66	136	106	0.88	70
300	0.107	0.56	6.98	41.61	200~300	13.07	132	100	1.09	65
400	0.093	0.59	6.95	38.37	300~400	14.10	128	96	1.46	63
500	0.081	0.69	6.92	38.93	400~500	14.26	110	84	1.4	62
600	0.069	0.77	6.89	36.82	500~600	14.15	66	56	1.34	50
700	0.054	0.86	6.86	31.91	600~700	14.75	36	32	1.47	41
800							23	22	1.7	29

材料：GJL-250[12]

温度/°C	导热性 α /cm²·s⁻¹	比热 c_p /J·(g·K)⁻¹	密度 /g·cm⁻³	热导率 λ /W·(K·m)⁻¹	线膨胀系数		抗拉强度 R_m /N·mm⁻²	0.2%伸长率 $R_{p0.2}$ /N·mm⁻²	断后伸长率 A_{50}	弹性模量 E /kN·mm⁻²
					范围/°C	α (×10⁻⁶)/K⁻¹				
20	0.160	0.44	7.13	50.57	20~100	5.94	274	213	0.94	128
100	0.139	0.48	7.12	47.88	100~200	10.92	262	203	1.06	121
200	0.119	0.53	7.10	45.10	200~300	13.55	255	194	1.04	117
300	0.104	0.59	7.07	43.12	300~400	14.56	257	195	0.96	113
400	0.092	0.64	7.04	41.71	400~500	14.87	245	176	1.56	99
500	0.081	0.71	7.01	40.31	500~600	14.82	186	141	1.58	96
600	0.069	0.79	6.98	37.93	600~700	15.04	14	93	1.62	78
700	0.054	0.95	6.94	35.52			56	48	2.33	29
800										

铸铁的热处理

碳化物分解退火

碳化物分解退火	灰铸铁	球墨铸铁
加热速度	50~100K/h	
退火温度	850~950℃	850~920℃
视壁厚不同的保温时间	25mm以内2h+每增加25mm 1h	
冷却	如果没有铁素体化，空气中冷却或炉冷（40~60K/h时可能会发生铁素体化）	
退火曲线		

铁素体化

铁素体化	在相变范围内的铁素体化	在相变点下的铁素体化退火
加热速度	50~100K/h	
退火温度	740~780℃	680~700℃
保温时间	4~12h	4~24h
冷却	空气中冷却或炉冷（40~60K/h）	炉冷（20~50K/h；580℃，然后在空气中冷却或炉冷（50~60K/h）
退火曲线		

软化退火

软化退火 碳化物分解退火 +铁素体化	在相变范围内的 铁素体化	在相变点下的 铁素体化退火
加热速度	50~100K/h	
退火温度，第一阶段	850~920℃	
视壁厚不同的保温 时间，第一阶段	25mm以内2h+每增加25mm 1h	
冷却和第二阶段	在炉中（50~100K/h）至相变范围的上限，然后以30~50K/h冷却至650℃，紧接着在空气中冷却	炉冷（40~60K/h）冷却至680~700℃、4~24h的保温时间，然后以20~50K/h冷却至580℃
退火曲线		

正火

正火 （珠光体化退火）	灰铸铁	球墨铸铁
加热速度	50~100K/h	
退火温度	850~920℃	
视壁厚不同的保温时间	25mm以内2h+每增加25mm 1h	
冷却	快速空冷	
退火曲线		

消除应力退火

消除应力退火	灰铸铁			球墨铸铁		
	非合金	低合金	高合金	铁素体	非合金珠光体	合金珠光体
加热速度	50~100K/h					
退火温度						
视壁厚不同的保温时间 第一阶段	25mm以内2h+每增加25mm 1h					
冷却	炉冷（20~40K/h冷却至250℃， 250℃以下在空气中冷却）					
退火曲线						

调质

调　质	灰铸铁，球墨铸铁		
加热速度	50~100K/h		
淬火温度	830~920℃		
视壁厚不同的保温时间	25mm以内2h+每增加25mm 1h		
淬硬	油　浴		
	从20~100℃ 油淬火	从100~240℃ 热浴淬火	盐浴淬火 从200~450℃ 等温淬火
回火			
退火曲线			

7.7 球墨铸铁

球墨铸铁基体的组织混合物显微硬度（MMH）和疲劳强度

铁	铁素体/%	珠光体/%	铁素体	珠光体显微硬度	MMH	疲劳强度/N·mm⁻²
			基　体			
1	28	72	183	300	267	344
2	95	5	190	260	203	275
3	70	30	189	285	218	310
4		100%贝氏体			348	372
5	30	70	142	283	241	310
6	16	84	140	290	263	303
7	85	15	143	275	163	251
8	26	74	156	320	277	328
9	85	15	165	278	182	290
10	11	89	165	345	325	362
11		100%贝氏体			420	396

上文试验中铁材料的化学成分

铁材料牌号		1~4	5~7	8~9	10, 11
化学成分/%	C	3.64~3.86	3.65~3.80	3.65~3.75	3.65~3.75
	Si	2.50~2.75	2.30~2.45	2.45~2.60	2.45~2.60
	Cu	0.20~0.40	0.27~0.32	0.45~0.55	0.85~0.95
	Mn	0.25~0.55	0.22~0.26	0.38~0.42	0.18~0.20
	Ni	—	—	—	0.85~0.95
	Mo	—	—	—	0.15~0.18
	Mg	0.023~0.038	0.034~0.038	0.040~0.050	0.040~0.050

元素	含量/%	对组织的影响	对性能和用途的影响	备　注
铝	≤3	严重铁素体化；干扰球墨的生成	改善抗氧化性；很少应用	有熔渣缺陷和针孔的很大危险
铬	≤0.1	促进白口和晶界碳化物生成；珠光体稳定化	提高屈服限，很少应用	在退火时很难克服珠光体和晶界碳化物
铜	0.4~1.5	抑制铁素体生成，增强干扰元素的作用	提高屈服限；较高的淬透性；对GJS-500Z至GJS-1000易干珠光体并增加淬透性	增加铁素体化退火的困难，在一定条件下铁素体轻微的脆变；当含量过高时过脆（过度合金化）
锰	0.1~1.0	珠光体化，晶界碳化物的生成	较高的淬透性；对GJS-500Z至GJS-700易干珠光体化	在退火时难以克服晶界碳化物和晶界珠光体较边；对贝氏体组织有脆化现象
钼	0.2~1.0	生成晶界碳化物，可起到轻微铁素体化或珠光体的作用，当含量较高时会生成贝氏体和马氏体	提高屈服限和热稳定性，用来提高热稳定性和耐温度交变性能以及淬透性，多数情况下与Ni或Cu一起	首先在较大壁厚时有稳定的晶界碳化物；含量较高时在薄截面中有生成贝氏体或马氏体的危险

续表

元素	含量/%	对组织的影响	对性能和用途的影响	备　注
镍	0.5~3.0	对珠光体化几乎没有影响，促使贝氏体和马氏体的生成	增加屈服限，而不至使铁素体严重脆变；对GJS350和GJS400可代替Si，对GJS-800至GJS-1000以及调质的品种常常与Mo和/或Cu一起提高淬透性以及改善在水和碱液中的耐蚀性	高含量时在薄截面中有生成贝氏体或马氏体的危险
硅	1.0~6.0	很大程度上减少白口化，起到铁素体化的作用	对铁素体组织提高屈服限，改善高温稳定性	铁素体脆变；降低热导率
钒	0.1~0.3	致使钒-碳化物析出	通过V型碳化物（很少）改善耐磨性	由于坚硬的V型碳化物增加刀具的磨损，但这不能通过退火克服
锡	≤0.1	强烈抑制铁素体化，在一定条件下干扰球墨生成	珠光体化（很少）	脆化；珠光体残余物儿乎不能通过退火克服

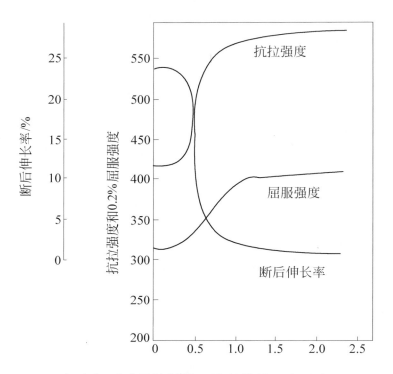

锰和铜对球墨铸铁的强度特性的组合影响

（ % C= 3.1~3.8 ； %Si=2.6~2.1 ）[18]

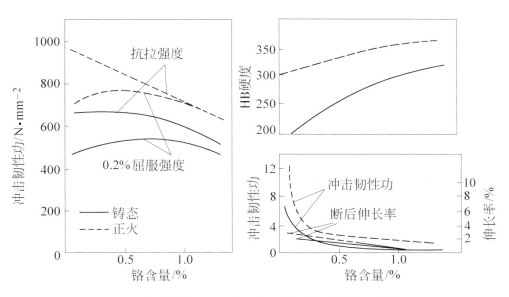

铬对铸态下和在正火后力学性能的影响[18]

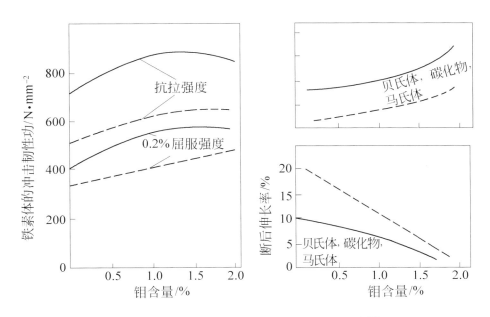

钼对球墨铸铁在铸态下强度特性的影响[18]

C /%	Si /%	Mn /%	P /%	S /%	Mg /%	Cu /%	Ni /%	CE	铁素体/%	珍珠岩/%	抗拉强度 /N·mm^{-2}	0.2%屈服强度 /N·mm^{-2}	断后伸长率/%	硬度 HB
3.56	2.55	0.34	0.38	0.012	0.071	0.08	1.01	4.33			558	386	14.5	196
3.56	2.55	0.34	0.38	0.012	0.071	0.33	1.01	4.33			813	531	4	286
3.56	2.55	0.34	0.38	0.012	0.071	0.88	0.07	4.33			—	—	—	—
3.56	2.55	0.34	0.38	0.012	0.071	1.33	0.07	4.33			—	—	—	—
3.56	2.55	0.34	0.38	0.012	0.071	0.08	1.01	4.33			—	—	—	—
3.56	2.55	0.34	0.38	0.012	0.071	0.33	1.01	4.33	95	5	655	486	3	255
3.56	2.55	0.34	0.38	0.012	0.071	0.88	0.07	4.33	50	50	710	538	2	286
3.56	2.55	0.34	0.38	0.012	0.071	1.33	0.07	4.33	0	100	724	552	2	302
3.22	2.12	0.02	0.025	0.012	0.10	—	0.80	3.76	5	95	441	—	—	152
3.22	2.01	0.02	0.025	0.015	0.065	0.27	0.79	3.73	5	5	572	—	—	213
3.22	1.95	0.02	0.025	0.016	0.062	0.60	0.76	3.72			760	—	—	262
3.70	2.35	0.32	0.031	0.008	0.06	0.38	1.30	4.30			737	455	4	255
3.70	2.35	0.32	0.031	0.008	0.06	0.74	1.30	4.30			774	486	3	269

球墨铸铁的干扰元素和伴生元素的含量在过去三十年的变化比较[5,6]见下表。

微合金的钢品种在回收过程中增加应用的结果　　　　　　(%)

元　素	1967		1997	
	最小值	最大值	最小值	最大值
铝		<0.014	0.008	0.03
锑	0.002	0.009	0.001	0.008
砷	0.001	0.038	0.002	0.02
铅		<0.005	0.001	0.005
硼			0.0008	0.001
铈			0.005	0.01
铬	0.002	0.08	0.006	0.1
钴	0.0007	0.012	0.004	0.04
钼		<0.05	0.006	0.05
镍	0.001	0.07	0.01	0.1
铌			0.002	0.004
碲		<0.005	0	0.0095
钛	0.01	0.2	0.001	0.04
钒	0.005	0.11	0.002	0.12
铋		0.0009	0.001	0.004
钨		<0.012	0.005	0.011
锌	0.0005	0.006	0.001	0.0015
锡		<0.012	0.001	

低合金球墨铸铁的力学性能、合金成分和热处理

抗拉强度 /N·mm⁻²	0.2%屈服 强度/N·mm⁻²	断后伸长 率/%	合金/%	热处理①
1060	620	5	2.8	950
1055	690	4.5	2.5	900
1040	665	5	0.8	950
1030	670	4.5	2.5	900
865	505	7	155	900
770	480	9	13Cu，1.0Li	675
760	490	10.5	16	650
700	490	9.5	175	675
620	450	13	2.5	
550	440	20	2.0	
580	450	20.5	1.75	740
690	500	10.5	1.75	720
725	485	10.5		

① 缩写符号表示为：

　　N——在规定温度(℃)下正火；

　TN——在规定温度(℃)回火和正火；

　NT——在规定温度(℃)正火和回火；

　　F——铁素体化；

　CC——从900℃可控冷却；

　　E——在2h/900℃后从规定温度(℃)的共析范围急剧冷却。

根据各种的文献资料数据不同类型非合金球墨铸铁的热导率[18]

合金类型	在平均温度下的化学成分						平均温度下的热导率 $W\cdot(m\cdot K)^{-1}$				
	% C	% Si	% Mn	% P	% S	% Mg	100	200	300	400	500
铁素体的	3.82	2.61	0.46	0.086	0.011	0.088	34.9	34.8	34.7	34.6	—
	3.64	2.21	0.23	0.021	0.011	n. B.	37.3	37.9	—	34.8	34.2
	3.53	2.49	0.47	0.056	0.006	0.096	38.1	33.9	37.8	37.6	—
	3.49	2.73	0.54	0.047	0.012	0.066	34.2	38.5	33.5	33.5	—
	3.38	1.11	0.42	0.047	0.004	0.065	38.8	38.6	38.1	37.8	—
	3.32	2.05	0.34	0.063	0.013	0.054	38.9	34.2	38.4	38.1	—
	3.11	3.48	0.35	0.086	0.027	0.058	34.4	35.7	33.9	35.2	—
珠光体的	3.22	2.44	0.42	0.063	0.013	0.056	31.1	30.7	30.4	30.1	30.2
							32.2	32.2	31.5	31.1	30.5

弯曲交变试验的试样的特性，

GJS-试样系列	450-15			450-10	
	1	2	3	4	5
力学性能					
$R_{p0.1}$/MPa	251	293	279	295	311
$R_{p0.2}$/MPa	272	303	294	312	331
R_m/MPa	420	452	447	471	480
A_{5d}/%	180	178	212	130	152
弹性模量/GPa	167	168	169	172	166
布氏硬度	153	167	161	165	173
组织形态					
球化率/%	>90	>95	>95	>95	>95
球化/mm^2	250	700	240	370	600
[%]珠光体	5/10	10	10	15	10
[%]铁素体	90/95	90	90	85	90
表面状态					
加工，打磨	+	+	+	+	
未经喷丸处理的铸件表层		+	+	+	+
经清理喷砂处理的铸件表层	+	+	+	+	
经喷丸的铸件表层				+	

注：试样制作：
标*表示在：OGI的试验铸造车间中制作；
其他是在铸造车间中制作。
型砂：
1表示呋喃砂，因此有0.4mm的片墨边棱；
2~12表示膨润土结合的湿型砂，不含片墨边棱。

球墨铸铁（系列试样的平均值）

	600-3	700-2				
6*	7	8	9	10*	11*	12
316	366	102	400	464	661	690
330	391	434	424	479	713	750
478	620	774	784	802	933	977
18.7	5.0	5.1	8.4	7.5	5.9	8.4
171	172	171	166	170	169	170
175	227	242	257	272	311	343
>95	>95	>95	>95	>95	>95	>95
550	325	400	180	570	300	470
10	45/55	90	85	75/80	奥铁体化	
90	55/45	10	15	20/25		
	+	+	+		+	+
+	+	+	+	+	+	+
	+	+	+		+	+

根据各种的文献资料数据非合金球墨铸铁类型的线膨胀系数[18]

材　　料	线膨胀系数（×10⁻⁶）/K⁻¹												
%C/%Si/%Mn/%P/ %S/%Mg	−100~ −75℃	−75~ −50℃	−50~ −25℃	−25~ −0℃	20~ 100℃	20~ 200℃	20~ 300℃	20~ 500℃	20~ 700℃	20~ 900℃
3.26/2.01/0.56/0.112/ 0.024/0.12	8.6	9.3	10.1	11.1		12.1			13.9	19.1
3.62/3.11/0.49/0.037/ 0.011/0.05					11.2	11.1	11.9		13.5	
GJS 400（铁素体）	8.1		10.3	10.3		12.1			15.1	19.6
GJS 700（珠光体）		10.1	10.5	11.4	11.4					
GJS 600（铸态）					11.8	12.5	13.2	13.4		
GJS 400（铁素体，退火）					12.5	13.1	11.7	14.5		13.5
GJS 400（铸态）					12.8	13.3	13.8	14.8		
GJS 500（铸态）					12.5	13.1	13.5	14.5		
GJS 700（铸态）					12.4	12.9	13.4	14.5		

具有以下近似分析的试样的硬度、缺口冲击韧性和残余奥氏体含量

(%C=3.65；Si=2.28；%Ni=0.50；%Cu=1.00)

盐浴温度 /℃	在盐浴中的保持时间 /min	硬度 HRC	在室温下的缺口冲击韧性（夏比-V法） /J	通过X射线衍射法确定的残余奥氏体含量 /%
300	10	46	5.4	24
300	20	42	6.1	32
300	35	39	5.8	28
300	60	40	5.8	24
300	100	40	7.2	25
300	150	40	5.8	23
300	240	41	6.1	23
400	10	30	9.5	53
400	20	27	11.2	48
400	30	28	13.8	44
400	60	28	7.9	30
400	100	31	3.4	9
400	150	31	3.1	9
400	240	30	2.7	7

壁厚/mm	淬　火　剂	
	盐　浴	鼓　风
8	非合金的	0.3%Mo
10	非合金的	0.35%Mo+1.0%Ni 或 0.5%Mo
25	0.3%Mo	0.35%Mo+1.0%Ni 或 0.3%Mo+1.5%Cu
35	0.5%Mo	0.5%Mo+2.0%Ni 0.7%Mo+1.7%Cu 或 1.0%Mo+0.6%Ni
50	0.5%Mo+1.0%Cu	0.5%Mo+2.3%Ni

注：基本成分为%C=3.5;%Si=2.4;%Mn=0.3。

EN-GJS1000-5的耐久比（疲劳极限抗拉强度）与壁厚的关系（按照G.Barbezat）

壁厚 /mm	循环-交变弯曲强度① /N·mm⁻²	抗拉强度② /N·mm⁻²	耐久比（疲劳极限/抗拉强度）
40	420	1092	0.384
70	400	1090	0.367
100	370	835	0.400
200	350	867	0.403

① 平均值；
② 对于10次载荷交变。

在不同温度下等温淬火的球墨铸铁的断裂韧性

球墨铸铁	主要基体组织	断裂韧性K_{IC}、K_{JC}/MN·m$^{-3/2}$ 20℃	−100℃
非合金的	下贝氏体	66.60	47.70
		93.00	40.60
低合金的	上贝氏体	60.80	44.00
		50.80	29.90

7.8 蠕墨铸铁

选择出来的蠕墨铸铁力学性能和物理性能

材料类型	温度/℃	GJV-300	GJV-350	GJV-400	GJV-450	GJV-500
抗拉强度 R_{m}/N·mm^{-2}	23	300~375	350~425	400~475	450~525	500~575
0.2%屈服强度 $R_{p0.2}$/N·mm^{-2}	23	210~260	245~295	280~330	315~365	350~400
断后伸长率 A/%	23	2.0~5.0	1.50~4.0	-3.5	1.0~2.5	0.5~2.0
弹性模量/kN·mm^{-1}	23	130~145	135~150	140~150	1.45~1.55	145~160
泊松比		0.26	0.26	0.26	0.26	0.26
热导率/W·(m·K)$^{-1}$	23	47	43	39	38	0.36
线膨胀系数/μm·(m·K)$^{-1}$	100	11	11	11	11	11
比热容/J·(g·K)$^{-1}$	100	0.475	0.475	0.475	0.475	0.475

注：壁厚15mm，模量 M=0.75，正割模量200~300N/mm^2。

制造蠕墨铸铁的方法[6]

对比和评价	优　点	缺　点
(孕育处理含有不促进球墨生成的元素(镁、稀土)而且促进干扰球墨元素(钛、铝)合金的液态铁	由于采用了钛或其他元素蠕墨生成稳定; 可能采用含硫量范围觉的原生铁	产生钛碳化物，其后果是机加工性差; 含钛的回炉料必须与其他铸铁品种分开;
含稀土的液态铁的(孕育)处理	Ce-混合金属易于分解，没有高温分解效应; 合理的石墨分配; 细化了初生组织和初生枝状晶系; 可能采用低价值的炉料	有必要预先脱硫或要求特别低的原始含量; 须考虑总含氧量和熔融金属的晶核状态; 孕育作用迅速的衰退
对含镁或含镁的中间合金的液体铁进行有针对性对性的不完全的热病处理	在薄壁范围内GJV生成的结果较好; 在壁厚超过6mm时显示出球化率低于20%	必须将镁与硫的比例保持在极小的范围内; 孕育作用迅速的衰退
对含镁和稀土或一种处理后硫添加物的普通的高含硫量的铸铁熔融金属的平衡处理	原材料成本较低; 无须添加微量元素; 可能采用现有的与GJL同样的造型生产线和冷却段	处理温度对方法成功可靠性有很大影响; 对较大和较厚壁的铸件有生成片状石墨的危险; 增加了生成熔渣缺陷和Dross的危险; 增加了废品风险

281

GJV 和GJL或GJS之间的性能比较与GJL比较GJV有：

（1）不需要特殊的合金元素就可达到较高强度；

（2）质量和韧性有很大程度的提高以及抗断裂的可靠性要好得多；

（3）氧化倾向较小以及在高温下使用时很少有生长；

（4）性能受壁厚的制约较小（减少壁厚减轻了质量）。

与GJS与GJV比较的优点有：

（1）较低的弹性模量；

（2）较低的线胀系数；

（3）较高的热导率；

（4）较好的温度交变性能（抗热冲击性能）；

（5）在用在较高温度范围内时间有较小的变形倾向；

（6）较好的减震（抗衰退）能力；

（7）较好的铸造性能。

蠕墨铸铁的力学性能和物理性能

性　能	数　值		
抗拉强度/MPa	25 100 300	420 415 375	450 430 410
0.2%屈服强度/MPa	25 100 300	315 295 284	370 335 320
弹性模量/GPa	25 100 300	145 140 130	145 140 130
断后伸长率/%	25 100 300	1.5 1.5 1.0	1.0 1.0 1.0
交变弯曲强度/MPa	25 100 300	195 185 165	210 195 175
疲劳强度比	25 100 300	0.46 0.45 0.44	0.44 0.44 0.43
热导率/W·(m·℃)$^{-1}$	25 100 300	37 37 36	36 36 35
线膨胀系数/μm·(m·℃)$^{-1}$	25 100 300	11.0 11.5 12.0	11.0 11.5 12.0
泊松比	25 100 300	0.26 0.26 0.27	0.26 0.26 0.27
0.2%压力屈服极限/MPa	25 400	400 300	430 370
密度/g·cm^{-3}	25	7.0~7.1	7.0~7.1
布氏硬度HB	25	190~225	207~255
超声波速度/km·s^{-1}	25	5.0~5.2	5.0~5.2
比热容/J·(g·K)$^{-1}$	100	0.45	0.45
焓/J·kg^{-1}	26~200	80000	80000
比电阻/μΩ·cm^{-1}	20	50	50

镍对GJV力学性能的影响（25mm壁厚）

合金添加元素 组织状态	非合金			1.5%Ni		
	铸态	铁素体退火①	珠光体退火②	铸态	铁素体退火①	珠光体退火②
化学成分/%		3.50			3.48	
		1.90			1.90	
		0.32			0.40	
		—			1.53	
		0.016			0.023	
		0.35			0.28	
		0.005			0.005	
抗拉强度/N·mm^{-2}	350	294	423	427	333	503
0.2%屈服强度/N·mm^{-2}	263	231	307	328	287	375
断后伸长率/%	2.8	5.5	2.5	2.5	6.0	2.0
布氏硬度 HB	153	121	207	196	137	235
$\sigma_{0.2}/\sigma_b$	0.75	0.79	0.73	0.77	0.86	0.75

① 2h+900℃，炉冷至690℃，12h保温，出炉空冷。

② 2h+900℃，出炉空冷。

蠕墨铸铁（GJV–400和GJV–500）的抗拉强度和0.2%屈服强度
与温度的关系[20]

温度 /℃	GJK-400mind		GJK-500mind	
	R_m /N·mm^{-2}	$R_{p0.2}$ /N·mm^{-2}	R_m /N·mm^{-2}	$R_{p0.2}$ /N·mm^{-2}
20	400	321	500	427
50	372	305	477	414
100	351	287	460	404
150	350	300	457	404
200	356	307	458	406
250	361	311	454	404
300	360	309	442	395
350	349	296	418	376
400	329	275	384	348
450	298	245	340	311
500	260	210	289	269

球墨成分为10%~30%时GJV的性能[21]

性 能	计量单位	铁素体GJV-300	珠光体/铁素体GJV-400	珠光体GJV-500
抗拉强度	N/mm^2	300	400	500
0.2%屈服强度	N/mm^2	240	300	340
断后伸长率	%	1.5	1.0	0.5
抗压强度	N/mm^2	600	800	1000
硬度HB 30		210	250	240~280
交变弯曲强度	N/mm^2	160	200	250
拉-压-交变疲劳强度	N/mm^2	100	135	175
应力集中系数β_k		1.4	1.3	1.2
弹性模量（拉）	kN/mm^2	140	160	170
弹性模量（压）	kN/mm^2	140	160	170
横向收缩		0.25	0.25	0.25
密度	g/cm^3	7.0	7.0~7.1	7.0~7.1
热导率	W/(m·K)	45	40	35
线膨胀系数	mm/(m·K)	11	11	11
比热容	J/(g·K)	0.50	0.50	0.50

当凝固模数M=0.75（壁厚15mm）时GJL-250、GJV-500和GJS-700之间的性能比较（最小值）[19]

特　性	缩写符号	计量单位	GJL-250	GJV-500	GJS-700
抗拉强度	R_m	N/mm²	250	500	700
0.2%屈服强度	$R_{p0.2}$	N/mm²	—	340	400
断后伸长率	A	%	0.3	1.0	2.0
弹性模量	E	kN/mm²	103	170	177
交变弯曲强度	σ_{bw}	N/mm²	120	250	340
拉-压-交变疲劳强度	σ_{zdw}	N/mm²	60	175	245
密度	γ	g/cm³	7.2	7.1	7.1
	λ	W/(m·K)	45	40	30
线膨胀系数	α	μm/(m·K)	117	11.0	10
比热容	c	J/(g·K)	460	500	540

7.9 铁素体铸铁

铸铁中化合碳和珠光体的显微强度之间的关系

（3.7%C、2%Si、0.4%Mn、1%Cu）[22]

铸铁	GJL-150	GJV-500	GJS-700
%C_{geb}	0.59	0.71	0.76
Hb30	175	230	270
HV;P=100g	248	282	303
HV-HB	173	52	33

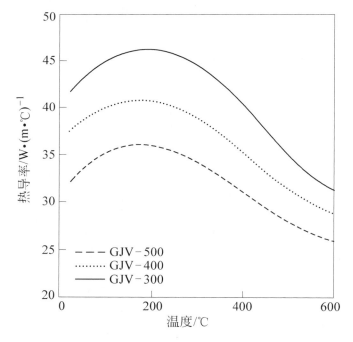

蠕墨铸铁的热导率与温度的关系

ADI铸铁Austempered奥氏体等温淬火 Ductile Iron球.墨铸铁

ADI 奥氏体球墨铸铁:

热处理球墨铸铁，也称奥铁体铸铁（DIN EN 1564以往称贝氏体铸铁）。

通过热处理参数的变化，使用场合的抗拉强度可达到10%延伸率时的800N/mm^{2}直至1%延伸率时的1600N/mm^2。

与铸钢相比，有较好的减震（衰退）性能。

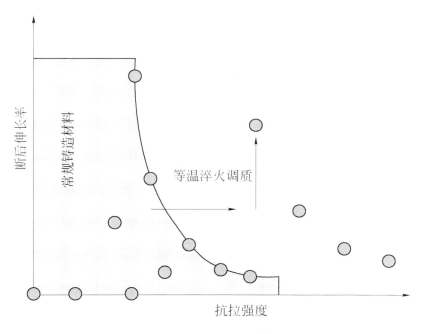

铸件性能的对比[7]

ADI铸铁的热处理[7]

多级热处理的目的是使在一个碳过饱和的奥氏体矩阵中生成针状铁素体。高的含碳量可使奥氏体在室温下和低温下保持稳定。

主要的热处理阶段[7，8，9]:

（1）在840~950℃的温度下完全奥氏体化。

（2）迅速冷却（在运动的盐浴中）至相变温度235~425℃。

（3）冷却至室温。

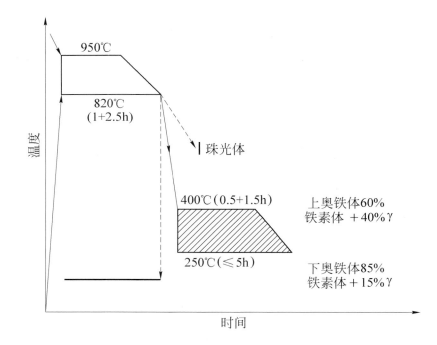

材料缩写名称	抗拉强度 $R_m/N \cdot mm^{-2}$	0.2%屈服强度 $R_{p0.2}/N \cdot mm^{-2}$	断后伸长率A_s/%	硬度HB 30
球墨铸铁	> 350	> 220	22	110~150
	> 400	> 250	5	135~185
	> 700	> 420	2	235~285
ADI铸铁–奥铁体铸铁–贝氏体铸铁	> 800	> 500	> 10	260~320
	> 1000	> 700	> 5	300~360
	> 1200	> 850	> 2	340~440
	> 1400	> 1100	> 1	380~480

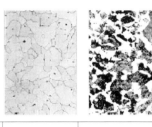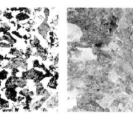

铸铁	铁素体	铁素体/珠光体	珠光体	奥铁体
片状石墨	150	200	350	AGI
球墨	400	500	700	ADI 1000−5

注：AGI为等温淬火灰铸铁。

铸铁类型组织形态的对比[8]

ADI铸铁：温度交变应力用的结构材料[8.9]

EN GJS800-8和EN GJS 1200-2品质的ADI铸件的化学分析[9] （%）

C	Si	Mn	P	S	Ni	Mo	Cu	Mg
3.56	2.40	0.20	0.04	0.014	1.4	0.31	0.6	0.04

EN GJS800-8和EN GJS 1200-2品质的ADI铸件的性能

HB	R_m/MPa	$R_{p0.2}$/MPa	A_5/%	K_V/J
311	1001	772	7.9	n.b.
388	1361	1110	4.6	n.b.

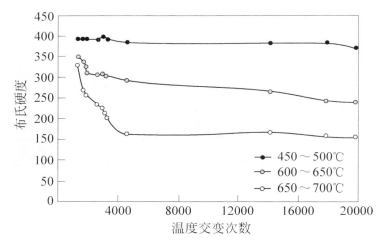

热疲劳引起的ADI铸件（EN-GJS-1200-4）的硬度变化

性　　能		850－550－10 (Grade 1)	1050－700－07 (Grade 2)	1200－850－04 (Grade 3)	1400－1100－01 (Grade 4)	1600－1300－00 (Grade 5)
静态性能	抗拉强度/N·mm^{-2}	966	1139	1311	1518	1656
	0.2%屈服强度/N·mm^{-2}	759	897	1104	1242	1449
	断后伸长率/%	11	10	7	5	3
	布氏硬度	302(3.50)	340(3.03)	387(3.10)	418(3.00)	460(2.58)
	弹性模量/kN·mm^{-2}	163	160	158	156	155
	抗压强度/N·mm^{-2}	1380	1650	1935	2275	2520
	抗剪强度/N·mm^{-2}	870	1025	1180	1370	1490
	剪切模量/kN·mm^{-2}	65.1	64.0	63.2	62.4	62.1
	泊松比	0.25	0.25	0.25	0.25	0.25
	允许的最大单位面积压力/N·mm^{-2}	980	1175	1365	1560	1750
	单个齿的抗弯强度/N·mm^{-2}	700	770	615	560	455
	断裂韧性/N·mm$^{-3/2}$	3160	2465	1738	1517	1264
动态性能	疲劳强度/N·mm^{-2}	450	485	415		
	旋转弯曲/N·mm^{-2}		415	380		
	平面弯曲/N·mm^{-2}		385			
	拉压力					
	夏比冲击功/J	120	120	93	80	53
	未开口的试样/J	12	10.6	9.3	8.6	8
	开口的试样/℃	－20	－20	－20	－20	－20
	转变温度/kN·mm^{-2}	170	168	167	165	164
	动态弹性模量					
	物理性能/g·cm^{-3}	7.0965	7.0872	7.0779		7.0593
	密度/μm·(m·K)$^{-1}$	14.6	14.3	14.0	7.0686	13.5
	线膨胀系数/mm^{-3}	10.9	10.8	10.6	13.8	9.8
	耐磨强度				10.3	
	相变时的线膨胀系数					
	从铁素体向贝氏体相变时/mm·m^{-1}	1.2	1.8	2.5	2.7	2.8
	从珠光体向贝氏体相变时/mm·m^{-1}	0.2	0.8	1.3	1.6	1.7
	热导率/W·(m·K)$^{-1}$	22.1	21.8	21.5	21.2	20.9
	衰退，对数衰减比	0.000525	0.000541	0.000569	0.00127	0.00192

注：1.（···）为试锥的直径；2.10^{7}应力循环；3.体积损失，Amax试验。

EN-GJS1000-5的力学性能与壁厚的关系

壁厚/mm	抗拉强度/N·mm⁻²	0.2%屈服极限/N·mm⁻²	断后伸长率/%	硬度HB	缺口冲击韧性功/J
40	1092	787	7	347	112
100	925	662	6	293	9.8
200	867	632	5.5	300	9.8
30mm样品的设定值	1000	700	5	280~350	—

奥氏体铸铁

特征：

（1）稳定的奥氏体基体组织；

（2）主要合金元素：镍。

商品名称：

Ni-Resist（以镍为主体的奥氏体组织，镍含量超过15%）。

性能：

（1）热稳定性好；

（2）良好的抗起氧化皮的性能；

（3）对海水和碱性介质的耐蚀性；

（4）抗侵蚀性；

（5）不可磁化性；

（6）高的断后伸长率。

材料组别按照DIN EN 13835：2012-04标准化规定。

7.10 奥氏体铸铁

奥氏体铸铁的力学性能-标准类型按EN 13825，2006

石墨形态	材料名称		最小抗拉强度 /N·mm⁻²	最小0.2%屈服强度 /N·mm⁻²	最小断后伸长率/%	由3次在夏比-V-试样上进行的试验求得的缺口冲击韧性功的平均值 J_{min} 按EN 10045-1
	缩写符号	编号				
层状	EN-GJLA-XNiCuCr15-6-2	EN-JL3011	170	—	—	—
球形	EN-GJLA-XNiCr20-2	EN-JS3011	370	210	7	13①
	EN-GJLA-XNiMn23-4	EN-JS3021	440	210	25	24①
	EN-GJLA-XNiCrNb20-2	EN-JS3031	370	210	7	13①
	EN-GJLA-XNi22	EN-JS3041	370	170	20	20
	EN-GJLA-XNi35	EN-JS3051	370	210	20	—
	EN-GJLA-XNiSiCr35-5-2	EN-JS3061	370	200	10	—

① 根据供需双方协商免除的要求。

奥氏体铸铁的力学性能-标准类型按EN 13835，2006

石墨形态	材料名称		最小抗拉强度 /N·mm⁻²	最小0.2%屈服强度 /N·mm⁻²	最小断后伸长率/%	由3次试验在夏比-V-试样上按EN 10045-1求得的缺口冲击韧性功的平均值 J_{min}
	缩写符号	编号				
层状	EN-GJLA-XNiMn13-7	EN-JL3021	140	—	—	—
球形	EN-GJLA-XNiMn13-7	EN-JS3071	390	210	15	16
	EN-GJLA-XNiCr30-3	EN-JS3081	370	210	7	—
	EN-GJLA-XSiCr30-5-5	EN-JS3091	390	240	7	—
	EN-GJLA-XNiCr35-3	EN-JS3101	370	210	7	—

EN 13835，2006规定的奥氏体铸铁类型的性能和用途

材料名称		性　能	用　途
牌　号	编　号		
EN-GJLA-XNiCuCr15-6-2	EN-JL3011	耐蚀性好，尤其指对碱、稀释酸、海水和盐溶液；改善了热稳定性，滑移性能好，膨胀系数大，在低含铬量时不会磁化	泵、阀、炉子构件、套、轻金属活塞的活塞环，不会磁化的铸件
EN-GJSA-XNiCr20-2	EN-JS3011	耐蚀性和热稳定性好。滑移性能好，热膨胀系数大。在低含铬量时不会磁化。当Mo的添加量为1%（质量分数）时提高了热稳定性	泵、阀、空压机、套、涡轮增压器壳体、排气歧管，不会磁化的铸件
EN-GJSA-XNiMn23-4	EN-JS3021	特别高的延展性，在-196℃以内时保持韧性，不会磁化	制冷工程用铸件，用于-196℃以内
EN-GJSA-XNiCrNb20-2	EN-JS3031	适用于生产焊接，其他性能同EN-GJSA-XNiCr20-2（EN-JS3011）	同EN-GJSA-XNiCr20-2（EN-JS3011）

标准类型

续表

材料名称		性　能	用　途
牌　号	编　号		
标准类型			
EN-GJSA-XNi22	EN-JS3041	延展性好，耐蚀性和热稳定性稍逊于 EN-GJSA-XNiCr20-2（EN-JS3011），膨胀系数高，在100°C以内时保持韧性，不会磁化	泵、阀、空压机、套、涡轮增压器壳体、排气歧管、不会磁化的铸件
EN-GJSA-XNi35	EN-JS3051	在所有的铸铁类型中热膨胀最小，温度变变稳定性	机床用的尺寸稳定的部件，科学仪器，玻璃模具
EN-GJSA-XNiSiCr35-5-2	EN-JS3061	热稳定性特别好，较高的延展性以及优于 EN-GJSA-XNiCr35-3（EN-JS3101）的蠕变极限强度	燃汽轮机的壳体部件，排气歧管，涡轮增压器壳体
特殊品种 EN-GJSA-XNiCrNb20-2	EN-JS3021	不会磁化	不会磁化的铸件，如涡轮发电机的压力盖，配电设备的壳体，绝缘法兰，接线柱套管

7.11 耐磨铸铁

耐磨白心铸铁特性描述：

（1）白心，碳化物凝固铸铁；

（2）无石墨的铸铁；

（3）铁碳化物和/或铬碳化物作为硬质材料。

主要耐磨白心铸铁材料的特点

材料组别	典型的合金元素	硬度(HB)值	基体材料	碳化物类型	商业名称
珠光体冷硬铸铁（非合金和低合金的）	—	至480	珠光体	Fe_3C	—
马氏体白口铸铁（合金的）	Ni,Cr	至700	马氏体奥氏体	M_3C	Ni-Hard1和2
铬铸铁	Cr,Ni,Si	至700	马氏体奥氏体	M_7C_3,M_3C	Ni- Hard 4
	Cr,Mo,Ni,Cu	至850	马氏体奥氏体	Cr-特种碳化物	
特种铸铁	Cr,Mo,Ni,Cu,Nb,V,W	至900	马氏体奥氏体铁素体	特种碳化物	—

注：一元（M_3C）和复杂（M_7C_3，M_3C）共晶碳化物；M=Fe，Cr标准化材料组在DIN EN 12513：2011-05标准规定。

根据DIN EN12513选用的耐磨铸铁牌号

材料缩写名称	最小硬度 HBW	化学分析/%					
		C	Si	Mn	Ni	Cr	
非合金和低合金的耐磨铸铁	340	2.4~3.9	0.4~1.5	0.2~1.0		最大2.0	
	400	2.4~3.9	0.4~1.5	0.2~1.0		最大2.0	
铬镍铸铁	500	2.4~2.8	1.5~2.2	0.2~0.8	4.0~5.5	8.0~10.0	
	555	2.4~3.5	1.5~2.2	0.3~0.8	4.5~6.5	8.0~10.1	
	630	3.2~3.6	1.5~2.2	0.2~0.8	4.0~5.5	8.0~10.2	
高合金铬铸铁	550	1.8~3.6	最大1.0	0.5~1.5	最大2.0	11~14	
	550	1.8~3.7	最大1.0	0.5~1.5	最大2.0	14~18	
	550	1.8~3.8	最大1.0	0.5~1.5	最大2.0	23~30	

莱氏体−马氏体白口铸铁的力学性能的参考值

材料类型	硬度	抗拉强度 /N·mm⁻²	抗弯强度 /N·mm⁻²	挠度[①] /mm	弹性模量 /kN·mm⁻²	断裂韧性K_{1C} /MN·mm⁻²ᐟ³
砂型铸件 金属型铸件	550~650 600~725	280~350 350~420	500~520 560~850	2.0~2.8 2.0~3.0	165~180	19~26
砂型铸件 金属型铸件	525~625 575~675	320~390 420~530	560~680 575~675	2.5~3.0 2.5~3.0	165~180	

① 30mm直径，300mm支承距离。

莱氏体−马氏体白口铸铁Ni−Hard 1和2 （G−X−330/260NiCr42）物理性能参考值

线膨胀系数 /μm·(m·K)⁻¹	10~95℃ 10~260℃ 10~425℃	8.1~9.0 11.3~11.9 12.2~12.8
热导率/W·(m·K)⁻¹	100℃ 450℃	14.0 18.8
密度/g·cm⁻³		7.7

砂型铸件和金属型铸件Ni−Hard 1和2号的 镍含量和铬含量近似值与壁厚的关系 (%)

壁厚/mm	Ni−Hard 1				Ni−Hard 2			
	砂型铸件		金属型铸件		砂型铸件		金属型铸件	
	Ni	Cr	Ni	Cr	Ni	Cr	Ni	Cr
>12	3.8	1.6	3.3	1.5	4.0	1.5	3.5	1.4
12~25	4.0	1.8	3.6	1.7	4.2	1.7	3.8	1.5
25~50	4.2	2.0	3.9	1.9	4.4	1.8	4.1	1.6
50~75	4.4	2.2	4.2	2.1	4.6	2.0	4.4	1.8
75~100	4.6	2.4	4.5	2.3	4.8	2.2	4.7	2.0
>100	4.8	2.6	4.8	2.5	5.0	2.4	5.0	2.2

7.12 特种铸铁

硅含量SiMo高的特种铸铁特性描述：

（1）主要是铁素体基体组织的球墨铸铁；

（2）硅含量4%~6%；

（3）热稳定性高；

（4）耐温度交变性能好；

（5）适用于薄壁零件。

在室温下GJS–SiMo化学成分和性能的近似值

化学成分/%		抗拉强度 /$N \cdot mm^{-2}$	0.2%屈服强度 /$N \cdot mm^{-2}$	伸长率/%	硬度HB
碳	3.2~3.8				
硅	4~6				
钼	0.5~1.2	450~600	360~500	12~4	200~260
锰	0.1~0.6				
镁	0.04~0.07				
镍	0~1.5				

材料数据一览表 (材料：SiMo1000)[14]

温度 /℃	导热性 α /cm²·s⁻¹	比热容 c_p /J·(g·K)⁻¹	密度 ζ /g·cm⁻³	热导率 λ /W·(K·m)⁻¹	线膨胀系数		抗拉强度 R_m /N·mm⁻²	0.2%伸长率 $R_{p0.2}$ /N·mm⁻²	断后伸长率 A_l/%	弹性模量 E_0 /kN·mm⁻²
					范围/℃	α (×10⁻⁶)/K⁻¹				
20				23		11①	>550	>550		160
800				26		14	50	55		110

① 在100℃（平均技术应用系数与基准温度20℃）。

SiMo1000的化学成分[14]

(%)

C	S	Al	Ni	Mo	Mn	Fe
2.2~3.9	1.5~3.5	2.5~4.3	1	1	0.4	Rest

材料：GJS-400和GJS-400SiMo[17]

温度/℃	GJS-400		GJS-400SiMo		
	抗拉强度 /N・mm^{-2}	0.2%屈服强度 $R_{p0.2}$/N・mm^{-2}	抗拉强度 R_m/N・mm^{-2}	0.2%伸长率 $R_{p0.2}$/N・mm^{-2}	
20	240	370	300	420	
100	211	347	263	395	
200	192	336	250	379	
300	185	332	238	356	
400	174	285	224	311	
500	135	204	194	243	
550	94	140	157	201	
600					
700					
800					

在较高铸造温度下在湿砂型中铸造的壁厚分别为（a）2mm和（b）3mm的板，当含碳量约为3%的恒定值时硅含量对耐温度交变（至断裂为止的温度交变周期的总数）性能的影响[11]。

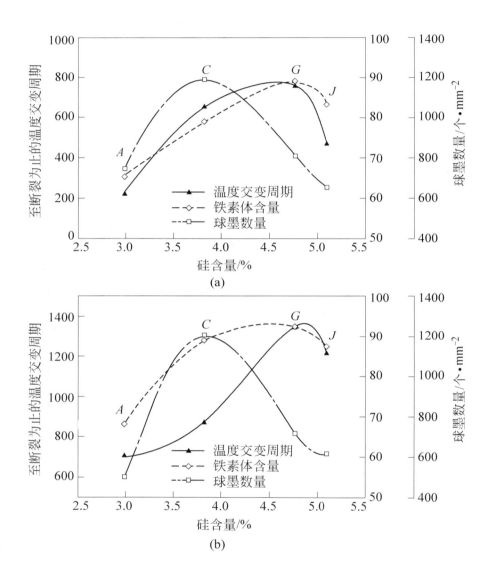

7.13 可锻铸铁

按照DIN EN 1562脱碳退火的可锻铸铁的力学性能

材 料 名 称		试样的公称直径[1] d /mm	抗拉强度 R_m /N·mm^{-2}	0.2%屈服强度 $R_{p0.2}$ /N·mm^{-2}	伸长率 A_3/%	布氏硬度(仅作提示) HB
缩写名称	编号					
EN-GJMW-350-4	EN-JM1010	6 9 12 15	≥300 ≥340 ≥350 ≥360	[1] [2] [2] [2]	≥10 ≥5 ≥4 ≥3	230
EN-GJMW-350-12-W[3]	EN-JM1026[3]	6 9 12 15	≥290 ≥320 ≥360 ≥370	[1] ≥170 ≥190 ≥200	≥16 ≥15 ≥12 ≥8	200
EN-GJMW-400-5	EN-JM1030	6 9 12 15	≥300 ≥360 ≥400 ≥420	[1] ≥200 ≥220 ≥230	≥12 ≥8 ≥5 ≥4	220
EN-GJMW-450-7	EN-JM1040	6 9 12 15	≥330 ≥400 ≥450 ≥480	[1] ≥230 ≥260 ≥280	≥12 ≥8 ≥5 ≥4	250
EN-GJMW-550-4	EN-JM1050	6 9 12 15	— ≥490 ≥550 ≥570	[1] ≥310 ≥340 ≥350	≥12 ≥8 ≥5 ≥4	250

[1]由于确定小型试样的屈服强度较为困难，必须在接受订货时在供需双方之间商定数值和测量方法。

[2]不适用。

[3]适用于焊接的材料。

按照DIN EN 1562未经脱碳退火的可锻铸铁的力学性能

材料名称		试样的公称直径[1]	抗拉强度	0.2%屈服强度	伸长率	布氏硬度
缩写名称	编号	d/mm	R_m /N·mm^{-2}	$R_{p0.2}$ /N·mm^{-2}	A_3 /%	HB
EN–GJMB–300–6[2]	EN–JM1110[2]	12或15	≥300	—	≥6	最大150
EN–GJMB–350–10	EN–JM1130	12或15	≥350	≥200	≥10	最大150
EN–GJMB–450–6	EN–JM1140	12或15	≥450	≥270	≥6	150~200
EN–GJMB–500–5	EN–JM1150	12或15	≥500	≥300	≥5	165~215
EN–GJMB–550–4	EN–JM1160	12或15	≥550	≥340	≥4	180~230
EN–GJMB600–3	EN–JM1170	12或15	≥600	≥390	≥3	195~245
EN–GJMB650–2	EN–JM1180	12或15	≥650	≥430	≥2	210~260
EN–GJMB700–2	EN–JM1190	12或15	≥700	≥530	≥2	240~290
EN–GJMB800–1	EN–JM1200	12或15	≥800	≥600	≥1	270~310

① 如果直径为6mm的试样对铸件重要的截面是典型的，则可以在接受订货时供需双方之间商定试样尺寸。本表所规定的最低性能始终还可以应用。

② 该材料特别适用于其气密性比高强度或高延展性更为重要的用途。

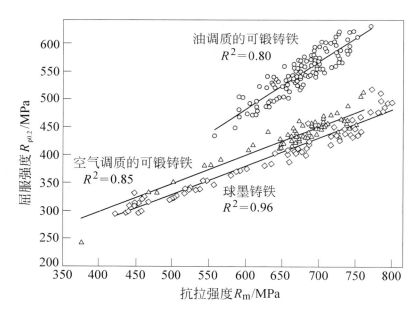

与球墨铸铁相比黑心可锻铸铁（空气硬化和油调质）的0.2%屈服强度
与抗拉强度的关系（R^2绝对值）[15]

7.14 超级高温合金

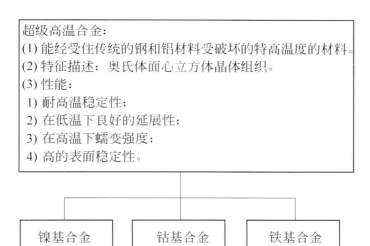

超级高温合金：
(1) 能经受住传统的钢和铝材料受破坏的特高温度的材料。
(2) 特征描述：奥氏体面心立方体晶体组织。
(3) 性能：
 1) 耐高温稳定性；
 2) 在低温下良好的延展性；
 3) 在高温下蠕变强度；
 4) 高的表面稳定性。

镍基合金　　钴基合金　　铁基合金

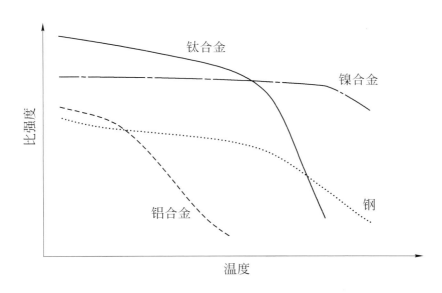

各种不同合金的比强度与温度的关系[16]

锻造和铸造镍基超级高温合金标称成分和典型用途[16]

合金	Ni	Cr	Co	Mo	Al	Ti	Nb	C	B	Zr	其他	典型用途
塑性合金/%												
Inconel X-750	73	15			0.8	2.5	0.9	0.04			6.8 Fe	燃汽轮机部件
Udimet 500	53.6	18	18.5	4.0	2.9	2.9		0.08	0.006	0.05		燃汽轮机部件
Udimet 700	53.4	15	18.5	5.2	4.3	3.5		0.08	0.03			航空涡轮发动机部件
Hastelloy	58.3	19.5	13.5	4.3	1.3	3.0		0.08	0.005	0.05		航空燃气涡轮机叶片
Astroloy	55.1	15.0	17.0	5.2	4.0	3.5		0.05	0.01			高温用锻件
René 41	55.3	19.0	11.0	10.0	1.5	3.1		0.09	0.005			航空燃气涡轮机叶片和部件
Nimonic 80 A	74.7	19.5	1.1		1.3	2.5		0.05				航空燃气涡轮机部件
Nimonic 90	57.4	19.5	18.0		1.4	2.4		0.07				航空燃气涡轮机部件
Nimonic 105	53.3	14.5	20.2	5.0	1.2	4.5		0.20				航空燃气涡轮机部件
Nimonic 115	57.3	15.0	15.0	3.5	5.0	4.0		0.15				航空燃气涡轮机部件
铸造合金/%												
B-1900	54	5.0	10.0	6.0	6.0	1.0		0.10	0.015	0.1	4.0 Ta	航空燃气涡轮机叶片
MAR-M200	60	9.0	10.0		5.0	2.0	1.0	0.13	0.015	0.05	12 W	航空燃气涡轮机叶片
Inconel 738	61	16.0	8.5	1.7	3.4	3.4	0.9	0.12	0.01	0.10	1.7 Ta, 2.6 W	航空燃气涡轮机部件
René 77	58	14.6	15.0	4.2	4.3	3.3		0.07	0.016	0.04		航空燃气涡轮机部件
René 80	60	14.0	9.5	4.0	3.0	5.0		0.17	0.015	0.03	4.0 W	涡轮轮叶的合金

续表

方法	合金	化学成分（余镍）/%													其他	代
		Co	Cr	Mo	W	Al	Ti	Nb	Ta	Hf	Re	C	B	Zr		
CC	IN 738	8.5	16	1.7	2.6	3.4	3.4	-	1.7	-	-	0.17	0.01	0.1	-	-
	IN 792	9	12.4	1.9	3.8	3.1	4.5	-	3.9	-	-	0.12	0.02	0.2	-	-
	René 80	9.5	14	4	4	3	5	-	-	-	-	0.17	0.015	0.03	-	-
	MarM247	10	8.5	0.7	10	5.6	1	-	3	-	-	0.16	0.015	0.04	-	-
	TM-321	8.2	8.1	-	12.6	5	0.8	-	4.7	-	-	0.11	0.01	0.05	-	-
	GTD111	9.5	14	1.5	3.8	3	4.9	-	2.8	-	-	0.1	0.01	-	-	1
DS	MGA1400	10	14	1.5	4	4	3	-	5	-	-	0.08	?	0.03	-	1
	CM247LC	9	8	0.5	10	5.6	0.7	-	3.2	1.4	-	0.07	0.015	0.01	-	1
	TMD-5	9.5	5.8	1.9	13.7	4.6	0.9	-	3.3	1.4	-	0.07	0.015	0.015	-	1
	PWA1426	12	6.5	1.7	6.5	5	-	-	4	1.5	3	0.1	0.015	0.03	-	2
	CM186LC	9	6	0.5	8.4	5.7	0.7	-	3.4	-	3	0.07	0.015	0.005	-	2
	TMD-103	12	3	2	6	5	-	-	6	0.1	5	0.07	0.015	-	-	3
	TMD-107	6	3	3	6	5	-	-	6	0.1	5	0.07	0.015	-	-	4
SC	PWA1480	5	10	-	4	5	1.5	-	12	-	-	-	-	-	-	1
	René N4	8	9	2	6	3.7	4.2	-	4	-	-	-	-	-	-	1
	CMSX-2	4.6	8	0.6	8	5.6	1	-	9	-	-	-	-	-	-	1
	TMS-6	-	9.2	-	8.7	5.3	-	-	10.4	-	-	-	-	-	-	1
	MC2	5	8	2	8	5	1.5	-	6	-	-	-	-	-	-	1
		4.5	10	0.7	6	5.4	2	-	5.4	-	0.1	-	-	-	-	1

续表

方法	合金	化学成分（余镍）/%														代
		Co	Cr	Mo	W	Al	Ti	Nb	Ta	Hf	Re	C	B	Zr	其他	
	TMS-26	8.2	5.6	1.9	10.9	5.1	–	–	7.7	–	–	–	–	–	–	2
	PWA1484	10	5	2	6	5.6	–	–	9	–	3	–	–	–	–	2
	René N5	8	7	2	5	6.2	–	–	7	0.2	3	–	–	–	–	2
	CMSX-4	9	6.5	0.6	6	5.6	1	–	6.5	0.1	3	–	–	–	–	2
	TMS-82+	7.8	4.9	1.9	8.7	5.3	0.5	–	6	0.1	2.4	–	–	–	–	2
	YH61	1	7.1	0.8	8.8	5.1	–	0.8	8.9	0.25	1.4	0.07	0.02	–	–	2
	René N6	12.5	4.2	1.4	6	5.75	–	–	7.2	0.15	5.4	0.05	0.004	–	0.01Y	3
	CMSX-10	3	2	0.4	5	5.7	0.2	0.1	8	0.03	6	–	–	–	–	3
	TMS-75	12	3	2	6	5	–	–	6	0.1	5	–	–	–	–	3
	MC653	–	4	1	6	5.3	1	–	6.2	0.1	5	–	–	–	3Ru.0.1Si	4
	TMS-138	5.8	2.8	2.9	6.1	5.8	–	–	5.6	0.05	5.1	–	–	–	1.9Ru	4
	TMS-162	5.8	2.9	3.9	5.8	5.8	–	–	5.6	0.09	4.9	–	–	–	6.0Ru	4/5
ODS	MA6000	2	15	2	4	4.5	2.5	–	2	–	–	0.05	0.01	0.15	$1.1Y_2O_3$	–
	TMO-20	8.7	4.3	1.5	11.6	5.5	1.1	–	6	–	–	0.05	0.01	0.05	$1.1Y_2O_3$	–

7.15 铸铝材料

铝铸造材料的性能（选择）：

（1）合理的强度/质量比；

（2）良好的化学稳定性，以及耐大气腐蚀性和耐海水腐蚀性；

（3）高的热导率，良好的导电体；

（4）可成形性和良好的机加工性能，可焊接性，可涂层性；

（5）无毒性，不磁化。

不管是砂模铸造、金属型铸造、精密铸造还是压力铸造都有良好的铸造性能。

铝合金物理数值的选择

密度/$g \cdot cm^{-3}$	2.7~2.9
导热性/$W \cdot (m \cdot K)^{-1}$	80~230
电导率/$mS \cdot m^{-1}$	von 10^{-30}
熔化热/$kJ \cdot kg^{-1}$	380~480
非合金铝的熔点/℃	660

按照DIN EN 1706的名称。按照铸造方法有以下名称：

S——砂型铸造；

K——金属型铸造；

D——压力铸造；

L——精密铸造。

材料状态的名称：

F——铸态；

O——软化退火；

T1——在铸造后可控冷却和自然时效；

T4——固溶退火和自然时效–视用途定；

T5——在铸造后可控冷却和人工时效或过时效处理；

T6——固溶退火或完全人工时效；

T64——固溶退火和不完全人工时效处理–时效不足；

T7——固溶退火和过时效（人工时效）（稳定状态）。

关于2012年8月新版DIN EN 12258-1：的信息[1]
铝和铝合金定义

第一部分：一般定义（摘录）

本欧洲标准定义了涉及铝和铝合金制品的一般概念，这对制铝工业及其用户领域是有益的。概括了铝制品的名称，铝制品的加工、取样和试验，制品特征和目检质量特征的各种类型的表示方法。但不包括与铝矾土开采、氧化铝提取、制造阳极和铝的熔炼有关的名称。本欧洲标准致力于最大程度地与已在其他标准或文献中应用的概念的统一。对铝以外的其他材料，对在本文件中定义的名称适用其他的定义。在本欧洲标准中力求保留在其他以英语为母语的国家中应用的"通用语言"，而不再对其中一个国家中通常的特用语言给予特权。只在这样的场合下，即在以英语作为国家语言的不同国家中对同一个定义采用不同的概念或对不同的定义采用同样的名称的情况下，才做出相关的解释。

关于DIN EN 1706（2010）的信息 [2]：

铝和铝合金；

铸件；

化学成分和力学性能。

本标准包括有关以下主题的一览表和表格（摘录）：

铸造合金的化学成分；

单铸试棒的砂型铸造合金的力学性能；

单铸试棒的金属型铸造合金的力学性能；

单铸试棒的精密铸造合金的力学性能；

压力铸造合金的力学性能；

铸造特性，力学和其他性能的比较，可考虑作为设计人员和用户的教科书；

铸造铝合金的名称对比。

铸造铝合金的分类[3]

铝原生合金：由原生金属熔化，不含废金属或再生合金的添加物，含铁量少，高纯度=最好的耐蚀性和韧性，总起来说有最好的力学性能，成本高。

再生合金：回收铸造合金，可由含很低百分比率的辅助元素如铁、铜和锌的铝废料（再生金属）成本合理地熔炼。因此其耐蚀性和韧性会降低。由于从同类材料中回收可减少质量波动。

合金组：

铝-硅铸造合金（近共晶的，共晶的和过共晶的）；

铝-镁铸造合金；

铝-铜铸造合金；

铝-锌铸造合金；

铝-锂铸造合金。

铝-硅铸造合金的性能

铸造合金的

VAR 合金	合金名称符合"欧洲标准"		Si	Fe	Cu	Mn
	数字的	化学的				
239	EN AC–43000	EN AC–Al Si10Mg(a)	9.0~11.0	0.55 (0.40)	0.05 (0.03)	0.45
239	EN AC–43100	EN AC–Al Si10Mg(b)	9.0~11.0	0.55 (0.45)	0.10 (0.08)	0.45
233	EN AC–43200	EN AC–Al Si10Mg(Cu)	9.0~11.0	0.65 (0.55)	0.35 (0.30)	0.55
230	EN AC–44100	EN AC–Al Si12(b)	10.5~13.5	0.65 (0.55)	0.15 (0.10)	0.55
230	EN AC–44200	EN AC–Al Si12(a)	10.5~13.5	0.55 (0.40)	0.05 (0.03)	0.35
225	EN AC–45000	EN AC–Al Si6Cu4	5.0~7.0	1.0 (0.9)	3.0~5.0	0.20~0.65
226	EN AC–46200	EN AC–Al Si8Cu3	7.5~9.5	0.8 (0.7)	2.0~3.5	0.15~0.65
231	EN AC–47000	EN AC–Al Si12(Cu)	10.5~13.5	0.8 (0.7)	1.0 (0.9)	0.05~0.55

　　注：1.括号里的数字是有别于铸件–成分的金属锭成分。

　　　　2.EN为欧洲标准；AC为铸造铝。

①　"其他杂质"不包含使熔融金属晶粒细化或调质的元素。

化学成分（质量分数）[4]　　　　　　　　　　　　　(%)

Mg	Cr	Ni	Zn	Pb	Sn	Ti	其他杂质[①]		铝
							单个	总共	
0.20~0.45 (0.25~0.45)		0.05	0.10	0.05	0.05	0.15	0.05	0.15	余量
0.20~0.45 (0.25~0.45)		0.05	0.10	0.05	0.05	0.15	0.05	0.15	余量
0.20~0.45 (0.25~0.45)		0.15	0.35	0.10		0.20 (0.15)	0.05	0.15	余量
0.10		0.10	0.15	0.10		0.20 (0.15)	0.05	0.15	余量
			0.10			0.15	0.05	0.15	余量
0.55	0.15	0.45	2.0	0.30	0.15	0.25 (0.20)	0.05	0.35	余量
0.05~0.55 (0.15~0.55)		0.35	1.2	0.25	0.15	0.25 (0.20)	0.05	0.25	余量
0.35	0.10	0.30	0.55	0.20	0.10	0.20 (0.15)	0.05	0.25	余量

铝–硅铸造合金的性能

一般用途的主要合金[4]。

单铸试棒的

VAR 合金	合金名称符合"欧洲标准"		铸态材料状态	抗拉强度 R_m，最小 /MPa	屈服强度 $R_{p0.2}$ /MPa
	数字的	化学的			
239	EN AC–43000	EN AC–Al Si10Mg(a)	K F K T6 K T64	180 260 240	90 220 200
239	EN AC–43100	EN AC–Al Si10Mg(b)	K F K T6 K T64	180 260 240	90 220 200
233	EN AC–43200	EN AC–Al Si10Mg(Cu)	K F K T6	180 240	90 200
230	EN AC–44100	EN AC–Al Si12(b)	K F	170	80
230	EN AC–44200	EN AC–Al Si12(a)	K F	170	80
225	EN AC–45000	EN AC–Al Si6Cu4	K F	170	100
226	EN AC–46200	EN AC–Al Si8Cu3	K F	170	100
231	EN AC–47000	EN AC–Al Si12(Cu)	K F	170	90

注：1. K=金属型铸造；S= 砂型铸造；D=压力铸造；F=铸态；T1=在铸造后和在室温下 T64=部分淬火。

2. 1MPa=1N/mm^2。

3. 此外，名称符合DIN EN 1706，EN为欧洲标准；AC为铸铝。

力学性能

断裂伸长率A_{50}/%·min^{-1}	布氏硬度HBS，最小	铸态材料状态	抗拉强度R_m，最小/MPa	伸长率$R_{0.2}$，最小/MPa	断后伸长率，最小A_{50}/%	布氏硬度HBS，最小
2.5 1 2	55 90 80	S F S T6	150 220	80 180	2 1	50 75
2.5 1 2	55 90 80	S F S T6	150 220	80 180	2 1	50 75
1 1	55 80	S F S T6	160 220	80 180	1 1	50 75
5	55	S F	150	70	4	50
6	55	S F	150	70	5	50
1	75	S F	150	90	1	60
1	75	K F	150	90	1	60
2	55	S F	150	80	1	50

自然时效可控冷却；T4=冷作硬化；T5=在铸造和人工时效处理后可控冷却；T6=人工时效；

合金名称符合"欧洲标准"			铸造性能						使用加工性能			
VAR合金	数字的	化学的	凝固周期（冷却间隔）/℃	铸造温度/℃	流动性	热裂稳定性	收缩尺寸/%	密度(修约值)/kg·dm⁻³	强度	可切削性	可焊性	可抛光性
239	EN AC–43000	EN AC–Al Si10Mg(a)	600~550	680~750	极好	极好	1~1.2 0.8~1	2.65	好，时效硬化的很好	很好	极好	好
239	EN AC–43100	EN AC–Al Si10Mg(b)	600~550	680~750	极好	极好	1~1.2 0.8~1	2.65	好，时效硬化的很好	很好	极好	好
233	EN AC–43100	EN AC–Al Si10Mg(Cu)	600~530	680~750	极好	极好	1~1.2 0.8~1	2.65	好，时效硬化的很好	很好	极好	好
230	EN AC–44100	EN AC–Al Si12(b)	580~570	680~750	极好	极好	1~1.1 0.8~1	2.65	好	好	极好	合格
230	EN AC–44200	EN AC–Al Si12(a)	580~570	680~750	极好	极好	1~1.1 0.8~1	2.65	好	好	极好	合格
225	EN AC–45000	EN AC–Al Si6Cu4	620~490	690~740 610~670	很好	很好	1~1.2 0.8~1	2.75	好	很好	好	好
226	EN AC–46200	EN AC–Al Si8Cu3	600~490	690~740	极好	极好	1~1.1 0.9~1.1	2.75	好	很好	很好	好
231	EN AC–47000	EN AC–Al Si12(Cu)	580~530	680~750	极好	极好	1~1.1 0.8~1	2.65	好	好	极好	合格

注：EN为欧洲标准；AC为铸铝。

铝-硅铸造合金的性能

一般用途的主要合金[4]

VAR合金	合金名称符合"欧洲标准"		一般性能	应用实例
	数字的	化学的		
239	EN AC-43000	EN AC-Al Si10Mg(a)	具有优异性能的近共晶合金，热裂稳定性好，切削加工性好和化学稳定性高	形状复杂的和受重负荷的机器零件，如缸盖、曲轴箱、制动块、高速振动电动机和鼓风机及其他
239	EN AC-43100	EN AC-Al Si10Mg(b)	具有优异性能的近共晶合金，热裂稳定性好，切削加工性好和化学稳定性高	形状复杂的和受重负荷的机器零件，如缸盖、曲轴箱、制动块、高速振动电动机和鼓风机及其他
233	EN AC-43100	EN AC-Al Si10Mg(Cu)	具有优异性能的近共晶合金，热裂稳定性好，切削加工性好和化学稳定性高	形状复杂的和受重负荷的机器零件，如缸盖、曲轴箱、制动块、高速振动电动机和鼓风机及其他
230	EN AC-44100	EN AC-Al Si12(b)	具有优异充填型腔能力的共晶合金，热裂稳定性好，在保证很好的化学稳定性的同时有优异的铸造性能	机器零件，受冲击和振动负荷的零件、缸盖和缸体、电动机外壳、曲轴箱泵壳、叶轮、助状壳体、薄壁壳体，形状复杂的装配块和装配板

续表

VAR 合金	合金名称符合"欧洲标准"		一般性能	应 用 实 例
	数字的	化学的		
230	EN AC–44200	EN AC–Al Si12(a)	具有优异充填型腔型能力的共晶合金，热裂稳定性好，在保证高的化学稳定性的同时有优异的铸造性能	机器零件，受冲击和振动负荷的零件，缸盖和缸体，电动机外客（发动机机座），曲轴箱和泵壳，叶轮，肋状壳体，薄壁壳体，形状复杂的装配合和装配底板
225	EN AC–45000	EN AC–Al Si6Cu4	易于铸造的万能合金，有很好的切削加工性能	汽车工业用机器和发动机部件，电工技术，采矿工业等
226	EN AC–46200	EN AC–Al Si8Cu3	易于铸造的万能合金。特征是缩沉和内部缩孔倾向小，有很好的切削加工性能	汽车工业用形状复杂的机器和发动机部件，电工技术，采矿工业及其他，曲轴箱和其他壳体，电动机零件，轴承端座，缸盖，挡板等
231	EN AC–47000	EN AC–Al Si12(Cu)	具有优异充填型腔型能力的共晶合金，良好的热裂稳定性和优异的铸造性能	机器零件，受冲击和振动负荷的的零件，缸盖和缸体，电动机外壳，曲轴箱和泵壳，叶轮，肋状壳体，薄壁壳体，形状复杂的装配合和装配底板

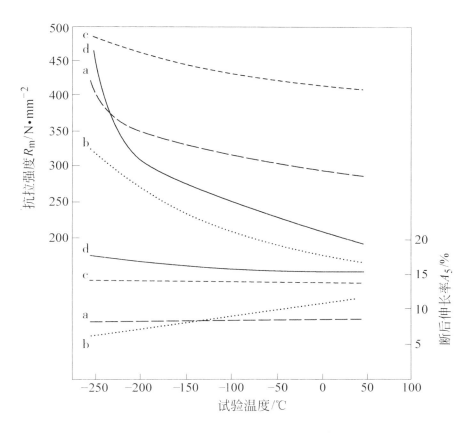

某些铝合金在低温下的性能[5]

a—AlSi7Mg，T6，金属型铸件，人工时效；b—AlSi11，F，砂型
铸件，铸态；c—AlCu4Ti，T64，金属型铸件，在150℃
温度下部分时效；d—AlMg3，F，金属型铸件，铸态

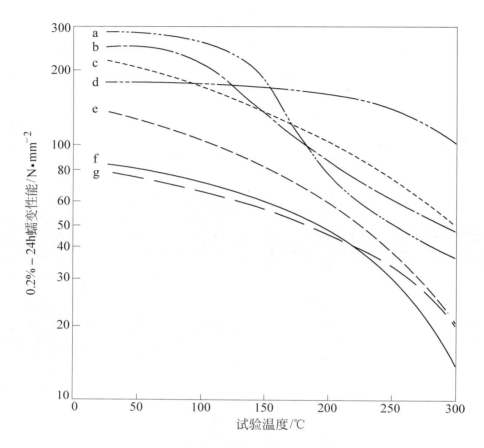

某些铝合金在20~300℃温度范围内的0.2%-24h蠕变性能图[5]

a—AlSi9Mg，T6，人工时效；b—AlZn10Si8Mg，T1，空气硬化；
c—AlSi12CuNiMg，T5，稳定；d—AlCu4NiMg，T4，自然时效；
e—AlSi9，F，压力铸造–状态；f—AlSi11，F，铸态；
g—AlMg3，F，铸态

7.16 铸铝材料合金元素的影响[6]

硅

（1）组织。Al–Si二元系统的共晶体存在于硅含量为11.7%和577℃的温度下。在该二元系统中铝和硅之间不发生化合。合金金属的溶解度在固体铝中是受限制的并在577℃时达到平衡（为1.65%），而在300℃时只有22%溶解。由于在固体状态溶解度的降低，结晶过程中在铝固溶体中析出硅。将少量的金属钠或生成钠的盐，还有锶添加至共晶的或近共晶的Al–Si合金中，会导致特别细的共晶体产生，从而显著改善材料的力学性能。约为0.1%的少量的钠促使共晶浓缩向硅含量增加偏移，并由于结晶作用的阻碍引起过冷，其范围是由冷却速度决定的。

（2）铸造性能。与所有的合金元素相比，硅产生最有利的影响。此时尤其是涉及凝固收缩的问题（该收缩量相对于纯铝的6.5%来讲，在共晶成分时大约只有3%）。通过这样的方式对缩孔倾向和收缩起到积极的影响。通过硅的添加使流动性和充填型腔的能力有显著的变化。所谓流动性指的是在铸型充填时熔融金属的流动性能。Ai–Si合金的流动性从纯金属开始下降直至最大的溶解度，上升达到共晶体并随着增加的过共析熔融金属会进一步上升。
这一铸造技术的特点对生产薄壁的、轮廓多变、形状复杂的铸件有着重要的影响，因此硅含量在5%~12%的范围内。只有对活塞合金要求有较高的成分。

（3）强度。相对纯铝而言，随着硅含量的增加在高延展性同时强度显著提高。添加少量的镁可导致金属间化合物Mg_2Si生成，这就有可能进行自然时效和人工时效。合理的镁含量应该在0.2%~0.5%之间。由此可推导，在对伸长率有高要求时保持少量的镁和铁含量是有益的。

（4）可加工性。二元铝–硅合金的可切削机加工性能可能优于纯铝，但这一点并不认为是好的。硅含量的增加和该合金成分的更粗的析出使得刀具严重磨损。

（5）耐蚀性。与其他所有的金属添加物一样，硅的作用是使耐蚀性降低。基于这一原因，合金通常比纯铝更敏感。与其他合金元素如铁、铜、镍等相比，可以确定硅在通常较高的成分时对耐蚀性的损害是微小的，只有当特别高的负荷情况下才显示出来。这一有利的耐受性可归结于由于要适应湿度影响发生的钝化作用。不过这是与表面的变灰相关。

（6）表面调质处理。硅添加物可改善可打磨性和可抛光性，可以进行旨在提高耐蚀性或耐磨强度的阳极氧化处理。

铜

（1）组织。铜在固溶体状态的最大溶解度（在共晶温度下）为5.7%。溶解度随着温度的降低而下降，在300℃时还剩约0.5%。不溶解的铜作为Al_2Cu以平衡状态存在。

　　铸造性能。添加铜只能对铸造性能起到无足轻重的改善作用。由于凝固范围随着铜的成分的增加而扩大，这就降低了内部缩孔的倾向，而凝固收缩则较充分显露出来。从这一认识也可以解释为什么厚壁的铸件在采用含铜铝-铸造合金时易于被无缺陷地制造出来。此外，上文已经提及的凝固范围的扩大导致截面变化处的断裂危险增加。

（2）强度。在铝中添加铜的作用是在伸长率下降的情况下强度和硬度始终会显著增加。这一效应通过添加其他同时存在的合金成分如镁和锌时更为强烈。由于在温度下降时合金元素的溶解度有所降低，有可能通过应用自然时效和人工时效方法进一步增加强度。

　　尽管这种热处理方法带来伸长率值明显降低的后果，但通过后处理可以改善尤其是在动态负荷下的负荷性能。

（3）可加工性。通过添加铜可以对可切削加工性能起到有利的影响。不含铜的Al-Si合金在未经处理的状态下大多数情况下是不可能令人满意地进行机加工的，而对AlSiCu材料则可以成功地加工。

（4）耐蚀性。在所有最常用的合金元素中只有铜对耐蚀性起到负面影响。这一缺点对含氯化物的腐蚀介质，如海水显得尤为严重。尽管如此还是可以认定，含铜合金在很多的使用场合还是具有足够的化学稳定性。

（5）表面调质。铜添加物可改善可打磨性和可抛光性。电解氧化时超过5%的含铜量对粗糙的深灰色的面有干扰作用。因此，含铜合金不推荐用在装饰性的阳极氧化处理的铸件中。

镁

（1）组织。Al-Mg合金体系在约34.5%时在449℃的温度下生成共晶体。对于标准化的合金只有范围在10%以内的镁才有意义。

　　铸造性能。在所有的铝基铸造材料中，二元Al-Mg合金由于氧化以及生成显微缩孔的严重倾向及热裂危险显示出最为不利的铸造技术性能。

（2）强度。镁添加物将在很大程度上提高强度性能。

可加工性。Al–Mg合金显示良好的切削加工性能，虽然在60HB的硬度下相对其他铸造合金可达到的值较低。根据镁含量对强度，尤其是对Al–Si和Al–Si–Cu合金硬度的显著影响，在少量添加镁时就会有改善。

（3）耐蚀性。由于镁对铝有微小的电位差，该合金元素对腐蚀应力有重要的意义，如用在化学工业、船舶制造和食品加工工业中。相对纯铝而言，Al–Mg合金随着添加量的增加证实在碱和海水浸润时有较好的耐蚀性。

对于五金件来讲，抛光表面能保持很光亮的特性则是一个难得的优点。

（4）表面调质。在提供的铝–铸造合金中，以镁作为主要合金成分的品种用于装饰目的时，尤其是装饰性阳极氧化得到应用的情况下尤为出色。

7.17 铸铝材料的热裂倾向

热裂是在液态–固态下的材料分离并在凝固的最终阶段形成，对具有较宽凝固范围的合金尤为如此。

铝–铸造合金热裂的形成取决于以下因素：

（1）化学成分及由此产生的凝固范围；

（2）晶粒度；

（3）偏析和在晶界处的金属间相。

热裂倾向的确定和评价：

凝固范围– 热收缩范围（TFR）。TFR是凝固范围的最后一个范围，在该范围中部分凝固组织的补浇受到严重妨碍[7]。用Thermo-Calc凝固模拟来计算，此时求得的固体成分范围大于95%。

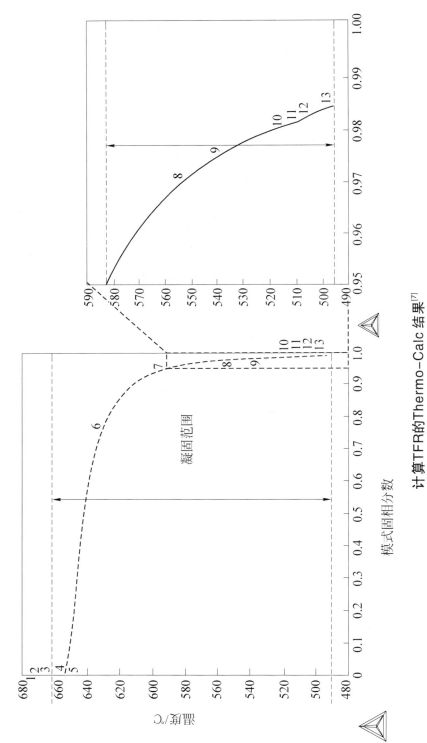

计算TFR的Thermo-Calc 结果[7]

按照Davies和Clyne 热裂敏感性系数CSC确定热裂倾向[8]

$$CSC = t_V/t_R = t(m_{fs}0.90 - m_{fs}0.90)/t(m_{fs}40 - m_{fs}90)$$

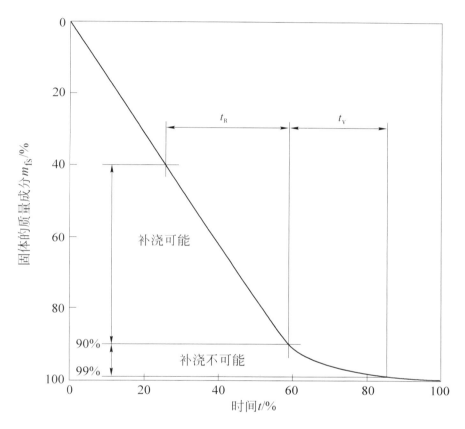

确定t_R和t_V与m_{fs}和时间的关系的方法

t_V—热裂形成的临界时间周期；t_R—补浇的张弛时间；

m_{fs}—固体的质量成分

TFR和CSC确定的综合结果[7]

合　金	TFR/K	CSC砂型铸件	CSC金属模铸件
AlSi7Mg0.3	9.50	0.13	0.60
AlSi7Mg0.6	4.0	0.08	0.29
AlZn6Mg0.3	85.00	1.48	15.50
AlZn6Mg3	22.60	1.05	11.88
AlZn6Mg3Cu1	4.10	0.28	1.00

TFR和CSC确定的综合结果[9]

合　金	TFR/K	CSC砂型铸件	CSC金属型铸件	金属型铸件的热裂数WRZ	热裂敏感性WER
AlSi7Mg0.1Cu0.5	45.00	0.69	7.30	0.80	低
AlSi7Mg0.6Cu0.5	27.00	0.36	4.50	0.60	低
AlSi7Mg0.1Cu0.05	17.00	0.33	3.70	0.30	无
AlSi7Mg0.3Cu0.05	9.50			0.22	无
AlSi7Mg0.6Cu0.05	4.00			0.01	无

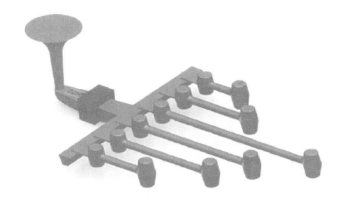

用以确定热裂倾向的砂型铸件的热裂试样三维模型[9]

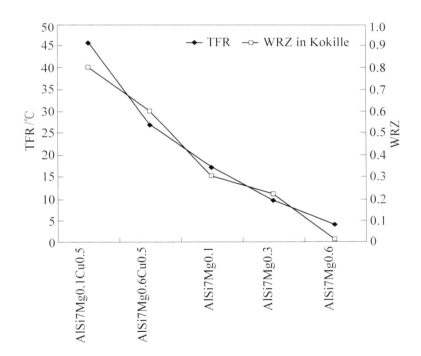

所用的五种合金类型的理论计算（TFR）和实际测定的工艺性能（WRZ）
之间的关系（Therminal Freezing Range（TFR）为最终凝固范围，
Warmrisszahl(WRZ) 为热裂数量）[9]

7.18 铸铝材料熔炼处理

再精炼处理对铝铸造材料的影响[3]，在基体组织中晶粒细化（α固溶体）。这是一种在基体组织中为获得较细颗粒（α固溶体）的措施。通过添加晶粒细化剂可提高有效晶核的数量。这种在浇铸前添加到熔融金属中的其他元素具有较高的熔点并在冷却时首先凝固。为了减少热裂倾向，Al-Mg和Al-Cu铸造合金的晶粒细化尤为重要。

Al合金的晶粒细化剂是钛和硼。

通过磷化处理细化（对过共晶Ai-Si合金）。过共晶Ai-Si合金凝固时析出"薄板和气孔针"形状的初生硅结晶。由于这一有缺口效应的析出形状，这种晶体降低了的强度性能。利用磷或一种放出磷的制剂实现初生硅向细晶粒形状的转变。

调质（共晶体的细化）。对共晶的和亚共晶的Al-Si铸造合金进行熔融技术处理以阻止不正常的凝固。有目的地添加调质盐迫使共晶硅呈细晶粒凝固。在调质合金的凝固组织中共晶硅以精细的纤维形状析出，这就在很大程度上改善了其力学性能。

对调质有效的添加物：作为金属或盐类结合的钠或锶。

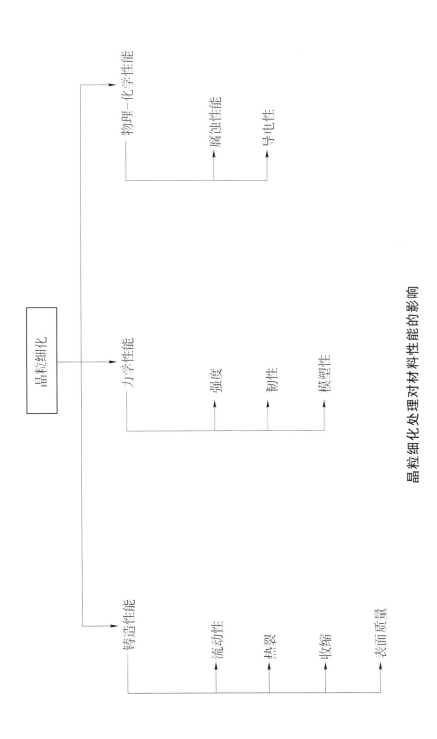

晶粒细化处理对材料性能的影响

未经变质的组织
硅呈粗大板片状或针状存在

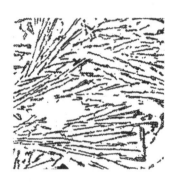

未充分变质的组织
硅呈细片以及针状存在

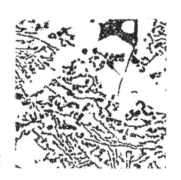

经很好变质的组织
片状开始分解,但针状还存在

硅铝合金的共晶体变质处理的标准样品组织调质程度

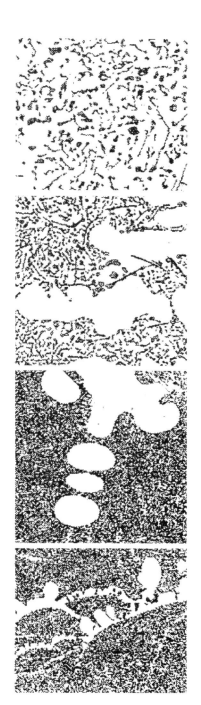

经令人满意的变质组织
大多数的片状已经分解,但还存在针状组织

经良好变质的组织
硅以圆形、纤维状粒子存在

强烈调质的组织
纤维状粒子很细小

过度变质的组织
起肋状凸纹的铝碎粒,粗大的硅碎粒和往往
是非常纤维化的硅粒子

铝-硅合金的共晶体变质处理的标准样品组织

7.19 铸铝材料的活塞铸造合金

制造活塞的Al-Si合金（活塞合金）。过共晶或准共晶Al-Si合金，用于内燃机活塞，发动机壳体，泵壳和阀座。

主要负荷类型：在升高的温度下磨损载荷和强度载荷。

合金的用途按照DIN EN 1706：2010-06。

EN AC-AlSi12CuNiMg用于金属型铸件；

EN AC-AlSi17Cu4Mg用于压力铸件。

金属型铸造合金的材料特性EN AC-AlSi12CuNiMg

合 金	比热容	密度	热导率	线膨胀系数	抗拉强度	0.2%屈服强度	$R_{p0.2}$ /N·mm^{-2}	布氏硬度
ENAC-AlSi12CuNiMg	0.9	2.68	130~160	20	200 (T5)	185	(T5)	90 (T5)
					280 (T6)	240 (T6)	120 (T6)	

注：通过晶粒细化和变质处理以及后续热处理使材料优化所研究的合金类型：EN AC-AlSi12CuNiMg。

制造活塞的Al-Si合金（活塞合金），通过晶粒细化和变质处理以及后续热处理使材料优化所研究的合金类型：EN AC-AlSi12CuNiMg。

合金类型的描述

合金类型	描　述
A	基体材料（回收和金属锭），孕育变质处理略嫌不足的，Sr含量约0.014%和Fe/Mn之比约为3.5，回收成分占33%
B	高强度的变化类型，提高强度的合金元素Cu、Ni、Mg接近上限，但Si处于标准规定的下限，晶粒稍加细化，完全孕育处理，含0.025%Sr，Fe/Mn之比约为3.5，回收成分高达40%
C	根据已有的A和B类型的试验结果，作为优化的合金变化类型具有以下背景：略加晶粒细化处理和部分孕育处理，约含0.014%Sr，Fe/Mn之比适度为2.0，提高强度的合金元素Cu、Ni和Mg的组成适度，回收成分高达45%

制造活塞的Al-Si合金（活塞合金），通过晶粒细化和变质处理以及后续热处理使材料优化所研究的合金类型：EN AC-AlSi12CuNiMg。

三种合金变化类型A、B和C的化学成分

化学成分（质量分数）/%

试样的合金名称	Si	Fe	Cu	Mn	Mg	Cr	Ni	Zn	Pb	Sn	P	Sr	Ti	其他单值	Al	Fe/Mn	注　释
A	12.46	0.55	0.95	0.15	0.95	0.02	0.81	0.09	0.01	0.01	20	143	0.08		余量	3.7	30%回收成分
B	11.85	0.56	1.55	0.16	1.55	0.02	1.21	0.1	0.01	0.01	10	282	0.10		余量	3.5	40%回收成分
C	12.50	0.54	1.21	0.27	1.11	0.02	0.95	0.12	0.01	0.02	15	140	0.09		余量	2.0	45%回收成分
	10.5~13.5	最大0.7	0.8~1.5	最大0.35	0.8~1.5	—	0.7~1.3	最大0.35	—	—	—	—	最大0.25	0.1	余量		
AC-48000的工厂内部标准	12~12.8	最大0.7	0.8~1.5	最大0.35	0.8~1.5	—	0.7~1.3	最大0.35	—	—	—	150~250	最大0.25	0.1	余量		

制造活塞的Al-Si合金（活塞合金)，合金变化类型的评价[1]：通过锶变质处理，AlSi12CuNiMg合金鉴于其铸造状态和凝固形态显示出一种如同近共晶硅铝合金的良好的性能并具有显著优于过共晶合金的可机加工性。

添加晶粒细化剂起着显著细化晶粒度的作用。

在室温下为进行完全的自然时效所需的存放时间约为8天。

当成分（Cu、Mg、Ni、Si）优化和合理地选择时效温度时，甚至在短时时效后就已经能达到最高的强度性能和表面硬度（合金变化类型C，235℃，45min）。

活塞铸造合金AlSi12CuNiMg 各个组织相与凝固动力学关系的描述，Ätzung mit Keller' Scher Reagenzlösung (od.0.5%HF) 用Keller' Scher 试剂溶液(或0.5%HF) 酸洗。

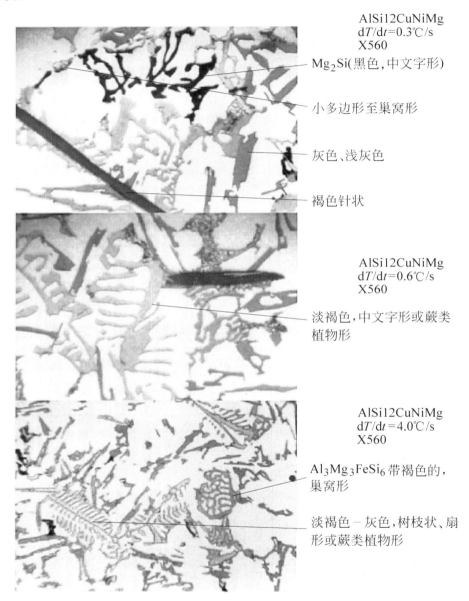

AlSi12CuNiMg
$dT/dt=0.3℃/s$
X560

Mg$_2$Si(黑色，中文字形)

小多边形至巢窝形

灰色、浅灰色

褐色针状

AlSi12CuNiMg
$dT/dt=0.6℃/s$
X560

淡褐色，中文字形或蕨类植物形

AlSi12CuNiMg
$dT/dt=4.0℃/s$
X560

Al$_3$Mg$_3$FeSi$_6$ 带褐色的，巢窝形

淡褐色－灰色，树枝状、扇形或蕨类植物形

7.20 铸铝材料HIP处理

　　铸造铝合金的HIP处理。热等静压（HIP）是一种将浇注的或烧结的由金属或陶瓷材料制成的工件后处理的方法，其目的是：

　　（1）通过气孔接合减少缩松并从而；

　　（2）提高力学性能和；

　　（3）达到可与锻造材料媲美的性能。

　　经清理但未经机加工的铝铸件在流限之上的温度下和在压热釜中的高气压下（如用氩气）由于材料中蠕变机理的切断（释放）被压缩。此时实现了塑性变形，材料流向气孔中心，通过热活化的扩散过程形成金属化合并减少了气孔体积。[13]

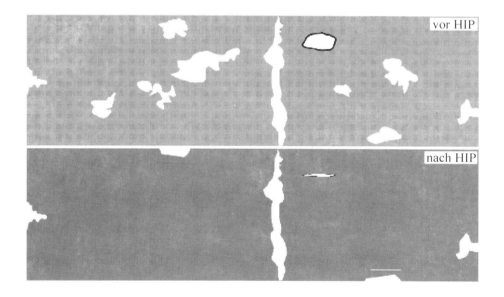

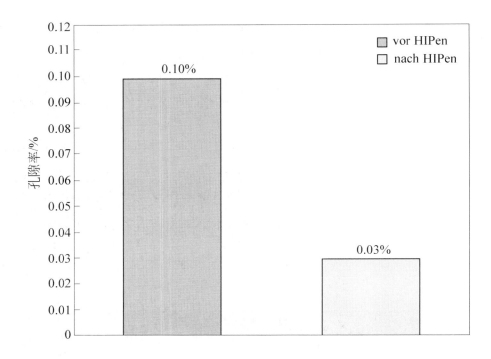

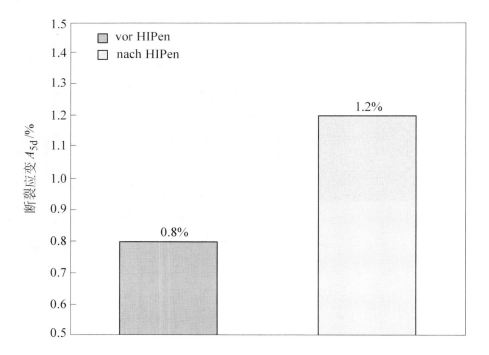

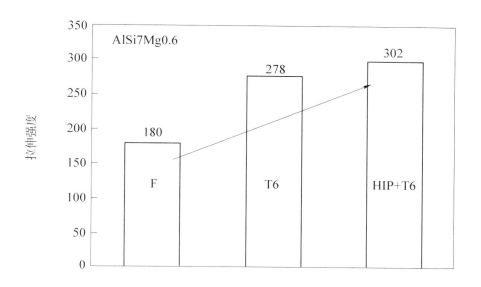

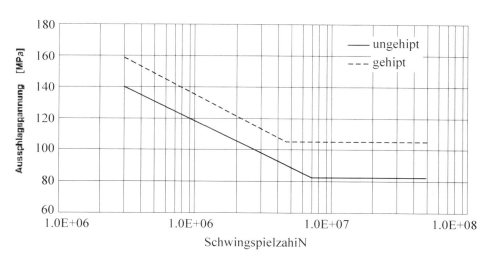

8 材 料 检 验

8　材　料　检　验

8.1 拉伸试验

拉伸试验、拉伸试样和在选择的铸造材料上拉伸试验的选用标准

拉伸试验

DIN EN ISO 6892–1 （2009–12）

金属材料–拉伸试验

第一部分：室温下的试验方法

取代：DIN EN 10002–1：2001–12

DIN EN ISO 6892–2（2011–05）

金属材料–拉伸试验

第二部分：在提高温度下的试验方法

取代：DIN EN 10002–5：1992–02

拉伸试样

DIN 50125（2009–07）

金属材料的试验–拉伸试样

取代：DIN 50125，修正 1：2004–07

DIN 50125：2004–0

DIN 50148（1975–06）

非铁金属压力铸件的拉伸试样

在选用的铸造材料上的拉伸试验

DIN EN 1561（2012–01）

灰铸铁

DIN EN 1562（2012–05）

可锻铸铁

DIN EN 1563（2012–03）

球墨铸铁

DIN EN1564（2012–01）奥铁体球墨铸铁

DIN 1572（1971–07）

锡–压铸合金

DIN 17730（1971–07）

镍–和镍铜–铸造合金

试验机

DIN 51233（2007–04）

材料试验机

公式符号和名称

编号[①]	公式符号	单位	名　称
试样			一个扁平试样的初始厚度或一根管子的壁厚
1	a_o	mm	
2	b_o	mm	扁平试样试验长度上或异形线材的宽度或一根制管带钢试样的平均宽度
3	d_o	mm	在圆试样试验长度上的试样直径或圆形截面的线材的直径或一根管子的内径
4	D_o	mm	一根管子的外径
5	L_o	mm	初始测量长度
6	L_e	mm	试验长度
	L_e	mm	伸长计–测量长度
7	L_t	mm	试样的总长
8	L_u	mm	在断裂后的测量长度
9	S_o	mm^2	在试验长度以内的初始截面
10	S_u	mm^2	在断裂后的试样最小截面
11	Z	%	断面收缩率 $\left(\dfrac{L_u - L_o}{L_o}\right) \times 100$
12	—	—	试样头部

编号[①]	公式符号	单位	名　称
延长和伸长率			断裂后的伸长：$L_u - L_o$
13	—	mm	
14	A	%	断后伸长率　$\left(\dfrac{S_o - S_u}{S_o}\right) \times 100$
15	A_e	%	屈服极限–伸长计–伸长率
16	A_g	%	在最大力F_m下伸长计塑性伸长率
17	A_{gt}	%	在最大力F_m下伸长计的总伸长率
18	A_t	%	在断裂时伸长计–总伸长率
19	—	%	伸长计预设的塑性伸长率
20	—	%	伸长计预设的总伸长率
21	—	%	预设的剩余的伸长计–塑性伸长率
力			
22	F_m	N	最大力
屈服点–屈服强度–抗拉强度[②]			
23	R_{eH}	MPa	上屈服点
24	R_{eL}	MPa	下屈服点
25	R_m	MPa	抗拉强度
26	R_p	MPa	在伸长计塑性–伸长时的屈服强度
27	R_r	MPa	对一个预先设定的剩余伸长的应力极限值
28	R_t	MPa	在伸长计总伸长时的屈服强度
	E	MPa	弹性模量

注：按照DIN EN ISO 6892–1。
① 见图1至10（摘录）。
② $1 \text{N/mm}^2 = 1 \text{MPa}$。

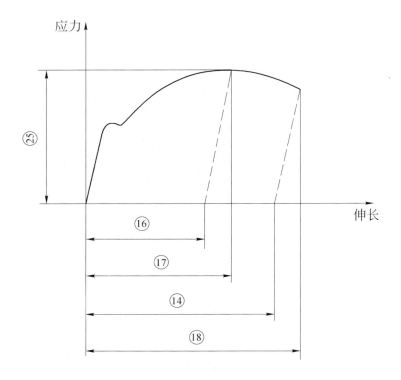

图1 应力−应变的定义

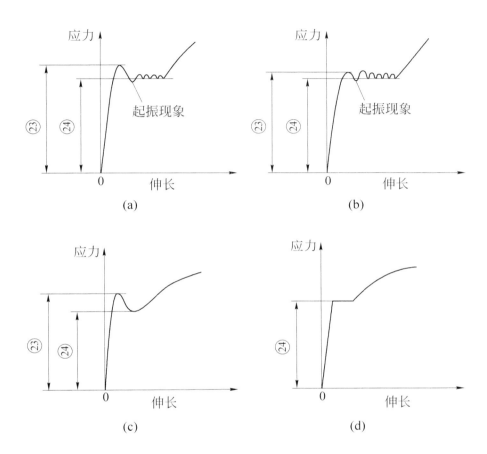

图2 不同形式的应力–伸长计伸长曲线上屈服点和下屈服点的例子

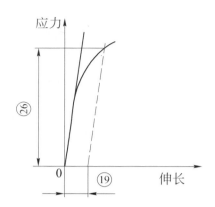

图3　伸长计塑性伸长R_p时的屈服强度

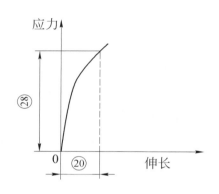

图4　伸长计总伸长R_t时的
　　　屈服强度

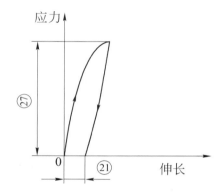

图5　对预设的剩余伸长R_p的
　　　应力屈服强度

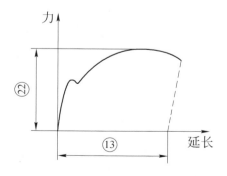

图6　最大力F_m

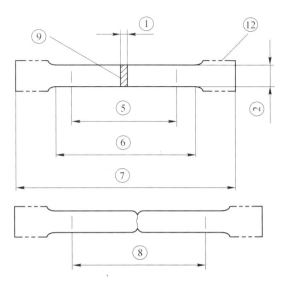

图7　具有矩形截面的加工试样

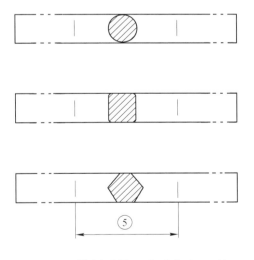

图8　从制品的一个未经加工的
部分中截取的试样

注：绘制的试样形状只可理解为例子。

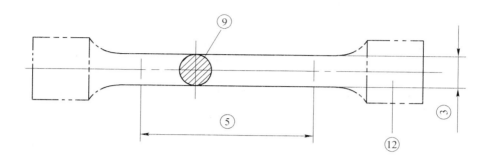

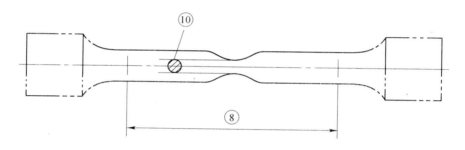

图9　具有圆形截面的加工试样

注：绘制的试样形状只可理解为例子。

试验灰铸铁的拉伸试验 DIN EN 1561（2012年1月）

拉伸试验必须按照DIN EN ISO 6892-1的要求采用图10所示试样进行。

试样的尺寸必须符合表1中的尺寸。

试样头部可以根据所采用的夹具或者被做成带螺纹的或者是平整的。

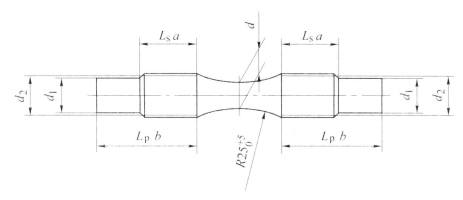

图10　拉伸试验用试样

a—带螺纹的；*b*—平整的

试验灰铸铁的拉伸试验按DIN EN 1561（2012年1月）

<table>
<tr><td colspan="4">拉伸试验用试样尺寸</td><td>(mm)</td></tr>
<tr><td>直径d_a</td><td>带螺纹试样的
螺纹类型$^b d_2$</td><td>螺纹长
度L_s^b</td><td>平端^{b}的
直径d_1</td><td>带螺纹试
样的总长</td></tr>
<tr><td>6 ± 0.1</td><td>M10</td><td>13</td><td>8</td><td>46</td></tr>
<tr><td>8 ± 0.1</td><td>M12</td><td>16</td><td>10</td><td>53</td></tr>
<tr><td>10 ± 0.1</td><td>M16</td><td>20</td><td>12</td><td>63</td></tr>
<tr><td>12.5 ± 0.1</td><td>M20</td><td>24</td><td>15</td><td>73</td></tr>
<tr><td>16 ± 0.1</td><td>M24</td><td>30</td><td>20</td><td>87</td></tr>
<tr><td>20 ± 0.1</td><td>M30</td><td>36</td><td>23</td><td>102</td></tr>
<tr><td>25 ± 0.1</td><td>M36</td><td>44</td><td>30</td><td>119</td></tr>
<tr><td>32 ± 0.1</td><td>M45</td><td>55</td><td>4</td><td>143</td></tr>
</table>

注：1. $L_p < L_s$，按照夹具；

2. 粗体字行给出了试样的优先尺寸。

单铸试样。为验证材料种类单铸的试样必须立浇。所采用的铸型必须是砂型或具有可比导热性的铸型。铸型允许被制成同时能浇注多个试样的形式。

附铸试样。附铸试样对在其上附铸有试样的铸件是有代表性的，并对同一检验批次所有其他具有类似尺寸限制壁厚的铸件是有代表性的。

　　下表表示从一个具有统一壁厚和简单形状的铸件中截取的试样的抗拉强度最低预期值。

　　下表在浇注试棒上按照DIN EN 1561机加工制作出来的。

试样上测定出的灰铸铁抗拉强度性能

材料牌号		标准壁厚 t/mm		抗拉强度[①] R_m 在铸造试件中须 遵守的值/MPa
缩写名称	数值	>	≤	≥
EN–GJL–100	5.1100	5	40	**100**
EN–GJL–150	5.1200	2.5[②]	50	**150**
		50	100	130
		100	200	110
EN–GJL–200	5.1300	2.5[②]	50	**200**
		50	100	180
		100	200	160
EN–GJL–250	5.1301	5[②]	50	**250**
		50	100	220
		100	200	200
EN–GJL–300	5.1302	10[②]	50	**300**
		50	100	260
		100	200	240
EN–GJL–350	5.1303	10[②]	50	**350**
		50	100	310
		100	200	280

注：1. 材料标记与浇注试棒的类型无关。

　　2. 材料EN–GJL–100（5.1100）适于高的减震能力和导热性。

　　3. 粗体数字给出了与牌号的缩写符号相对应的最小抗拉强度。
　　　　这些数值与按照表3标准壁厚的相关范围在未经清理状态下的铸
　　　　件直径有关。

　　4. 当标准壁厚超过200mm时，供需双方必须就试棒的类型和
　　　　尺寸以及须遵守的最低值达成一致意见。

① 如果抗拉强度作为标识性能来确定时，则须在订货单中规定
　试棒的类型。如果未作规定，则由生产商斟酌决定试棒的类型。

② 该值作为标准壁厚范围内的下限值包括在内。

用来试验可锻铸铁的拉伸试验DIN EN 1562（2012年5月）

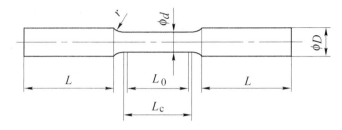

拉伸试验用试样的尺寸（见图）

直径 d/mm	直径的极限偏差 /mm	初始截面 S_0/mm²	初始测量长度 L_0[①]/mm	试验长度 L_c/mm	在过渡范围的最小直径 r/mm	颈部的优先尺寸（仅供参考）	
						直径 D/mm	长度 L/mm
6	± 0.5	28.3	18	25	4	10	30
9	± 0.5	63.6	27	30	6	13	40
12	± 0.7	113.1	36	40	8	16	50
15	± 0.7	176.7	45	50	8	19	60

注：伸长 A 在 L_0 上测定。

① $L_0 = 304\sqrt{S_0}$。

试样在形式和尺寸上必须与图和表格相符并且是未经过加工的。(注：允许变更柄部的尺寸，以期使它与试验机夹紧装置相配合以及能清理试样的分型线。)

直径d可从在同一平面上两次互为直角测量的平均值获得。这两个数值彼此之差不得大于0.7mm。

在试验全长上试样的直径d的波动范围不得超过0.35mm。

对于脱碳退火的可锻铸铁来说，以毫米表示的铸试样直径d必须对标准铸件壁厚有代表性。为了确定待采用的试样的直径，需方必须在订货时向供方说明哪些是重要的截面。如果需方没有指定，则供方允许选择待采用试样的直径。

拉伸试验必须按照DIN EN ISO 68922−1进行，但须采用未经加工的试样。

球墨铸铁的拉伸试验按照DIN EN 1563（2012年3月）

拉伸试样：

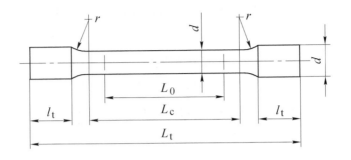

L_0——初始测量长度，即$L_0 = 5d$；

d——在试验长度上的试样直径；

L_c——根据供需双方商定的试验长度$L_c > L_0$（原则上$L_c - L_0 > d$）；

L_t——与L_c和l_t有关的试样总长度；

r——过渡半径，至少必须达4mm。

d/mm	L_0/mm	L_c[1]，最小/mm
5	25	30
7	35	42
10	50	60
14[2]	70	84
20	100	120

① 原则上。
② 优先尺寸。

单铸试样：

制作对相应材料有代表性试样的频次必须与供方的质保部门在生产时应用的频次相一致。

试棒必须与铸件在同时并经过有代表性的生成球墨的处理和孕育处理单独在砂型中浇注。

试棒从铸型中取出时不允许显示出高于铸件的温度。

如果生成球墨的处理在铸型中（型内孕育–方法）进行，那么铸件允许或者与铸件并排地用共同的浇冒口系统浇注；或者单独浇注，此时在试棒的铸型中采用与铸件生产类似的处理法。如果要进行热处理，试棒必须经受与对试样有代表性的铸件同样的热处理。

附铸试样：

附铸试样对在其上附铸有试样的铸件是有代表性的，同样对所有其他具有类似壁厚的同一个检验批次的铸件或对于那些符合供方的质量保证体系的、在同一时间段内在生产过程中铸造的铸件是有代表性的。

从中取出拉伸试样和/或缺口冲击试样的试棒将在铸件或浇冒口系统处附铸的。如果铸件的质量等于或大于2000kg或标准壁厚在30~200mm之间波动，则附铸的试样应该优先于单铸试样。如果铸件的质量超过2000kg而其厚度超过200mm，则只能采用附铸试棒。在这样的情况下附铸试棒的尺寸须经供需双方之间在订货时商定。

如果铸件必须进行热处理，倘若未作其他规定，那么附铸试棒只有待热处理后方可与铸件分离。

从铸件截取的试棒：

除了对材料的要求外，供需双方可以商定对铸件中规定位置所要求的性能。这些性能必须通过从铸件中截取的这些规定位置上的试验和经机加工的试样上进行的试验来测定。这些试样应该具有等于或小于铸件壁厚1/3但大于铸件壁厚1/5的直径。对大型单个铸件可以在铸件中规定的商定位置上钻取空心试棒。

从中截取试棒的铸件位置必须在铸件壁厚接近铸件标准壁厚的范围内。

试验:

拉伸试验须按照DIN EN ISO 6892-1进行。优先的试样直径达14mm,但由于技术原因以及对必须通过机加工从铸件上截取的试样,允许试样的直径有所不同。这两种情况下试样的初始长度都必须符合以下公式:

$$L_0 = 5.65\sqrt{S_0} = 5d$$

式中　L_0—— 初始长度;

　　　S_0—— 试样的初始截面;

　　　d—— 在试验长度上的试样直径。

如果该公式不能用于L_0,则供需双方必须对试样尺寸达成协议。

球墨铸铁的拉伸试验按照DIN EN 1563（2012年3月）

单铸试件，可能性1：

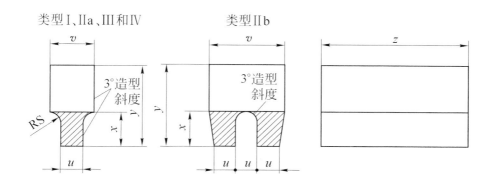

（mm）

尺寸	类　　　型				
	I	II a	II b	III	IV
u	12.5	25	25	50	75
v	40	55	90	90	125
x	30	40	40或50	60	65
$y^{①}$	80	100	100	150	165
z	对标准拉伸试样是足够的				

① 仅供参考。

球墨铸铁的拉伸试验按照DIN EN 1563（2012年3月）

单铸试件，可能性2：

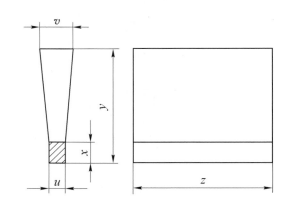

（mm）

尺寸	类　　型			
	I	II	III	IV
u	12.5	25	50	75
v	40	55	100	125
x	25	40	50	65
y[①]	135	140	150	175
z	对标准拉伸试样是足够的			

① 仅供参考。

球墨铸铁的拉伸试验按照DIN EN 1563（2012年3月）

单铸试棒，可能性3：

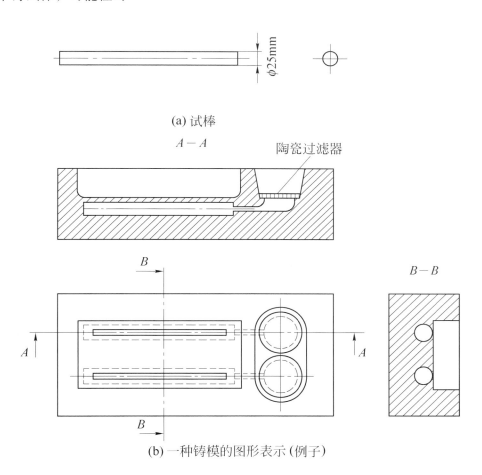

(a) 试棒

(b) 一种铸模的图形表示 (例子)

球墨铸铁的拉伸试验按照DIN EN 1563（2012年3月）

附铸试件：

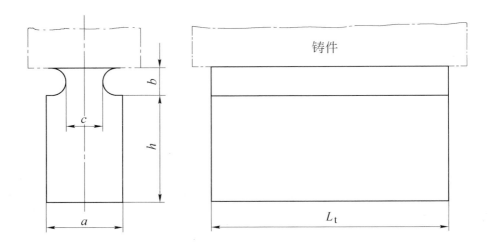

铸件的标准 壁厚 t/mm	a /mm	b，最大 /mm	c，最小 /mm	h /mm	L_t[①]
$30 < t \leqslant 60$	40	30	20	40~60	
$60 < t \leqslant 200$	70	52.5	35	70~105	

① L_t的选择必须保证可从一个试棒中制作出一个符合标准的拉伸试样。

8.2 硬度检验

硬度检验的标准选择

（1）布氏硬度试验：

DIN EN ISO 6506-1（2006-3）

金属材料–**布氏硬度试验**

第一部分：试验方法：极限在650HBW以内的金属材料的布氏硬度试验方法

DIN EN ISO 6502-2（2006-03）

金属材料–**布氏硬度试验**

第二部分：试验机的检验和校准；按EN ISO 6506-1确定布氏硬度的硬度试验机的检验和校准方法

DIN EN ISO 6502-3（2006-03）

金属材料–**布氏硬度试验**

第三部分：按ISO 6506-2间接检验布氏硬度试验机时所采用的硬度基准块的校准方法

DIN EN ISO 6502-4（2006-03）

金属材料–**布氏硬度试验**

第四部分：硬度值表

（2）维氏硬度试验：

DIN EN ISO 6507-1（2006-3）

金属材料–**维氏硬度试验**

第一部分：试验方法：金属材料维氏硬度的检验方法

DIN EN ISO 6507-2（2006-3）

金属材料–**维氏硬度试验**

第二部分：试验机的检验和校准

DIN EN ISO 6507–3（2006–3）

金属材料–**维氏硬度试验**

第三部分：硬度试验基准块的校准

DIN EN ISO 6507–4（2006–3）

金属材料–**维氏硬度试验**

第四部分：硬度值表

（3）洛氏硬度试验

DIN EN ISO 6508–1（2006–3）

金属材料–**洛氏硬度检验**

第一部分：试验方法（刻度A、B、C、D、E、F、G、H、K、N、T）

确定金属材料洛氏硬度的硬度试验方法

DIN EN ISO 6508–2（2006–3）

金属材料–**洛氏硬度检试验**

第二部分：试验机的检验和校准

（刻度A、B、C、D、E、F、G、H、K、N、T）

DIN EN ISO 6508–3（2006–3）

金属材料–**洛氏硬度试验**

第三部分：硬度试验基准块的校准

（刻度A、B、C、D、E、F、G、H、K、N、T）

布氏硬度检验

　　将一个压头（直径为D的硬质金属球）以试验力F垂直地压在表面上，并在移除试验力F后在试验表面测量形成的压痕直径d。

　　布氏硬度与试验力压痕弯曲表面之商成正比，该弯曲表面被假定为半球形，其弯曲半径与所采用的金属球的半径相符。

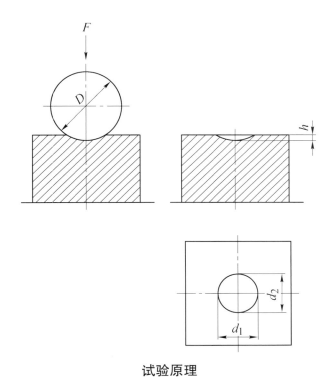

试验原理

布氏硬度试验

符号	名　　称
D	金属球的直径，mm
F	试验力，N
d	压痕的平均直径 $= \dfrac{d_1 + d_2}{2}$ ，mm
h	压痕深度 $= \dfrac{D - \sqrt{D^2 - d_2}}{2}$ ，mm
HWB	布氏硬度 $= 常数 \times \dfrac{试验力}{压痕表面}$ $= 0.102 \times \dfrac{2F}{\pi D \left(D - \sqrt{D^2 - d_2} \right)}$

注：常数 $= \dfrac{1}{g_n} = \dfrac{1}{9.806\,65} = 0.102$。

布氏硬度试验

硬度符号	金属球直径	负荷度	试验力
HBW 10/3000	10	30	29.42 kN
HBW 10/1500	10	15	14.71 kN
HBW 10/1000	10	10	9.807 kN
HBW 10/500	10	5	4.903 kN
HBW 10/250	10	2.5	2.452 kN
HBW 10/100	10	1	980.7 N
HBW 5/750	5	30	7.355 kN
HBW 5/250	5	10	2.452 kN
HBW 5/125	5	5	1.226 kN
HBW 5/62.5	5	2.5	612.9 N
HBW 5/25	5	1	245.2 N
HBW 2.5/187.5	2.5	30	1.839 kN
HBW 2.5/62.5	2.5	10	612.9 N
HBW 2.5/31.25	2.5	5	306.5 N
HBW 2.5/15.625	2.5	2.5	153.2 N
HBW 2.5/6.25	2.5	1	61.29 N
HBW 2/120	2	30	1.177 kN
HBW 2/40	2	10	392.3 N
HBW 2/20	2	5	196.1 N
HBW 2/10	2	2.5	98.07 N
HBW 2/4	2	1	39.23 N
HBW 1/30	1	30	294.2 N
HBW 1/10	1	10	98.07 N
HBW 1/5	1	5	49.52 N
HBW 1/2.5	1	2.5	24.52 N
HBW 1/1	1	1	9.807 N

注：$B = \dfrac{0.102F}{D^2}$（B为负荷度；F为试验力；D为金属球直径）。

布氏硬度检验

布氏硬度检验	HBW	负荷度
钢；镍合金和钛合金		30
铸铁[①]	<140 ≥140	10 30
铜和铜合金	<35	5
	35~200	10
	<200	30
轻金属及其合金	<35	2.5
	35~80	5
		10
		15
	>80	10
		15
铅和锡		1
烧结金属	见EN 24498-1	

① 铸铁试验时金属球的公称直径必须为2.5mm、5mm或10mm。

维氏硬度试验

在DIN EN ISO 6507-1中规定了金属材料维氏硬度试验的方法。根据应用的试验力，维氏硬度试验被分为三个区域（见下表）。

试验力F的范围	硬度符号	以前名称 （ISO 6507-1：1982）
$F \geq 49.03$	$\leq HV5$	宏观硬度试验
$1.961 \leq F < 49.03$	HV0.2~HV5	小试验力硬度试验
$0.09807 \leq F < 1.961$	HV 0.01~HV0.2	显微硬度试验

锥面夹角为136°的金刚石正四棱锥体被压入试样的表面，在移除试验力F后测量在检验表面所形成压痕的两对角线的长度d_1和d_2。

原理

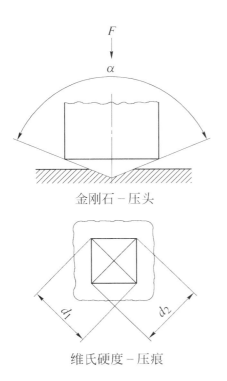

金刚石－压头

维氏硬度－压痕

维氏硬度与试验力和压痕表面之商成正比，压头被假定为具有正四棱基面并具有与压头同样夹角的直锥体。

维氏硬度试验符号及其名称

符号	名　　称
α	在正四棱锥体形压头的相对面之间的夹角（136°）
F	试验力，N
d	两条对角线长度d_1和d_2的算术平均值（按图1），mm
HV	维氏硬度=常数 $\times \dfrac{试验力}{压痕表面} = 0.102$

注：常数$= 1/g_n = 1/9.80665 \approx 0.102$。

试验载荷

宏观硬度范围		小试验力范围		显微硬度范围	
硬度符号	试验力F/N	硬度符号	试验力F/N	硬度符号	试验力F/N
HV 5	49.03	HV 0.2	1.961	HV 0.01	0.09807
HV 10	98.07	HV 0.3	2.942	HV 0.015	0.147
HV 20	196.1	HV 0.5	4.903	HV 0.02	0.1961
HV 30	294.2	HV 1	9.807	HV 0.025	0.2452
HV 50	490.3	HV 2	19.61	HV 0.05	0.4903
HV 100	980.7	HV 3	29.42	HV 0.1	0.9807

注：1.试验力大于980.7N允许被采用。
　　2.对显微硬度范围推荐的试验力。

洛氏硬度试验

压头（金刚石锥体或钢球）分两个等级在预先规定的条件下压入试样。在移除附加试验力后在初试验力下测量残留的压痕深度。

根据数值 h 和一个已知的数值 N 按照下式计算出洛氏硬度（见表1和表2）：

$$洛氏硬度 = N - \frac{h}{S}$$

洛氏硬度试验（刻度A、B、C、D、E、F、G、H、K和硬度刻度15N、30N、45N、15T、30T 和45T）。刻度A、B、C、D、E、F、G，H和K的洛氏硬度是通过符号HR来表示的，硬度值写在符号HR的前面，随后紧跟表示标尺的字母。

示例1

59HRC 以刻度C测量的洛氏硬度达59。

刻度N和T测量的洛氏硬度用符号HR表示，硬度值写在符号HR的前面，随后紧跟数字（试验总力）和一个表示刻度的字母。

示例2

70HR30N 用刻度30N以试验总力294.2N测量出的洛氏硬度达70。

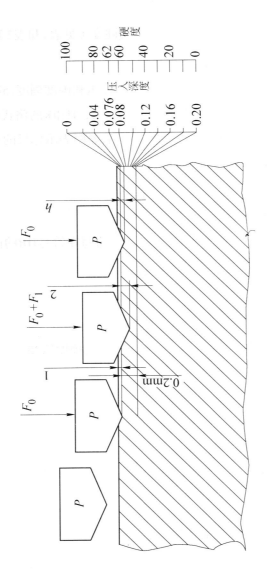

洛氏硬度方法的原理

1—在试验力F_0作用下的压入深度；2—在附加试验力F_1
作用下的压入深度；h—残留压入深度；P—压头

洛氏硬度检验

（刻度A、B、C、D、E、F、G、H、K和硬度刻度15N、30N、45N、15T、30T和45T）

表1

符号	名　　称	单位
F_0	初试验力	N
F_1	附加试验力	N
F	试验总力	N
S	符合刻度的标准分格	mm
N	与刻度相符的数值	
h	在移除附加试验力后在初试验力作用下的残留压入深度	mm

符号	名　　称
HRA,HRC,HRD	洛氏硬度=100-(h/0.002)
HRB,HRE,HRF,HRG,HRH,HRK	洛氏硬度=130-(h/0.002)
HRN,HRT	洛氏硬度=100-(h/0.001)

表2

硬度刻度	硬度的符号	压头的类型	初试验力F_0/N	附加试验力F_1/N	试验总力F/N	应用范围（洛氏硬度的范围）
A	HRA	金刚石压头	98.07	490.3	588.4	20~88HRA
B	HRB	钢球1.587mm	98.07	882.6	980.7	20~100HRB
C	HRC	金刚石压头	98.07	1373	1471	20~70HRC
D	HRD	金刚石压头	98.07	882.6	980.7	40~77HRD
E	HRE	钢球3.175mm	98.07	882.6	980.7	70~100HRE
F	HRF	钢球1.587mm	98.07	490.3	588.4	60~100HRF
G	HRG	钢球1.587mm	98.07	1373	1471	30~94HRG
H	HRH	钢球3.175mm	98.07	490.3	588.4	80~100HRH
K	HRK	钢球3.175mm	98.07	1373	1471	40~100HRK
15N	HR15N	金刚石压头	29.42	117.7	147.1	70~94HR15N
30N	HR30N	金刚石压头	29.42	294.2	294.2	42~86HR30N
45N	HR45N	金刚石压头	29.42	411.9	441.3	20~77HR45N
15T	HR15T	钢球1.587mm	29.42	117.7	147.1	67~93HR15T
30T	HR30T	钢球1.587mm	29.42	264.8	294.2	29~82HR30T
40T	HR45T	钢球1.587mm	29.42	411.9	441.3	1~72HR45T

便携式硬度试验

DIN 50156-1（2007-07）
金属材料-里氏硬度试验
第一部分：试验方法

DIN 50156-2（2007-07）
金属材料-里氏硬度试验
第二部分：硬度试验仪的检验和校准

DIN 50156-3（2007-07）
金属材料-里氏硬度试验
第三部分：硬度试验基准块的校准

里氏硬度试验

试验过程中冲击体冲击试样表面并回跳。确定冲击体的冲击能、直径和冲头的材料（表1）。在冲击前和后测量冲击体的速度。

硬度值的计算：

$$HL = \frac{V_R}{V_A} \times 100$$

式中　V_R —— 回跳速度；

　　　V_A —— 冲击速度。

里氏硬度的说明

符号"HL"加一个或多个符号表示冲击装置的类型。

示例：570HLD

根据冲击装置的类型各种里氏刻度的符号、单位、名称和公称值

符号	单位	名称	各个冲击装置类型的公称值⑤						
			D/DC	S	E	D+15	DL	C	G
E_A	mJ	冲击动能①	11.5	11.3	11.5	11.2	11.2	3.0	90.0
v_A	m/s	冲击速度	2.0~2.2	2.0~2.2	2.0~2.2	1.65~1.8	1.65~1.8	1.35~1.45	2.9~3.1
r	mm	冲击体，半径	1.5 ± 0.05	1.5 ± 0.05	1.5 ± 0.05	1.5 ± 0.05	1.5 ± 0.05	1.5 ± 0.05	2.5 ± 0.05
		冲击体，材料	WC②	K③	PKD④	WC	WC	WC	WC
		冲击体，典型硬度	1600 HV 2	1600 HV 2	5000 HV 2	1600 HV 2	1600 HV 2	1600 HV 2	1600 HV 2
HL	—	里氏硬度	至	—	—	—	—	—	—

① 在长力场的方向试验，修约值。
② 钨碳化物-钴硬质合金。
③ 陶瓷。
④ 多晶体金刚石。
⑤ 在实际中常用的生产商标记。

硬度值的换算

DIN EN ISO 18265（2004-02）

金属材料–硬度值的换算

对于以下金属以各种不同硬度刻度或以抗拉强度值表示的硬度值的换算表：

（1）非合金和低合金的钢和铸钢；

（2）调质钢；

（3）工具钢；

（4）高速切削钢；

（5）不同类型的硬质合金；

（6）非铁金属和非铁合金。

警告：迄今为止硬度值换算的实践证明，经常会尝试将两种不同刻度的硬度值或抗拉强度值在一个固定的关系式中联系起来，而没有专门考虑材料的性能。这样做是不可以的。因此本标准的使用者必须仔细检查是否完全满足换算的所有基本前提。

8.3 缺口冲击韧性弯曲试验

冲击抗弯试验的标准选择

DIN 50105（1991–04）

金属材料的试验：缺口冲击韧性试验

特殊的试样形状和评价方法

DIN 51222 n（1995–06）

金属材料的试验– 缺口冲击韧性试验

标称工作能≤50J的摆式冲击试验机的特殊要求及其试验

DIN EN ISO 148–1（2011–01）

金属材料

夏比缺口冲击韧性试验

第一部分: 金属材料的试验方法（U形和V形缺口）的金属材料冲击能量的确定

DIN EN ISO 148–2（2009–09）

金属材料

夏比缺口冲击韧性试验

第二部分：试验机的检验（摆锤冲击试验机）

信息：新版，公式符号的修正

DIN EN ISO 148–3（2009–06）

金属材料

夏比缺口冲击韧性试验

第三部分: 摆锤式冲击试验机的间接验证，夏比V形基准试样的制备及特性描述

夏比缺口冲击韧性——试样、支座和砧座的布置

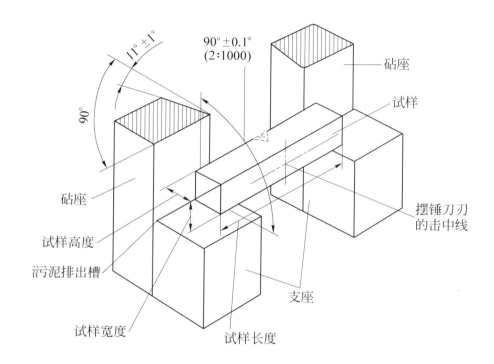

图1 试样、支座和砧座的布置

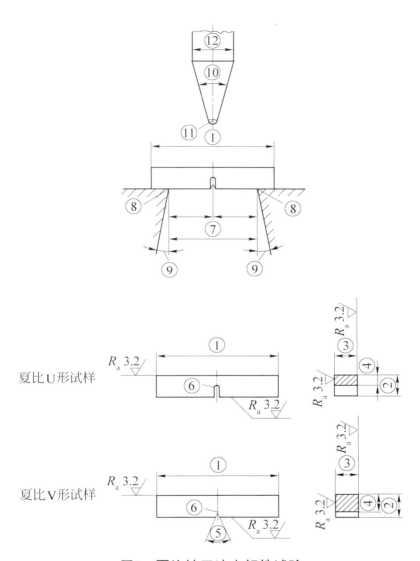

夏比U形试样

夏比V形试样

图2 夏比缺口冲击韧性试验

夏比缺口冲击韧性试验

表1 名称

编号 （图2）	名　　　称	单位
1	试样长度	mm
2	试样高度	mm
3	试样宽度	mm
4	刻槽基准中的高度	mm
5	缺口角	(°)
6	缺口半径	mm
7	砧座的净距离	mm
8	砧座的圆角半径	mm
9	砧座的底部缺口	(°)
10	锤头楔块的角	(°)
11	锤头刃口的圆角半径	mm
12	锤片–厚度	mm
13	消耗的冲击功K_U或K_V	J

表2 试样尺寸的允许偏差

名　　　称	U形缺口试样			V形缺口试样		
	公称 尺寸	极限 偏差	ISO[①]缩 写符号	公称 尺寸	极限 偏差	ISO[①]缩 写符号
试样长度 试样高度	55mm 10mm	± 0.06mm ± 0.11mm	j_s15 j_s13	55mm 10mm	± 0.60mm ± 0.06mm	j_s15 j_s12
试样宽度 –标准试样 –尺寸公差范围下限的试样 –尺寸公差范围下限的试样	10mm — —	± 0.11mm — —	j_s13 — —	10mm 7.5mm 5mm	± 0.11mm ± 0.11mm ± 0.06mm	j_s13 j_s13 j_s12
缺口角 刻槽基准中的高度 缺口半径	— 5mm 1mm	— ± 0.09mm ± 0.07mm	— j_s13 j_s12	45° 8mm 0.25mm	± 2° ± 0.06mm ± 0.025mm	— j_s12 —
缺口中心和试样正面之间 的距离[②] 在缺口对称面和试样纵轴之间 的夹角 相邻试样纵表面相互之间 的夹角	27.5mm 90° 90°	± 0.42mm ± 2° ± 2°	j_s15 — —	27.5mm 90° 90°	± 0.42mm ± 2° ± 2°	j_s15 — —

① 按照ISO 286。
② 对具有试样自动定位的摆锤冲击仪推荐的极限偏差为 ± 0.165代替 ± 0.42。

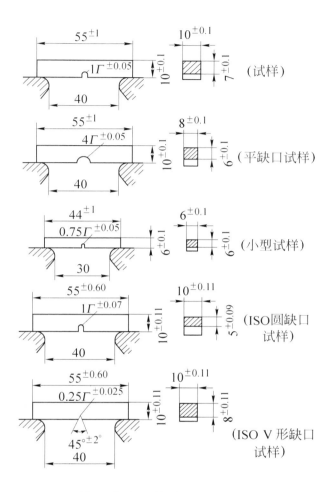

缺口冲击韧性试样几何尺寸

8.4 断裂力学试验

断裂力学

断裂力学为有裂纹或类似裂纹缺陷的构件制订了裂纹在外加载荷下如何扩展并最终使构件断裂的标准。

线弹性断裂力学（LEBM-方案）

线弹性断裂力学（LEBM-方案）可以定量地判定作为静态载荷下裂纹不稳定扩展或者说在循环载荷下裂纹稳定扩展后果的有裂纹构件的失效。发生这种失效的前提是很大程度上的线弹性变形直至断裂。对此适用应力强度因子的方案。以一块有中间贯通裂纹$2a$的受拉应力的板（图1）的模型为例可以用应力强度因子K来描述达到裂纹顶端前的应力场。对于图1所示的模型1的裂纹张开类型可以计算在裂纹尖端前的应力。

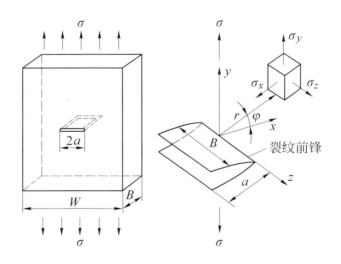

图1　坐标模型和定义以及在裂纹顶端前的应力分量

应力强度因子K_1描述了在一块受拉应力的无穷扩展（$2a>>W$）的板中在内裂纹之前作用的载荷：

$$K_1 = \sigma (\pi \cdot a) 1/2$$

最终的构件尺寸和几何尺寸是通过修正函数f来考虑的，这样裂纹张开类型1的应力强度因子的一般关系式可写为：

$$K_1 = \sigma (\pi \cdot a) 1/2 \cdot f$$

因次是（$MN/m^{3/2}$）或（$N/mm^{3/2}$）。

在平面伸长状态的条件下在达到应力强度因子K_1的临界值时，一条起先是静止的裂纹（裂纹开始）的不稳定扩展的开始被判据为断裂。临界值被作为断裂韧性K_{1C}来命名。该材料特性值说明了材料抵抗不稳定的、导致脆性破坏的裂纹扩展的韧性参数。

图2表示了计算断裂韧性的试样形式。用同样的方式可以确定振动载荷下周期性的应力强度因子ΔK。

如果材料是塑性的，也就是说在裂缝尖端之前就出现扩展的塑变范围，那么LEBM方案是不适用的。在这样的情况下CTOD方案和J积分方案有所帮助。

类型	缩写符号	特征	试样形式	最小尺寸
三点弯曲试样	3PB	在较长的窄边一侧有单面的缺口初始裂纹的直角长方六面体弯曲试样	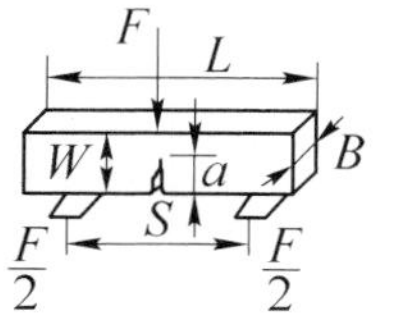	$a \geqslant 2.5$ $B \geqslant 2.5$ $W \geqslant 5.0$ $\Big\} \cdot \left(\frac{K_{IC}}{R_{eS}}\right)^2$ $S = 4W$ $L \geqslant 4.2W$
紧凑的拉伸试样，正方形的	CT	单面有开槽初始裂纹的和对称布置的传力孔的近似正方形的直角平行六面体拉伸试样	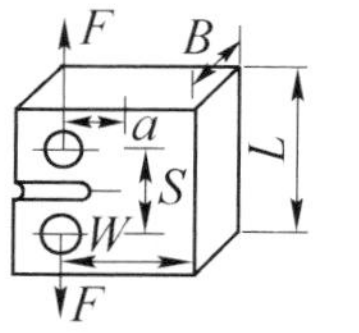	$a \geqslant 2.5$ $B \geqslant 2.5$ $W \geqslant 5.0$ $\Big\} \cdot \left(\frac{K_{IC}}{R_{eS}}\right)^2$ $W = 2B$ $L = 2.4B$ $S = 1.1B$
紧凑的拉伸试样，圆形的	RCT	有径向开槽初始裂纹和对称布置的传力孔的圆柱体形拉伸试样	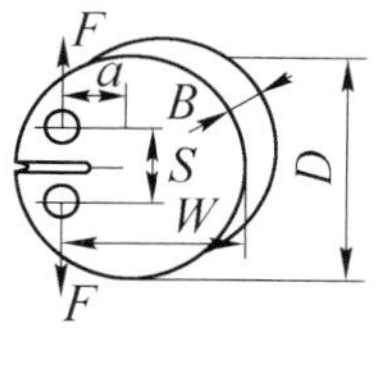	$a \geqslant 2.5$ $B \geqslant 2.5$ $W \geqslant 5.0$ $\Big\} \cdot \left(\frac{K_{IC}}{R_{eS}}\right)^2$ $S = 0.41D$ $D = 2.7B$ $W = 0.74D$

图2 测定断裂韧性的试样形式

CTOD法

CTOD (裂纹尖端张开位移) 方案是建立在裂纹尖端处的临界塑性变形的损伤机制受监控的过程基础上。对此有一个尺度是CTOD– δ值，它可作为在原始裂纹尖端处的裂纹张开来定义（图3）。

裂纹张开δ、构件应力σ、屈服应力σ和裂纹长度a之间有关系式：

$$\delta = (\pi \cdot \sigma^2 \cdot a) / (E \cdot \sigma_F)$$

屈服应力的数值可以从屈服点或0.2%屈服强度和抗拉强度中导出。材料特性参数δ_c描述了材料抵抗裂纹开始的特性，亦即是在静态载荷下裂纹稳定扩展的开始。

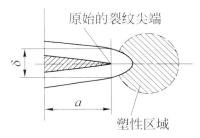

图3　作为原始裂纹尖端裂纹扩展来定义的裂纹尖端张开δ

J积分法

J积分法被定义为在断裂力学中围绕裂纹顶端的一个围线积分并被确定为与形成的裂纹面积有关的、关于在裂纹尖端之前应变能变化的断裂技术准则。材料特性数值J_c仿效CTOD法描述了材料抵抗裂纹开始的特性，亦即是在静态载荷下裂纹稳定扩展的开始。

8.5 疲劳强度试验

振动疲劳试验的标准

DIN 50100（1978-02）材料检验 振动疲劳试验、概念、符号、实施、评价。

振动疲劳试验

该试验用来测定材料或构件在持久的或频繁重复的脉动载荷或交变载荷下的性能。试样的负荷呈振荡过程（图1）。

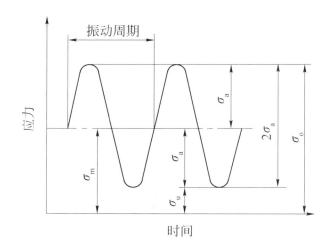

图1 振动疲劳试验时的应力–时间图（示意图）

σ_o—上限应力；σ_u—下限应力；σ_m—平均应力；

σ_a—应力幅；$2\sigma_a$—应力的振动幅度

应力范围

拉应力被视为正值的，而压应力被视为负值的（图2）。

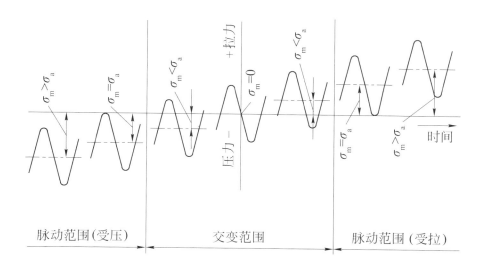

图2　振动应力的范围

须区别以下情况：

（1）当 σ_o 和 σ_u 两者为正值时的拉力脉动范围。

（$\sigma_m \geq \sigma_a$；$s = \sigma_u / \sigma_o = 0 \sim +1$；$r = \sigma_m / \sigma_o = +0.5 \sim +1$）。

（2）当 σ_o 和 σ_u 符号相反时的交变范围。

（$\sigma_m < \sigma_a$；$0 \geq s \geq -1$；$+0.5 > r \geq 0$）。

（3）当 σ_o 和 σ_u 两者均为负值时的压力脉动范围。

（$\sigma_m \geq \sigma_a$；$s = \sigma_u / \sigma_o = 0 \sim +1$；$r = \sigma_m / \sigma_o = +0.5 \sim +1$）。

振荡疲劳强度的定义

振荡疲劳强度：

　　振荡疲劳强度（简称为疲劳强度）是试样"无限多次"能经受住的以给定的平均应力振荡的最大应力幅，而不至断裂和不产生不允许有的变形。

交变应力的疲劳强度：

　　交变应力疲劳强度是疲劳强度对于平均应力为零的特殊情况。应力在等值的正值和平均值之间交变。其数值与上应力和下应力相等。

脉动疲劳强度：

　　脉动疲劳强度是对于一个在零和最大值之间上下脉动的应力疲劳强度的特殊情况。下应力是零，平均应力等于应力幅，而脉动疲劳强度等于应力的振动幅度。

试验实施

Wöhler (韦勒) 疲劳试验。

　　韦勒(Wöhler)方法进行的疲劳试验是求得疲劳强度的最佳方法。试验时有6~10个就其材料、造型和机加工完全等值的试样先后经受分等级的振动负荷并确定相应的断裂和振动循环次数。对一个试样在试验开始时设定的载荷在整个试验过程中保持不变。此时分别根据试验目的，有待试验的材料或试验机，应力幅或变形幅保持不变。

　　分别根据力求达到的结果（交变应力的疲劳强度、脉动疲劳强度等）对韦勒系列的全部试样选用同样的σ_m或σ_u。

　　一个试样与另外一个试样的σ_a和σ_o是这样来分级的，在试验的进展中最终找到不发生断裂而能经受"无限多次"的最大载荷。

试验结果评定

韦勒疲劳强度图，韦勒疲劳曲线：测定的疲劳载荷–断裂–应力循环次数数偶在图中用对数划分的横坐标（应力循环次数）和算术划分的纵坐标（疲劳载荷）记录，在最新的文献中也称为对数划分。它们排列成所谓的韦勒曲线（图3）。

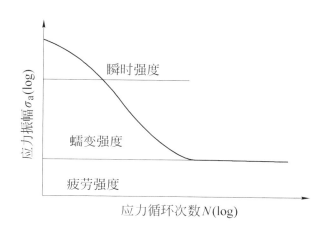

图3　应力振幅σ_a与断裂循环次数N的韦勒曲线

疲劳强度图

疲劳强度图是从一系列由韦勒曲线得到的在各种不同的载荷范围（交变载荷范围和脉动载荷范围）中的振动疲劳强度的全部数值的图示表示。对于给出的载荷类型可以识别平均应力、应力幅、上限应力和下限应力之间的关系。在德国Smith的疲劳强度图（图4）得到最广泛的应用。在等比例的坐标轴系中将平均应力σ_m作为横坐标，而将与此有关的疲劳强度的上限应力σ_o和下限应力σ_a作为纵坐标来描绘，由此产生图表的上限制（分界）线和下分界线（上限应力或下限应力的分界线）。图表中以45°画出的中心线包括平均应力的数值。这样，疲劳强度σ_A的应力幅位于45°线和上限应力或下限应力的分界线之间。

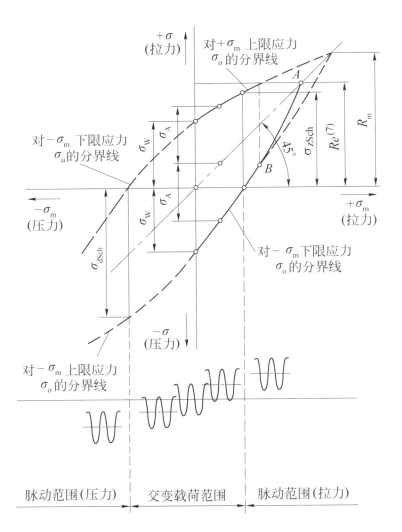

图4 Smith疲劳强度示意图（横坐标和纵坐标的比例相等）

σ_m — 平均应力；σ_{Sch} — 脉动疲劳强度；σ_A — 应力幅；Re — 屈服限；

σ_W — 交变应力疲劳强度；R_m — 抗拉强度

8.6 无损试验

用于材料无损试验方法的选用标准

DIN EN 1371–1（2010–02）

铸造–液体渗透检验

第一部分：砂型铸件、金属型铸件和低压铸件

DIN EN 1371–2（1988–07）

铸造–液体渗透检验

第二部分：精密铸件

DIN EN 12680–1（2003–06）

铸造–超声波检验

第一部分:通用铸钢件

DIN EN 12680–2（2003–06）

铸造–超声波检验

第二部分:高应力构件用的铸钢件

DIN EN 12680–3（2012–02）

铸造–超声波检验

第三部分:球墨铸铁件

DIN EN 12681（2003–06）

铸造–X射线透视检验

平面检验范围的单壁透视检验

曲线检验范围的单壁透视检验

平面和曲线检验范围的双壁透视检验

DIN EN 444（1994–04）

无损检验

金属材料的X射线和 γ 射线超声波检验的基本规则

8.7 试验加速

检验证书：

DIN EN 10204（2005–01）；

金属制品；

检验证书的类型。

根据供需双方的协议可以在交货时出具在DIN EN 10204中包括的各种类型检验证书，而与生产方式无关：

在非特种检验基础上的检验证书（工厂证书，产品证书）；

在特种检验基础上的检验证书（验收检验证书）。

DIN EN 10204适用于全部金属制品的供货，如板材、薄板、棒材、锻件、铸件、无缝管和焊接管。需方按照DIN EN 10204向供方提出的包括检验单在内的供货规范构成了按照DIN EN 10204出具检验证书的基础。

9 金 相

9　金　相

9.1　标准

组织分析的标准选择：

DIN EN ISO 945-1（2010-09）。

铸铁的显微结构：

第一部分：用目视分析进行石墨分类

（EN ISO 945 2008年和2010年的修正）。

信息：2009年3月修正过的文件。

内容重点：

石墨的目视分类；

取样和试样制备；

石墨分类和试验结果的分析；

标准系列图：石墨形状，石墨排列和石墨大小；

中间值，混合形状，球墨数量的石墨标记体系。

DIN 50600（1980-03）。

金属材料的检验。

金相组织图，成像比例和图幅。

DIN EN ISO 2624（1995-08）。

铜和铜合金。

平均晶粒度的确定。

DIN EN 16090草案（2010）。

铜和铜合金。

用超声波确定平均晶粒度。

内容重点：

用超声波确定铜和铜合金制品平均晶粒度的方法。

DIN EN ISO 4499–1（2010–01）。

硬质合金–显微结构的金相测定。

第一部分：显微照片及其描述：

显微结构金相测定的方法；

显微照片的利用。

DIN EN ISO 4499–2（2010–10）。

硬质合金–显微结构的金相测定。

第二部分：WC晶粒度的测量。

内容重点：

烧结WC–/Co–硬质合金的标准；

（也称为烧结硬质合金或金属陶瓷）

用金相方法测量硬质合金的晶粒度；

光学显微和电子显微镜的应用。

DIN EN 10247（2007–07）。

使用标准图片金相检验在钢中非金属夹杂物的含量。

内容重点：

使用标准图片显微确定在钢中非金属夹杂物的形状、大小和类型的方法。

9.2　劳动保护和环境保护

在金相学中有关劳动保护和环境保护的专门说明：

有众多酸、中性溶液、混合溶液、熔盐及其他可作为浸蚀剂使用。使用这些化学剂时必须重视各种有关手工操作、储存和处置方面的安全要求。

有关化学剂的详细信息可查询以下数据库：

（1）有关法定意外保险载体的德国材料数据库（因特网>GESTIS）；

（2）化学工业同业工伤事故保险联合会的危险物质信息系统（因特网>GISCHEM）；

（3）国际化学安全卡（因特网>ISCS）。

关于各种材料的详细信息，如氢氟酸、苦味酸、高氯酸等包括在由生产商/供应商准备好的安全数据页中。

用危险物质工作时的国家规范：

防护危险物质的规定–GEFSTOFFV。

危险物质的技术规则：

TRGS 400　从事与危险物质有关的工作时的危险评估；

TRGS 500　保护措施；

TRGS 900　工作场所的极限值。

同业工伤事故保险联合会的信息：

BGI 850-0 "在实验室中的安全工作"；

BGI 850-1 "实验室中的危险评估"。

9.3 引言

金相学的任务是定量和定性地描述金属材料的组织。为此须借助于显微镜成像的方法来研究所有存在于材料中的组织成分的类型、数量、大小、形式、局部分布、定向关系。

全面地描述组织特征的目的是为在材料的化学成分、其之前的工艺情况（生成，后处理）和组织形态之间建立关系。在这样的基础上推导出、解释和优化材料性能。

金属材料可以包括匀质的（单相的）组织成分和不均匀的（组合的、多相的）组织成分。这多半取决于晶粒（粒度）的形状。

铁材料可以具有如铁素体、奥氏体、渗碳体、石墨或马氏体作为匀质的组织成分，而珠光体、莱氏体或亚磷酸盐–共晶体则是由多相组成的组织成分。

同样，如位错、晶界或相界、析出、夹杂物、孔隙和裂纹缺陷则属于组织缺陷。有时，最高放大1000倍的光学显微分析方法不足以将这些缺陷清晰地成像。在这样的情况下就要使用放大倍率更高的并因此具有更高分辨率的电子显微镜。

9.4　试样制备

（1）磨片的制备。金属材料是不透明的，也就是说入射的可见光波是不能透射通过的。因此，只能以反射光线的形式在光学显微镜上分析组织。

反差是基于各种组织成分的反射率不同形成的，如通过光吸收或表面粗糙度之差形成。当存在的反射差至少为10%时，方能成功地进行清晰的区分。

因此，用光学显微镜进行组织分析时要求磨片表面制作精良。在试样制备时（取样、标签和嵌入）首先须将磨片表面平整和磨光（多级打磨和抛光）。为使组织更为清晰，往往需要更加强化试样的反差。

（2）试样制备。取样是根据分析的目的而定，或者是系统性的，如在质量检验时，或者是有针对性的；在阐明损伤情况时，须一再考虑到试样位置（纵向磨片、横向磨片或平面磨片或确切地说明是构件的边缘还是构件的中间）。在分析损伤情况时建议在取样前对构件完成低倍照相（图1）。

甚至在取样时就已经存在组织失真的危险！因此，在将试样从构件中分离时必须注意到应最大程度地避免热量的引入、附加变形和不希望发生的化学反应。

这意味着在采用机械切割方法时必须将试样充分地冷却，这要求选择缓慢的切割速度，并且切割刀具的成分和硬度必须与待切割的材料相匹配。

此外，还可用电化学和电腐蚀方法或水射流切割方法，能起到特别的保护作用。

在分离后通常须清洁和标识试样（图1）。

在打磨和抛光前往往须将试样嵌入。镶嵌的原因可以是多样化的，如在（半）自动制备时为得到与能用手掌握住的同样大小的试样，为了保护敏感的、多孔的试样或为了能制作边缘锐利的试样。

极为普遍是用自然时效的合成物作为镶嵌料，或在热镶嵌的情况下，在升高的温度和提高的压力下有待加工的合成物颗粒。在镶嵌时必须避免组织失真，或者说镶嵌方法和镶嵌料必须在化学成分、加工和硬度方面与制备的试样匹配。

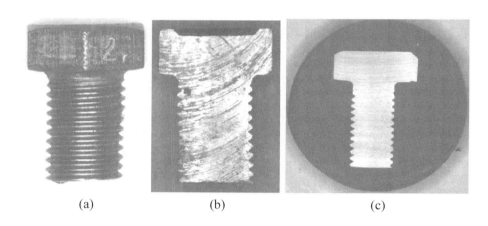

(a)　　　　　　　　　(b)　　　　　　　　　(c)

图1　以不同的钢制螺栓为例准备的试样

（a）标识试样的低倍照相；（b）试样表面有粗分割痕迹的
低倍照相；（c）镶嵌试样的低倍照相

在图1中以不同的钢制螺栓为例说明了试样后续准备的阶段。

（3）平整和磨光。在分离后试样表面具有暂且将真实组织覆盖住的加工层（贝比层-金属摩擦时所引起的原子晶格形变层）。因此，为了最大程度地去除加工层，必须分几级进行打磨和抛光（图2）。

通常用SiC砂纸进行打磨。对于特别硬的试样则采用金刚石砂纸。手动或（半）自动地用一次比一次细的颗粒在水冷却下进行打磨，直至在整个试样表面上粗糙的分割痕迹被磨掉或形成均匀的结构（只允许存在较细的刮擦迹象）。在手工制备试样时建议在每次用新的磨粒打磨时将试样转动90°。

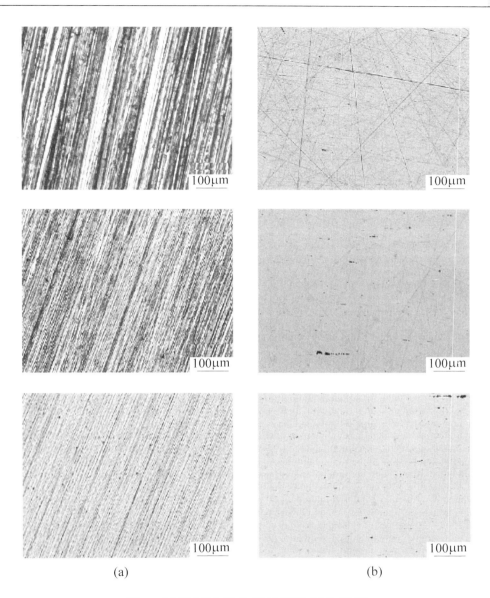

(a)　　　　　　　　　　　　　　　(b)

图2　以钢制试样为例的磨片制作进程
（a）由上而下：用SiC砂纸P80－P600－P1200多级打磨；
（b）由上而下：用6μm-3μm-1μm的金刚砂悬浮液多级抛光

　　抛光也是用一次比一次细的颗粒手动或（半）自动进行。与打磨不同，抛光时膏状或悬浮液状的研磨剂多数是被涂在较软的织物衬垫物上。因为磨粒不会被结合在衬垫上，在多级抛光过程中会生成非常精细的被磨平的、近乎无刮痕的磨片表面。如果是用手来抛光,那么试样打圈地在抛光布料上运动。细金刚砂颗粒或各种超细氧化物(Al_2O_3、SiO_2、MgO或Cr_2O_3)可以作为磨料来使用。商业上通用的润滑剂、乙醇-乙二醇混合物或在氧化抛光的情况下也用去离子水作为冷却剂。

(4)对特殊用途除了机械打磨和抛光外,也可以考虑其他的试样制备方法。这样就可将具有不同硬度成分的复合材料进行研磨后进行抛光。喷在硬质研磨板上可自由运动的磨粒可打造出一个边缘特别清晰的磨片标本。

如果必须制备出没有变形的的磨片表面(如用EBSD(电子背散射衍射分析技术)进行颗粒结构定向研究),则化学的或电化学的抛光是适得其所的。磨蚀是通过在材料表面上的(电)化学溶解过程实现的。这种方法特别适用于软的、单相的和颗粒不是太粗的金属材料。

对较软的材料为能制作出尽可能无刮痕的磨片表面,还有一种组合方法,如电刮擦抛光也很适用[1]。

磨片制作方式的选择和具体的制作进程取决于制备目的和有待制作磨片的材料。如此,所采用的砂纸、研磨膏、研磨盘和抛光布料就会在很大程度上影响磨片质量和磨片制作时所耗费的时间。

关于如何确定一种合适的磨片制作策略可以参阅参考文献,文献中根据材料不同汇总了各种制作建议。关于定向问题如丹麦Struers公司[4]的金相指南和美国Buehler公司[5]的SumMet都是适用的。还有在各种因特网论坛中,如在柏林Lette协会[6]的金相论坛和DGM(德国冶金学会)论坛[7]或网页www.metallograph.de[8]上可查到不同材料磨片制作的信息。

但是应该注意到,所建议的现场制备步骤必须与实际须加分析的试样相适应。

9.5　显微组织反差

组织的显影

早在抛光的阶段往往就有必要将磨片表面在光学显微镜上成像。此时能特别清晰地辨认的首先是在浸蚀剂作用下还没有失真的裂纹、细孔或缩孔。如果是灰铸铁时，甚至非金属夹杂物、片状石墨或球墨在经抛光的磨片上由于其本色特别明显地从基体上显露出来。因此能用图像分析的方法很好地进行定量分析。

图3表示待分析材料的基体组织往往在对照后方能辨别出。为此在最简单的情况下将试样彻底清洁后浸入在合适的浸蚀剂中腐蚀。此时在较小的范围内出现想要达到的腐蚀破坏，它将不同定向颗粒之间、不同组织成分之间或晶粒和晶界之间在反射率方面的差别放大。

在浸入腐蚀时浸蚀剂与试样表面的反应可能是迥然不同的。图4表示了具有单相组织的材料的几个例子。

多相材料至少包括两种组织成分，它们鉴于浸蚀剂的溶解能力以不同的速度受到侵蚀。

在浸入腐蚀时腐蚀条件（浸蚀剂的成分、温度、作用时间、试样的预处理、浸渍池中的运动）必须与实际待分析的材料和浸渍目的相配合。此处也应该提到众多的浸蚀剂配方，这些可以在参考文献中查到[1, 5, 7~10]。

表1中汇总了铁材料的一些例子。在表1以及表2~表4中给出了浸蚀剂及其目前适用的化学试剂名称。

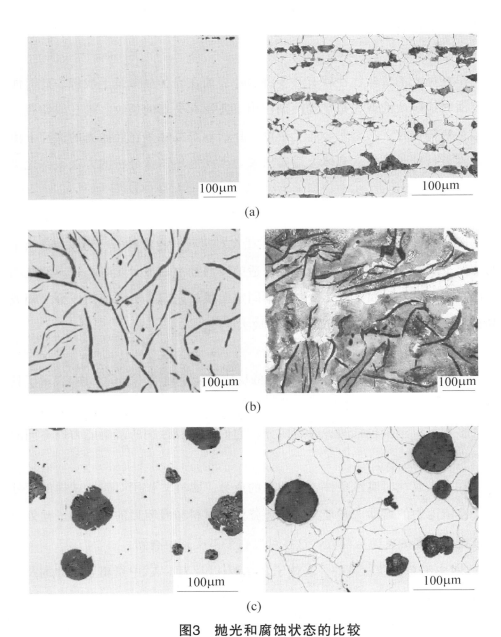

(a)

(b)

(c)

图3 抛光和腐蚀状态的比较

（a）钢；（b）灰铸铁；（c）球墨铸铁

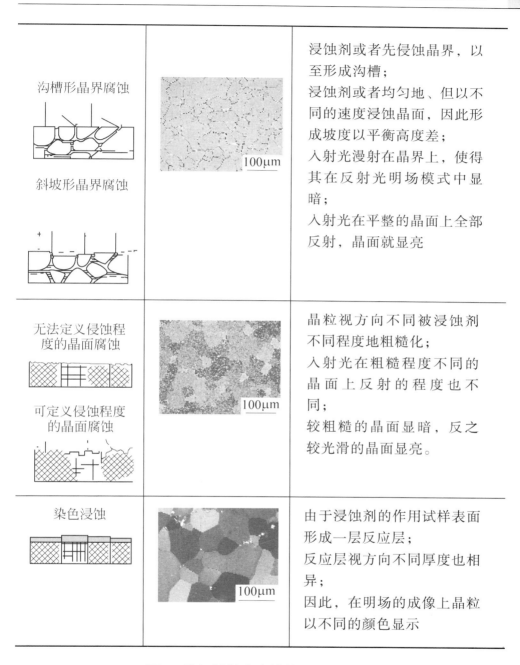

沟槽形晶界腐蚀 斜坡形晶界腐蚀		浸蚀剂或者先侵蚀晶界，以至形成沟槽； 浸蚀剂或者均匀地、但以不同的速度浸蚀晶面，因此形成坡度以平衡高度差； 入射光漫射在晶界上，使得其在反射光明场模式中显暗； 入射光在平整的晶面上全部反射，晶面就显亮
无法定义侵蚀程度的晶面腐蚀 可定义侵蚀程度的晶面腐蚀		晶粒视方向不同被浸蚀剂不同程度地粗糙化； 入射光在粗糙程度不同的晶面上反射的程度也不同； 较粗糙的晶面显暗，反之较光滑的晶面显亮。
染色浸蚀		由于浸蚀剂的作用试样表面形成一层反应层； 反应层视方向不同厚度也相异； 因此，在明场的成像上晶粒以不同的颜色显示

图4　单相材料在腐蚀作用下的形态

表1　铁材料选用的浸蚀剂

材料类别	浸蚀剂的成分条件	作　用
非合金钢，铸铁	Nital试剂：97%乙醇，3mL HNO365%在室温下数秒，必要时冷却	铁素体，未侵蚀的渗碳体（白色），有晶界的铁素体；珠光体（灰褐色染色），片状；石墨未被侵蚀（黑色）
铬合金钢	WII：60mLHCl32%，在50mL H_2O 中16g $FeCl_3$，在50mL H_2O 中9g NH_4SO_4，在室温下数秒	显微侵蚀
奥氏体Cr–Ni钢	V_2A-腐蚀剂：100mL H_2O，100mL HCl32%，100mL HNO365%，0.3mL Vogels阻蚀剂，在50℃时数秒直至数分钟	显微侵蚀，晶界腐蚀
初生组织	Jurich：10mL H_2SO_4 浓缩物，约1g H_3BO_3 结晶在室温下20s，抛光，然后交替腐蚀和抛光，直至可清晰地识别树枝状晶	初生树枝状晶（亮），基体（暗）
共晶团	Klemm浸蚀剂 50mL硫酸钠，低温饱和，2g二硫化钾在室温下20s~1min，决定于P和S的含量	磷化物共晶（亮）、基体（暗），也可将渗碳体和奥氏体（亮）与铁素体、贝氏体、马氏体（暗）区分
验证网状磷化物	100mL H_2O 馏出物，10g过氧化硫酸胺；在室温下45s，溶液可保存3周	磷化物共晶（亮）、基体（黑色）
验证在铸铁中的斯氏体（Fe–Fe_3C–Fe_3P）	Murakami试剂：100mL H_2O，10g KOH或NaOH，10g六氰络铁酸钾（Ⅲ）在20至50℃下2~20min，用新配制的溶液	铁素体未侵蚀Fe_3P（暗），Fe_3C（未染色）；（Fe，Cr）3C（稍暗）；也证实在高合金钢中碳化物，σ相和δ铁素体
验证渗碳体	75mL H_2O，25g NaOH，然后添加2g苦味酸，在50~60℃，3s~10min，用新鲜调制的溶液	渗碳体（带褐色至黑色）；铁素体，碳化铬，磷化物共晶（没有侵蚀）

这里说的宏观浸蚀剂多数是浓缩的并起到能明显看清楚宏观组织的作用或在较大范围内提供试样组织的信息。这些用肉眼或低倍率放大时就可辨认。与此不同，侵入作用温和的显微浸蚀剂以显微比例进行组织分析。从图5可以很清楚地看到宏观浸蚀剂与显微浸蚀剂作用的区别。

(a)   (b)

图5 宏观组织腐蚀和显微组织腐蚀的对比[3]

（a）一个铝铸件试样的宏观组织；
（b）AlSi12在铸态下的显微组织腐蚀

表2列举了一些用于铝材料的浸蚀剂[1,5,7~10]。在参考文献中有很多用于铝材料的含有氟氢酸的浸蚀剂，但鉴于其特殊的侵蚀性和毒性要求专业地特别小心地对待并且要求特别彻底的清洗试样在流水下冲洗20min！因此建议，尽可能不用或只有在特殊情况下方可使用这种浸蚀剂并且在使用前要全面地了解到与氟氢酸相关的信息。

使用苦味酸时也要求特别小心，苦味酸用来验证在铸铁和钢中渗碳体的存在（表1），有爆炸危险！类似的情况也适用于高氯酸，高氯酸往往包含在用于电化学抛光和电化学腐蚀的电解液中。因此，特别建议放弃使用这类化学剂或在特殊情况下使用时须小心操作。见劳动保护和环境保护的提示。

表2 铝材料选用的浸蚀剂

材料类别	浸蚀剂的成分条件	作 用
纯铝和铝合金	100mL H_2O，100mL HNO_3 65%，25mL HCl 32%，纯铝在室温下最长5min，合金在室温下最长30min	宏观腐蚀，使用新配制的溶液
铝和大多数的铝合金	100mL H_2O，25g NaOH，1g $ZnCl$，在室温下数秒至数分钟	用1~2gNaOH显微腐蚀，没有氯化锌也可应用
铝-硅和铝-铜合金	60mL H_2O，10g NaOH，5g六氰络铁酸钾（Ⅲ），在室温下2min	晶界，析出
验证在铸造合金，焊缝中的偏析	Weck浸蚀剂：100mL H_2O，40°C；4g高锰酸钾；1gNaOH，7~20s，不能淬火的合金最多至45s	彩色腐蚀，新配制初液在30min后可使用，只有数小时的作用

表3包括了铜材料用浸蚀剂的几种选择可能。除了浸入腐蚀外还可应用腐蚀抛光，尤其适用于纯铜[1,5,7~10]。此时将浸蚀剂一滴一滴地滴在对化学剂稳定的抛光布料上，这样在最后一步抛光步骤时就已经可显示出组织。

表4汇总了各种非铁金属及其合金用的一些精选的腐蚀剂配方[1,5,7~10]。为镍、锌、铅和镁指定的浸蚀剂是比较容易操作的。

有关钛和钛合金的参考文献中却几乎只提到含氢氟酸的浸蚀剂。因此将一种经常使用的浸蚀剂配方列在表4中。但这里最好还是应再次指出要特别小心地对待氢氟酸。见劳动保护和环境保护的相关指示。

表4列出了两种用来显影钛组织的不含氢氟酸的配方，其适用性有待在具体情况下检验。

此外，纯钛的组织在没有变形地制备试样后在抛光状态下就可以通过偏振光反差用光学显微镜清晰可见。非立方体的物质因此也指最紧密排列的六

表3　铜材料精选的浸蚀剂

材料类别	浸蚀剂的成分条件	作　用
纯铜	30mL H_2O蒸馏，70mL HNO_3浓缩，几滴硝酸银溶液，在室温下10~60s	宏观腐蚀（晶面腐蚀）
铜、青铜	50mL H_2O，50mL饱和的氨溶液，20~50mL H_2O_3溶液，3%，在室温下10~30s溶液新鲜调制	宏观腐蚀，在弱腐蚀时也适用于显微分析
铜、黄铜、青铜	120mL乙醇，30mL HCl 32%，10g三价氯化铁 在室温下5~10s	显微腐蚀，酸浸抛光-晶界腐蚀，浸入腐蚀-晶面腐蚀

角结晶钛（具有各向异性的光学特性）并因此引起入射光在偏振状态下的改变。由此在偏振光中的偏振面交叉时非立方体的物质变亮。利用一块 λ 板使不同定向的钛晶粒显得好像类似于晶面腐蚀或以不同色调的彩色腐蚀后一样。

在正常的炉内气氛下在500~540°C的温度时热蚀（染）也适用于使纯钛和 α－β 钛合金的组织显影。试样在一块金属底板或一块湿布上加速冷却后 α 相在明场上呈蓝色，而 β 相与此不同呈淡黄色[9]。

对钛这种金属可很清楚地看出，除了浸入腐蚀和腐蚀抛光外还存在其他可能性，使抛光的磨片表面组织产生反差。这里值得一提的首先是电化学腐蚀或恒定电位下腐蚀，其作用通过施加外加电压产生或加强。在恒定电位下腐蚀时外加电压在腐蚀的整个期间都保持恒定。

此外还有物理反差方法，如热腐蚀、离子束腐蚀以及适用用于使组织显影的干扰层涂层的方法。当试样用化学方法或电化学方法难以腐蚀时，总是考虑采用这种方法[1,2,9]。

表4　镍、钛、锌、铅和镁选用的浸蚀剂

	材料类别	浸蚀剂的成分 条件	作用
镍和镍合金	镍和镍基合金，镍铜合金和镍铬铁合金，在超级耐高温合金中晶粒大小的确定	50mL H_2O，50mL乙醇98%，50mL HCl 32%，10g硫酸铜(Ⅱ)，在室温下数秒至数分钟	宏观腐蚀
	镍铬合金和镍铁铬合金（因科合金），还有镍铌合金，镍钽合金，镍硅合金，镍金合金和镍钴铬合金	20~30mL H_2O，0~20mL $HNO_3$65%，20mL HCl 32%，10mL H_2O_2 3%在室温下2min，新鲜调制	宏观腐蚀
	纯镍，超级耐高温合金，镍铜合金和镍铁合金	50mL H_2O，10g硫酸铜，50mL HCl32%，在室温下5~10s	显微腐蚀
	γ 相超级耐高温合金，碳化物，晶界	100mL HCl 32%，2~4mL H_2O_2 3%或0.4~1g过氧化钠，在室温下10~50s，新鲜调制	显微腐蚀
钛和钛合金	钛合金	50mL H_2O，50mL HCl 32%，在室温下数秒至数分钟	宏观腐蚀，区分 α 和 β 相钛
	含锡的钛合金	10mL H_2O，10g NaOH，5mL H_2O_2 3%，新鲜调制	显微腐蚀
	钛和钛合金，钛锰合金和钛钒铬铝合金	85~96mL H_2O、2~10mL HF 0%、2~5mL HNO_3 65%，在室温下3~20s	显微腐蚀，晶界腐蚀
	锌，铅	3%乙醇HNO_3，在室温下约10s	显微腐蚀
	镁	1%乙醇HNO_3，在室温下约10s	显微腐蚀

9.6 显微组织检验

光学显微镜的显微组织检验

在成功地进行组织对比后在光学显微镜上对磨片试样作组织检验。此时将有待检验的目标通过一个透镜系统多级放大。总放大倍数是物镜放大和目镜放大之积。

在进行光学显微镜检验时通常采用最高为1000:1的倍率。如果采用涂在磨片表面和物镜之间的浸渍油可以最高放大至1500:1倍。可区分的最小的目标大小（横向分辨率）是由光的波长和所用物镜的数值孔径决定的。该横向分辨率在0.2~0.5μm范围内。

如果要使较小的物体清晰可分辨，则要求对断口面做形貌摄影或者需要关于试样局部化学成分的补充信息，这就要考虑采用扫描电子显微法（REM）或透射电子显微镜法（TEM）。

在光学显微镜中金相磨片通过反射光线方法来观察，因为试样对可见光是不透明的。图6以钛铝钒合金金相组织图为例表示了四种最常用的检验金相组织的显微技术。

图7较为详尽地阐述了图6所表示的光学显微镜操作技术的作用机理。

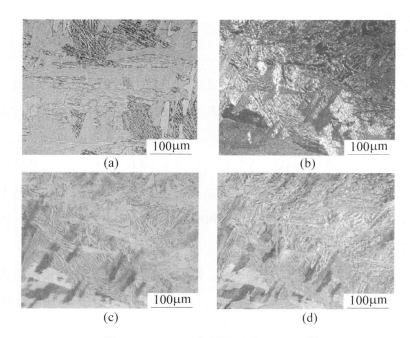

图6　TiAl6V4试样的金相组织图[3]

（a）明场-成像（HF）；（b）暗场-成像（DF）；（c）在偏振
光中成像（POL）；（d）微分干涉条纹对比（DIC）

明场–成像（HF） 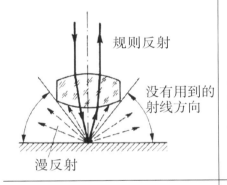	标准方法； 入射光透过物镜进入并垂直地聚合在试样表面上； 规则反射到光滑、与光入射垂直的表面区域，该区域显示亮色； 斜置的或粗糙的区域仍是暗的，因为光是漫射的
暗场–成像（DF） 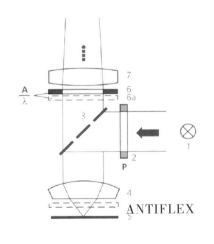	特殊方法： 适用于评价磨片质量或验证在暗场成像中石榴红色闪亮的一价氧化铜； 入射光斜向入射到试样表面； 规则反射在粗糙或斜置的表面区域，显示亮色； 因为漫射的原因平坦的区域仍是暗的
偏振光中成像（POL）	特殊方法： 适用于试样制备的检验或验证非立方体物质； 入射光垂直地聚合在试样表面（5）上，但在这之前先通过起偏振镜（2）； 非立方体（光学上是各向异性的）的组织成分改变了光的偏振状态，反射光通过物镜（4）并部分地通过检偏振器镜（6）透射； 这样使非立方体物质发光，立方体区域与此相比发暗

微分干涉条纹对比（DIC）

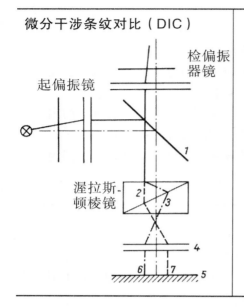

起偏振镜

检偏振器镜

渥拉斯顿棱镜

特殊方法：

适用于在试样表面上小高度差的显形

入射的偏振光通过渥拉斯顿棱镜（2，3）被分两束偏移地到达试样表面（5）的分光束，它们被反射并从物镜（4）到达渥拉斯顿棱镜（2，3）；

从平面反射的分光束在渥拉斯顿棱镜中会聚，不产生干涉；

粗糙的试样区域引起在两个分光束之间的光程差，因此在渥拉斯顿棱镜中分光束不可能会聚，这样就显示出形貌

图7　选用的光学显微镜检验方法的作用原理[1,2,11]

通常，在光学显微镜上的对金相组织观察后就进行录像、图像文件化处理和图像存档。因为大多数显微镜装备有高分辨率的数码相机，这就有可能使用合适的软件以各种不同的存储形式创建图像文件。

图像的标注尺寸大多数自动地取决于放大倍率、照相机的分辨率和摄取的图像的剪裁尺寸。相应地进行校准是必要的先决条件。

如果图像文件以tif或jpg-2000的格式来存储，则有可能给金相组织照片配上各种附加信息，如制作者、材料、处理状态等，这就便于在数据库中的存档。

组织的定量分析

在金相组织检验范围内另一个重要的工作领域是借助于图像分析方法确定组织的参数。最常见的应用范围是在质量保证和质量控制部门的组织定量

化以及与材料和方法有关的组织性能关系的建模和模拟。定量方法的选择在以下几节中介绍。

金相组织定量分析的目的是通过合适的测量方法在平面磨片上求得在试验体积中包含的组织成分的体积分数含量V_V。此外，该分析还提供了有关量值、形貌和组织成分在材料中的分布的统计学上有保障的结论。这些可以通过界面单位密度S_V和每个体积单位M_V的平均曲率的积分来给出[1,2,12,13]。在试验体积中颗粒的数量N_V只有在很少的情况下利用光学显微镜组织检验来测定。

立体逻辑基本方程式表明，在多相材料中组织成分的体积分数含量可从平面磨片中通过点分析、线分析和面分析推导出。对此有下式：

$$V_V = A_A = L_L = P_P$$

在点分析时，与试验体积的一个相的体积（V/V_T）是由该相的测定点数量除以一个点形光栅测定点的总数（P/P_T）产生。在线分析时，一个相的体积分数含量是由该相全部弦长之和除以试验总长度（L/L_T）得出。在面积分析时，一个相的体积分数含量是由该相的面积分量除以试验总面积（A/A_T）得出。

图8以一块球墨铸铁试样（GJS）为例汇总了金相组织定量分析包括点分析、线分析和面积分析的基本方法。金相组织特征参数的求算更多地是利用一种合适的图像分析软件在已经存在的图像文件中进行。然后，只有在分析了足够数量的测量范围后方能得到测量结果统计学上的保障。为此在点分析时每个试样至少引用500个测量点，而在线分析时则至少引用500根弦。

只有在快速、简单地对V_V进行定量化时应用点分析方才有优势。尤其是当磨片质量与理想状态有差异或只有当组织图像反差不明显时才宁可采用这种方法，因为测量点相对简便且可以人工计数。但是点分析只提供材料中各个金相组织成分体积分数含量的说明。

　　与点分析相比，借助于面分析或线分析可以自动地统计评价组织图。这里，相的检测是通过一个预先规定的合适的灰度值阈进行。当然要以制备精良的、富有反差并以均匀的照度摄制的数码金相组织图像为先决条件。在某些情况下测量时图像的质量通过不同的加工功能如通过腐蚀、膨胀或清理得以提高，但这在个别情况下是相当费时的。往往有这样的建议，在测量或统计评定前再次严格地审视自动相检测的结果并在必要时人工纠正。

　　除了组织成分外，面分析和线分析还提供有关晶粒大小、粒度分布和晶粒形状的信息。图8已经说明了计算各相的体积分数含量以及确定平均线晶粒度的基本方程式。此外，在文献中还可查知组织特性的其他参数，表5汇总了一些例子。

点分析(PA) 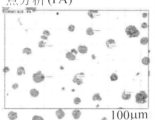 100μm	适用于确定在基体组织中第二相的体积分数含量。 测量原理：通过组织图设置了定义的点网格，网格点与相的对应关系可人工或自动确定。 测量结果：α 和 β 相在组织中的体积分数含量： $V_v(\alpha) = P_P(\alpha) = P(\alpha)/P_T$ $V_v(\beta) = P_P(\beta) = 1 - P_P(\alpha) = P(\beta)/P_T$
线分析(LA)  100μm	适用于确定各相的平均线晶粒度和粒度分布，此外还确定在基体组织中第二相的体积分数含量。 测量原理：通过组织图设置了定义的测量线，据此标识测量线与晶界和相界的交叉点，并与相对应自动确定弦长，分类，总和。 测量结果：α和β相在组织中的体积分数含量： $$V_v(\alpha) = L_L(\alpha) = \Sigma L(\alpha) L_T$$ $$V_v(\beta) = L_L(\beta) = \Sigma L(\beta)/L_T$$ 在组织中α和 β 相的平均弦长 以及$L(\alpha) = \Sigma L(\alpha)/N_L(\alpha)$ sowie$L(\beta) =$ $$\Sigma L(\beta)/N_L(\beta)$$ 式中，N_L是总长上的弦数，其他参数包括在表5中
面分析(FA) 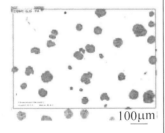 100μm	适用于确定在基体组织中第二相的体积分数含量，此外提供有关相的形态、大小和分配。 测量原理：在组织图上灰度值分析，接着通过在灰度值分布中适合的阈值（临界下限值）的确定进行相检测，之后根据选出的灰度值阈值使测量范围中的检测面积与相自动对应。 测量结果： α 和 β 相在组织中的体积分数含量： $$V_v(\alpha) = A_A(\alpha) = \Sigma_A(\alpha)/A_T$$ $$V_v(\beta) = A_A(\beta) = \Sigma_A(\beta)/A_T$$ 其他参数包括在表5中

图8 对GJS定量组织检验选用的测量方法[1~3,,12,13]

表5 其他组织参数一览表[1,2,12,13]

被测量参数的名称/方法	组织参数的计算方程式
线分析 平均弦长，平均线晶粒度，还有Heynsche晶粒度	$L(\alpha)=SL(\alpha)/N_L(\alpha)$ $\dot{L}(\alpha)=L_T V_v(\alpha)/N_L(\alpha)=4V_v(\alpha)/S_v(\alpha)$ $\dot{L}=4/S_v=L_T/N_T=SL/N_L$
弦长分位点之比	$L(\alpha)_{95}/L(\alpha)_{50}$ （晶粒度的均匀性）
晶粒长大	$L(\alpha)^1/L(\alpha)^{\wedge}$
单位晶界面积	$S_V^{KG}=2N^{KG}/L_T$ 对于单相（均一）组织
晶界面密度	$S_V^G=S_V^{KG}+S_V^{PG}$ 对于多相（不均匀）组织 式中 S_V^{KG} 为单位晶界面积； S_V^{PG} 为单位相界面积； $S_V^G=$（$2N^{KG}/L$）+（$2N^{PG}/L$）除以相体积； $S_V^G=$（$2N^{KG}/L_T$）+（$2N^{PG}/L_T$）除以试验总体积
同时发生	$C=2S_V^{KG}/S_V^O=2S_V^{KG}/(2S_V^{KG}+S_V^{PG})=2N^{KG}/(2N^{KG}+N^{PG})$ （晶核形成程度是作为相空间排列的一个标准）
定向因数	$O=(N/L^{\wedge}-N/L^1)/N(L^{\wedge}+0.273N/L^1)$ 式中 $L^{\wedge}$——相垂直弦长之和； L^1——相水平弦长之和； N——相的总弦长度
面分析 平均晶粒截面大小也称为Jeffries-晶粒尺寸	$A=S_A/V_A=2P/M_v$ 式中，V_A 为所有位于 A_T 以内的晶粒数+0.67×对圆面积为相切晶粒数或+对矩形面为+0.5×相切晶粒数
单位线长度	$L_A=$ 界面线的总长/A_T
单位界面	$S_V=4L_A/\pi$
每个体积单位平均曲率的积分	$M_v=2pN_A$
线分析和面分析的组合	
形状因子	$F=2(N^{KG})^2A_T/3PN_A L_T L$ （对于单相材料按照 $L=L_T$）

线分析是确定晶粒度的最精确的方法。平均线晶粒度在参考文献中也称为平均弦长或Heynsche晶粒度，是建立在立体逻辑参数的基础上的[1,2,12,13]。线分析是唯一可将平面磨片的研究结果传递到材料体积中的组织上的测量方法。

如果各个组织成分的测量弦被分类到规定粒度等级中，则可以推导出有关晶粒度分布的结论。根据在各个粒度等级中的弦数与全部测量弦的总数相关，可以制订粒度分布曲线图。通过这样的方式例如借助于分位点比例L95/L50可评价在所分析检验的组织中的晶粒度的均匀性。这在图9中在一个GJS试样上作为对线分析的例子来表示。

在参考文献中还列出了其他的，部分是较老的测定晶粒度的方法[1,2,12,13]。借助于面分析可以确定平均晶粒截（切割）面，也称为Jeffries-平均晶粒度，在单相各向同性组织中它们甚至可以换算成一种平均弦长（表5）。

同样也可以通过标准结构确定晶粒度。此时在放大规定的倍率时将实际存在的组织与标准图像相比较。这就允许对均匀生成的多面体组织迅速地按用晶粒度编号标记的粒度类型来分类。标准结构也适于应用在表述那些显示出不规则成形的、难以识别或组织成分的分量很少的材料状态的特性。除了颗粒（质点）大小外，标准结构也能就材料中的组织成分的形态和分布做出论断。最常见的应用领域是质量保证部门，如在分析钢材和铸铁中各种非金属夹杂物或在描述灰铸铁中石墨生成的特性时。

线分析的结果：

试样： 处理：	Demo GJS 腐蚀确定铁素体晶粒度				
测量条件 放大 校准系数 线距（μm）	1MF 水平				

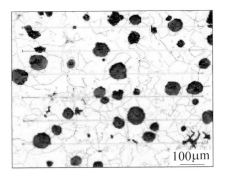

100μm

等级编号	等级下限	等级上限	在等级中的弦数	SH绝对	H相对	SH相对
1	0	0.5	0	0	0	0
2	0.5	0.67	0	0	0	0
3	0.67	0.89	0	0	0	0
4	0.89	1.19	0	0	0	0
5	1.19	1.58	0	0	0	0
6	1.58	2.11	0	0	0	0
7	2.11	2.81	0	0	0	0
8	2.81	3.75	0	0	0	0
9	3.75	5.00	3	3	2	2
10	5.00	6.67	5	8	4	6
11	6.67	8.89	7	15	5	11
12	8.89	11.9	11	26	8	19
13	11.9	15.8	18	44	13	31
14	15.8	21.1	17	61	12	44
15	21.1	28.1	18	79	13	56
16	28.1	37.5	21	100	15	71
17	37.5	50.0	15	115	11	82
18	50.0	66.7	17	132	12	94
19	66.7	88.9	7	139	5	99
20	88.9	119	1	140	1	100
21	119	158	0	140	0	100
22	158	211	0	140	0	100
23	211	281	0	140	0	100
24	281	375	0	140	0	100
25	375	500	0	140	0	100
总和			140		100	

铁素体基体的平均线晶粒度

弦数	140	
最小值	3.92	μm
最大值	102.94	μm
平均线晶粒度	29.34	μm
Stabw	19.70	μm

铁素体基体的弦长分位点

d_S	5.88	μm
d_{SD}	24.77	μm
d_{SS}	67.76	μm
d_{SS}/d_{SD}	2.74	

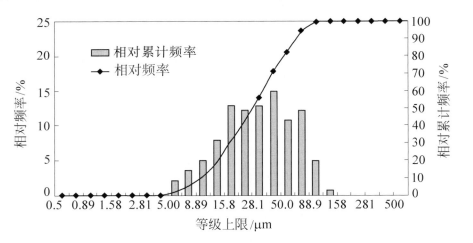

图9　以一个GJS试样为例通过线分析测定的晶粒度分布

用标准结构工作已经经常可以在计算机上进行。如果将自动相检测与合适的图像分析软件结合在一起，那么能迅速简便地得到所希望的关于晶粒度、晶粒形状和晶粒分布的结论。图10和图11以屏幕截图的形式表示球墨铸铁（GJS）和灰铸铁（GJL）试样金相组织的定量评价。可以辨认出，在抛光的磨片中石墨很清楚地从基体显露突出。这样就可以借助于灰度值分析很好地进行检测。现在标记的面积可以自动地测量、计数、相加并此外可在尺寸等级和形状等级中分类。除了平均晶粒面外也还对测量面积说明了尺寸分布。此外，通过与标准结构的数据库进行比较还可以将所分析的试样自动地分类成标准化的大小类型和形状类型。

在许多铸造组织中在凝固后存在有树枝状组织。在这样的情况下对组织特性的定量描述所起的作用是当放大倍率较低时检测晶格的生成并用数字表示来统计在显微图像中的枝状晶的生成。图12以镍基合金IN738LC为例表示单位晶格。

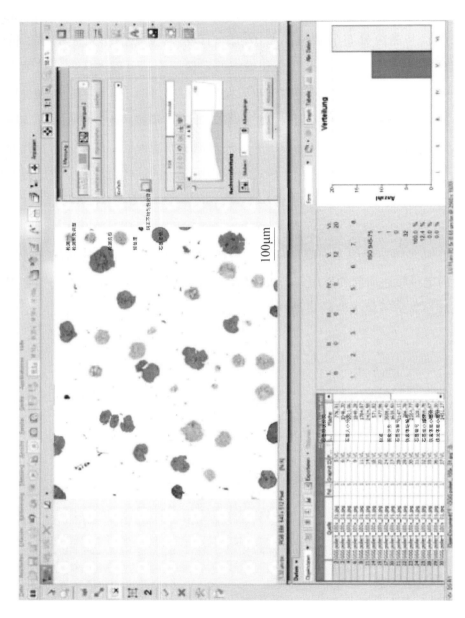

图10　借助于面分析在一个GJS（球墨铸铁）
抛光试样上评价石墨生成

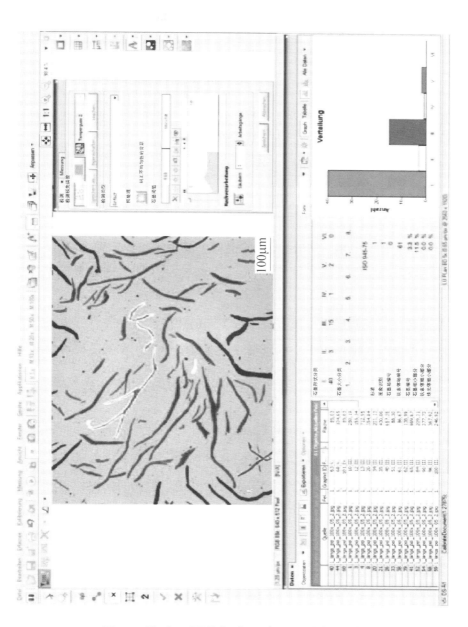

图11　借助于面分析在一个GJL（灰铸铁）
抛光试样上评价石墨生成

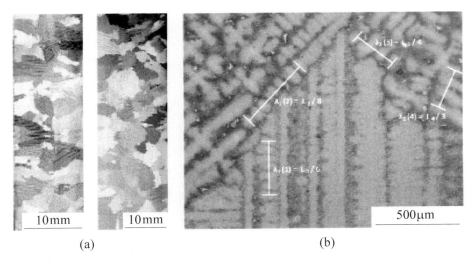

图12 在一个IN 738LC试样上的金相组织定量分析

（a）在宏观照片上的晶胞； （b）放大较大倍率时的枝晶

在图12中的宏观低倍率照片表示在不同的铸造试样中晶胞的生成。当测量线呈平行走向时，晶胞的大小可以很好地通过线分析，也就是说通过平均弦长来进行特征描述。

为了评价在铸造材料中的枝状晶生成往往引用枝状晶的平均晶间间隙。在此经常测量枝状晶的次生晶的间隙，它也被称为二次枝晶的晶间间隙。与此不同，对定向的和单晶凝固的合金则给出枝状晶主干的晶间间隙，它也被称作一次枝晶的晶间间隙。 在图12中表示了确定平均二次枝晶的晶间间隙的测量原理。与图8和图9中所示的传统的线分析不同，测量线不是彼此平行地走向的，而是根据显微金相照片中枝状晶的方向放入的。在本例中枝状晶的平均晶间间隙 λ_2 是由 λ_2（1）~λ_2（4）的平均值得出的。

现代的数字显微摄影体系和分析体系提供了更多的可能性，在灰度值分析的基础上进行自动化测量。

金相学中其他的试验方法

有许多其他被引用来描述金相组织特征的试验方法。这些方法尤其被用在当光学显微术的放大能力和分辨能力不足以清楚地表示细微的组织细节时，此时光学显微镜的焦深不允许得出有关表面形貌的结论或组织成分的识别须通过一些补充信息，如有关局部化学成分、结晶组织或组织成分的硬度的补充信息得到保障。下文将较为详细地介绍一些补充的方法。

建立在电子束基础上的显微分析法

建立在电子束基础上的显微分析法在金相学中得到广泛应用，这里指的是扫描电子显微法（REM）或透射电子显微镜法（TEM）。

图13表示了扫描电子显微镜的基本结构。可以看到试样用一束精确聚焦的、射束直径约为10nm的电子束来扫描。电子束的聚焦和偏转是通过一个多级的磁性透镜系统和一个后置的偏转单元来实现的。试样以多种多样的相互作用信号对入射原电子做出反应，这些信号通过合适的检测被记录下来并接着可以被利用来生成图像和用于补充信息。

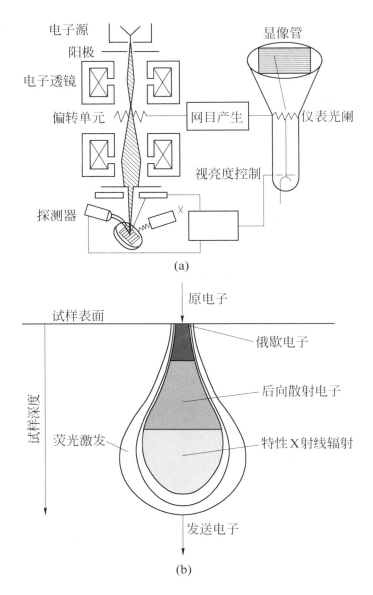

图13　扫描电子显微法（REM）的测量原理

（a）扫描电子显微法的结构原理示意图[14]；

（b）在试样和电子束之间的互相作用和与此有关的信息深度[15]

　　此外，图13还表示了试样通过电子束在一个规定的体积范围内被激发，该范围根据其形状被描述为激发梨形。该梨形根据原电子的加速电压、元素的序数和试样中所包括的相的密度有不同的大小。

　　在加速电压较低时形成较小的激发梨形，通过加速高电压则与此不同，可激发较大的试样体积。随着元素序数的提高，相互作用的体积变小，它可以偏离图13中表示的激发梨形，甚至只能形成一个半球形。通过所包括元素的密度来估计试样激发体积是很复杂的，只有与加速电压关联才有可能。

　　不同的相互作用信号来自激发梨形的不同区域并因此可被用于不同的试验目的，这一点很重要。表6 和表7包括最常用的建立在电子束基础上的测量方法与光学显微术相比较的正确信息。根据其作用原理及其效率进行排列。此外，本小节还总结了这些方法的应用范围和特点。

表6　显微分析的、建立在电子束基础上的试验方法一览表
（第一部分——试样形式，作用方式）

仪器	试样形式	作用方式
光学显微镜	各种形式的试样	两种透镜系统的组合
扫描电子显微镜（REM）	具有光滑或粗糙表面的导电的实心试样	电子束扫描状地在试样之上移动； 通过一个探测器系统和放大系统在图屏上以同步扫描成像
透射电子显微镜（TEM）	表面压痕； 载体薄膜上隔离的粒子； 变薄了的金属薄膜	透射模式中分辨率高于REM
波长或能量散射式分光仪（WDX或EDX），作为REM还有TEM-EDX的补充	具有光滑表面的导电的实心试样； EDX也可用于个别粒子或微型形貌，但不用于表面压痕	通过用高能量的电子轰击产生X射线辐射； 该辐射通过分光仪晶体和计数管（WDX）或一个半导体探测器（EDX）作频谱分析； 通过对每种化学元素特有的X射线辐射的判读分析可以定性定量地找出试样在显微范围内的成分
俄歇显微探头	具有光滑或微观粗糙表面的导电的实心试样； 薄层； 新鲜的断口面； 微电子学的半导体标本； 事先清洗过的表面（加热、溅射）	通过电子轰击电子从原子的内壳被击出； 空位被来自外壳中的电子填满； 自由能传递到俄歇电子上； 俄歇电子可以用原子中的特征能来测定

　　金相组织在扫描电子显微镜上成像可使用二次电子（SE）或后向散射电子（RE，英文为BSE）。其时二次电子非常适用于表示形貌，而后向散射电子则不同，它们可以显示化学成分中的区别。较轻的元素和化合物在BSE模型中显暗，而较重的元素和化合物则显亮。因此，当多相的组织中不同的试样范围应该被选用于后续的元素分析时，用后向散射电子成像特别适用。

　　当电子束入射时也会形成特性的，也就是元素特有的X射线辐射。X射线辐射可以是波长散射地（REM-WDX）或能量散射地（REM-EDX）被检测并被用来确定在微观范围内的局部化学成分（表6和表7）。但此时必须注意，实心试样统计分析的X射线信号源自一个大得多的试样体积，即源自激发梨形。该信号在其水平的扩张上约为聚焦电子束直径的100倍。尤其在对小颗粒或薄层进行试验时可能出现测量误差，因为那时当然还有周围基体影响到测量结果。因此，二相的纳米结晶材料根本无法用REM-EDX和REM-WDX来分析。如果相是可以识别的，则测量结果必须用其他的分析方法，如用X射线衍射计、用透射电子显微镜上的电子衍射分析或用显微硬度测量来提供担保。

　　俄歇电子显微镜方法就其空间分辨率而言可提供精确得多的结果。元素分析借助于只在最外面的表面层上形成的俄歇电子（AE）进行（表6和表7）。为此需要一台专门的AE俄歇电子显微镜。此外还须注意到在说明各个相的元素成分时，相对误差要大于在REM-EDX上试验时。

　　电子束是可以透射非常薄的（大多数指小于100nm厚度）的试样。因此，这种专门的和费时很多制作的试样的最小范围可以利用透射电子显微镜法（TEM）来表述特征。此时透射电子被探测并被用于图像成像、用于元素分析以及识别结晶组织。特性X射线（TEM-EDX）以及电子在通过试样时的元素特有的能量损失（TEM-FELS）提供了关于局部化学成分的信息。为鉴别结晶组织须对电子衍射反射进行统计分析。

表7 显微分析的、建立在电子束基础上的试验方法一览表
（第二部分——分辨率、放大倍率、检测极限）

仪器	横向分辨率	放大倍率	检测极限	备　　注
光学显微镜	≤280nm	≤1500		较小的焦深
扫描电子显微镜（REM）	10nm	≤100,个别视试样而定		较大的焦深
透射电子显微镜（TEM）	0.5~1nm	≤200		分析最小的夹杂物；也可以通过电子衍射测定结晶组织
波长分散型X射线分光仪或能量分散型X射线分光仪（WDX或EDX）作为对REM还有TEM-EDX的补充	1~3μm（见激发梨形）	同REM和TEM	在常规生产中0.1m%	从OZ=5（硼）起检测化学元素；WDX的光谱分辨率优于EDX；主要元素的相对误差约2%；对次要元素（约1%绝对）约20%；对示踪元素大于20%
俄歇分光仪作为对REM（AES）的补充	约10nm,不仅在SE-图像中也在AE图像中	≤100	在常规生产中0.5m%,当渗透深度最多为10个单层（约2nm）	分析范围500nm；可以在最上面的单层检测化学元素；对轻元素（除外H和He外,有良好的可检测性）；必须有超高真空

在 图14~图16中汇总了在金相学中利用扫描电子显微镜的一些例子。

图14（a）表示具有铁素体–珠光体基本组织的GJS球墨铸铁试样的细节拍摄照片[17]，图14（b）表示IN738LC制成的铸造试样的REM扫描电子显微镜图像。图像以SE拍摄，因此经过腐蚀的试样表面的粗糙处有良好的效果。

在灰铸铁中珠光体片状结构随着放大倍率的增加可更清楚地辨认。在本例中在放大20000:1倍时可确定渗碳体薄片的间隙。

图14（b）汇总了IN 738LC铸造试样的细节拍摄照片。这些照片说明了在各个枝晶以内的组织形态（参见图12）。在凝固的过程中从合金的镍–固溶体–基体（γ）中析出的细微的、略显深色的γ′相可很好地辨认。此外，右上图表示了一种在组织中的退化共晶体，它位于枝晶间范围内。右下图除了γ′析出和γ基体外，还可以看到一些比较大的、成形不正常的碳化物粒子。

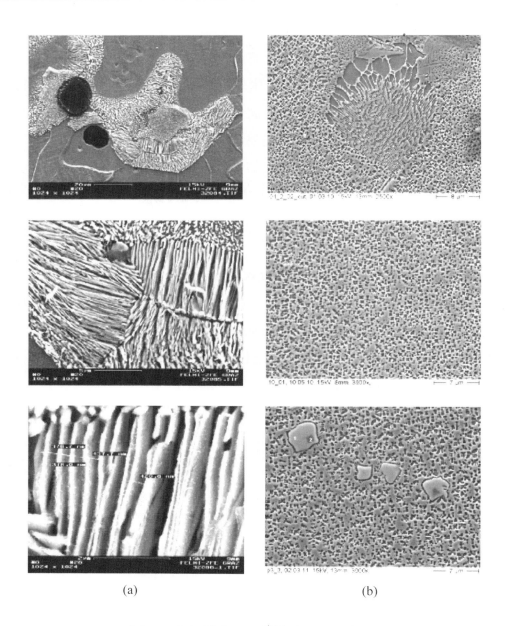

(a)   (b)

图14　在扫描电子显微镜中组织细节的分析

（a）具有铁素体–珠光体基本组织的GJS试样的放大系列[7]；

（b）在IN738LC合金中γ′析出和碳化物粒子[3]

在图15中将光学显微图像和REM-SE图像作了比较。这里分析了在不同的灰铸铁试样中的石墨生成。石墨首先借助于深度腐蚀被释放。此时所采用的酸，如10%乙醇的HNO_3或3份65%HNO_3和1份32%HCl的混合物分解周围的基体，而石墨分子被保留下来。

图15的左侧汇总了不同铸铁状态的光学显微图像。图像是在一个具有特殊焦深的数码显微镜上以150:1的放大倍率摄制的。总立体图是由各自调焦到不同景深范围的多个单张摄影合成（Z-Stapel-Modus）的。因此早在光学显微摄影中就形成了可以被用来评价石墨生成的三维空间的效应。除了小石墨球外这些组织图例还表明了退化的石墨——碎块状石墨。

图15汇总了各种铸铁试样的扫描电子显微镜-SE摄影[17,18]。通过深度腐蚀被释放的石墨以球状、蠕虫状或以退化的形状存在。与光学显微学相比，REM分析的优点可在本例中清楚地看到。首先，它可以高得多的倍率放大，而且焦深也大得多。

图16以IN738 LC制的试样为例说明用REM-EDX检查的可能性。目的是为了借助于定性EDX点分析来测定碳化物的成分。在REM-SE低倍照相中可辨认出较大的碳化物粒子显示出小的，稍显暗的并被较宽的亮色边缘围住的核心。现在用REM-EDX分析来检验，上述情况是否可以将原因归结于在粒子内元素含量的不同。

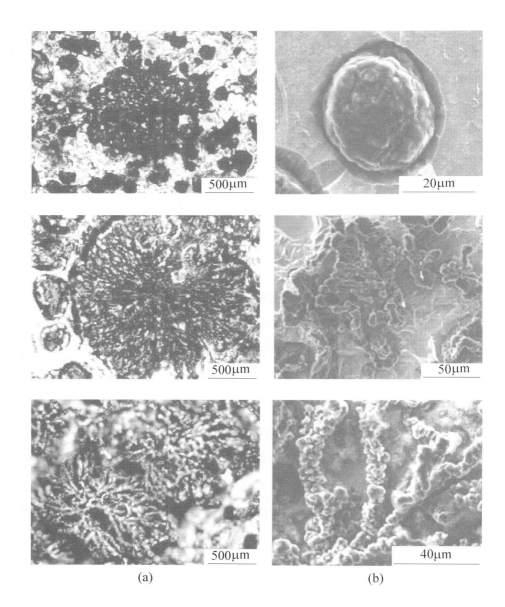

图15 在光学显微镜和在REM上表面形貌的对比

（a）灰铸铁在深度腐蚀后在光学显微镜上显示的石墨生成[3]；

（b）灰铸铁在深度腐蚀后在REM上显示的石墨生成[17,18]

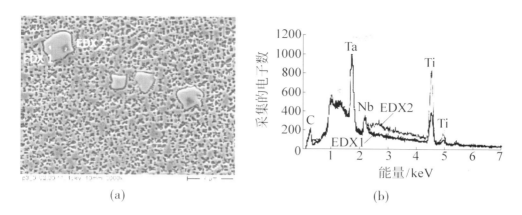

(a)　　　　　　　　　　　　　(b)

图16　以IN 738LC试样为例用REM-EDX得到的局部化学成分[3]

（a）在REM低倍照相中γ′析出和碳化物粒子；

（b）不同碳化物粒子的REM-EDX光谱

　　图16包括在碳化物粒子以内两种试验位置的EDX（能量分散型X射线分光仪）光谱。在这两种情况下峰值点对应于元素碳、钽、铌和钛。碳化物粒子的分析范围的区别首先在于钛含量。边缘范围EDX1，红色曲线包含较少钛。在中间EDX2可证实有较多钛。但在这样的情况下仍不能给出具体的元素含量，因为在光谱EDX2中标识粒子的边缘或者在粒子下基体特性的X射线辐射由于激发梨形的原因有可能被一起检测。此外，在考虑轻元素碳时碳化物粒子中元素含量的量化会有很大误差。但对碳粒子的边缘和核心之间的局部成分根据发展趋势进行比较是可能的。

　　REM-EDX分析不仅可以被用来描述化学成分在各个测量点上的特性。如果在引起注意的试样范围内能沿着一条直线确定特性的X射线辐射的强度，则可以得到以EDX线扫描形式的元素分布。

如果特性X射线辐射在一个定义的测量表面上被测量，则可能生成所谓的EDX映像。借助于一种假色彩显示可以看得见在试验测量区域以内的元素分布。这样可以辨认合金元素在测量区域是否均匀分布或者在研究的试样范围内在个别位置上是否有元素富集。必须重新注意到X射线信号鉴于被激发的体积被重叠。因此可能在相当大的组织成分中在元素含量上会显示出足够大的差别。

显微硬度测量

有关在所研究组织范围内存在的相论述应该通过如显微硬度的测量来提供依据。此时，维氏方法或（而对薄的、以横断面磨片制作的层）努氏硬度试验方法得到应用。在第8章（材料的力学试验）中详细阐述了这些方法的测量原理、作用方式和应用范围。此处必须指出，对各个组织成分的硬度测量当然必须选用很小的试验载荷或试验力。这些数值往往在10g或0.1N以下的范围内。硬度压痕在光学显微镜或在REM上在高放大倍率下测量出。必须如此来设定，使得只采集到组织成分本身的数据，而与邻接的组织区域无关。

表8中汇总了在铸铁材料中存在的不同组织成分的硬度值。因为此处列出的数据缺少具体的试验条件，如试验载荷/试验力和作用时间，因此这些数据只能作初步的了解之用。

借助于X射线衍射计方法（XRD）进行相识别

识别组织成分的一个可靠而又能重复的方法是X射线衍射计方法（XRD）。这种方法的依据是，具有定义波长的入射的X射线，如Co-Kα或Cu-Kα射线，在结晶的试样上符合存在的晶格衍射。对此有布拉格定律可循（参见图17）。

布拉格定律表明，波长为λ的单色X射线以定义的入射角θ入射到所试验试样的晶格面上时以晶格面间隙d衍射。相邻衍射的X射线可以在一定的前提下相互干涉，也就是说如果它们之间出现了一个光程差nλ时，总是会有这样的情况。

表8 在铸铁材料中的组织成分硬度[19]

组 织 成 分	硬度HV
铁素体	70~200
珠光体（非合金的）	250~320
珠光体（合金的）	300~460
马氏体	500~1010
渗碳体（Fe_3C）	840~1100
碳化铬（M_7C_3）	1200~1600
碳化钼（Mo_2C）	1500
碳化钨（WC）	2400
碳化钒（VC）	2800
碳化钛（TiC）	3200
碳化硼（B_4C）	3700

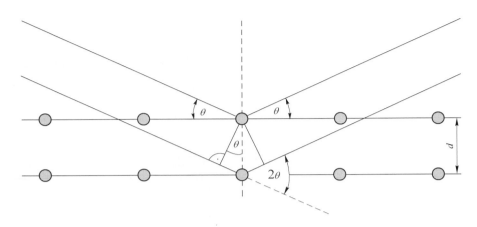

图17 入射的X射线波在结晶试样的晶面（点阵平面）上衍射

根据布拉格方程式衍射辐射的强度最大值[20]：

$$n\lambda=2d\sin\theta$$

式中　λ——X射线的波长；

　　　d——点阵晶面的间距；

　　　θ——布拉格掠射角（布拉格角）。

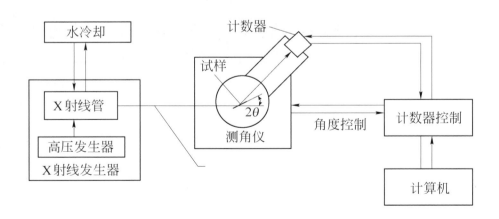

图18 X射线衍射相分析的测量原理[21]

图18通过图示表示 XRD试验的测量原理。在对实心试样或粉末标本进行 XRD试验时，多半采用布拉格和布伦塔诺的布置。图18中存在θ–2θ几何图形，在这样的情况下X射线源保持稳定。平面试样，如金相磨片位于测角仪圆的中心。为了得到并记录到组织成分的特性衍射反射，必须系统地改变主光线的入射角，也还要改变探测器的位置。通过试样转动以角度θ实现不同的入射角。通过计数器同时随试样（但转动2θ角度）沿测角仪圆运动的方法，使得探测器系统能对衍射进行测量。

结晶制剂互相间的区分在于晶格类型和晶格参数，即晶面间距。就此根据存在的晶体结构和所应用的X射线的入射角形成特性衍射图，通过一个与标准衍射图的数据库校准可以将其用于相识别。衍射图通过反射位置（布拉格掠射角）、反射高度（反射的最大强度），反射的积分强度（无背景的强度分布下的面积）以及通过反射宽度（积分强度除以最大强度）来区分[1]。

图19中表示了用于XRD相分析的信号评定原理。在本例中对多个X射线衍射图进行比较，这指的是标准的X射线衍射图和待试制剂的X射线衍射图[1]。可以清楚地辨认出，α铁以及氧化铁郁氏体（F_3O_4溶于FeO中的固溶体）FeO和赤铁矿（α–Fe_2O_3）的单个衍射图在所试验试样的以下衍射图中重叠。借助衍射反射的位置就可以识别在试样中存在的相位置。此外，根据反射高度或积分强度在考虑到相应的、存储在数据库中的标准值时就可以查明在试样中α铁、郁氏体和赤铁矿的体积分数[1]。

反射宽度（在容易改变的测量方法时测定）被引用来确定X射线照相的晶粒度或位错密度[1]。

如果所研究相的体积分数符合试样具体特性至少达到0.5%~5%时，才有可能识别X射线的相。此外，必须有一种10~100nm的最小粒子尺寸存在，以便（甚至在体积分数足够时）晶粒提供可测量的衍射反射。当粒子尺寸较小时（即小于10nm），在衍射图中不会发生衍射反射，须识别的相是X射线无定形的。

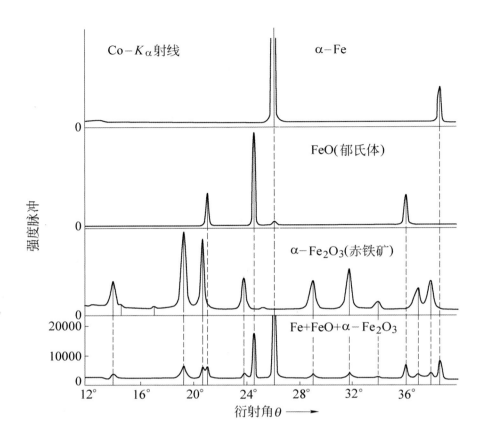

图19   XRD相分析时信号评定的原理[1]

（α铁、郁氏体和赤铁矿（上）和一个被试试样（下）的标准衍射图）

钢研纳克检测技术有限公司
NCS TESTING TECHNOLOGY CO.,LTD.

直读火花光谱仪：Labspark1000

钢研纳克检测技术有限公司（简称钢研纳克）是中国钢研科技集团有限公司的全资子公司。由国家钢铁材料测试中心、国家钢铁产品质量监督检验中心、钢铁研究总院分析测试研究所、国家冶金工业钢材无损检测中心、钢铁研究总院分析测试培训中心、钢铁研究总院青岛海洋腐蚀研究所、北京纳克分析仪器有限公司业务整合后而成立的高新技术企业。

钢研纳克主体业务涉及第三方检测服务（含金属材料化学成份检测、力学性能检测、材料失效分析、无损检测、计量校准）、分析测试仪器、无损检测仪器与装备的研制和销售、腐蚀防护产品及相关工程、标准物质／样品、检测能力验证等领域。

成为金属分析检测行业的引领者和推动者

- 可用于 Fe, Al, Cu, Ni, Co, Mg, Ti, Zn, Pb, Sn, Ag 等多种金属及其合金样品的元素分析
- 应用于金属行业质量控制领域
- 稳定性好、检测限低、分析速度快、运行成本低、方便维护、抗干扰能力强
- 金属原位分析仪的核心关键技术——单次放电采集解析技术
- 光栅、光电倍增管等核心部件全部进口
- 多通道同步描迹提高仪器稳定性
- 第三元素干扰校正，提高分析准确度
- 全新设计的共轴火花台，采用优化的内部气路，有效降低氩气的消耗量

了解详情

CCD光谱仪
Labspark5000

手持式X荧光光谱仪
PORT—X200

金属原位分析仪
OPA200

激光光谱原位分析仪
LIBSOPA100

电感耦合等离子体
原子发射光谱仪
(ICP-AES) Plasma 1000

氧氮氢分析仪
ONH3000

氢分析仪H3000

双燃烧炉红外碳硫
分析仪CS3000G

红外碳硫分
CS3000

钢研纳克总部：北京市海淀区高梁桥斜街13号　　邮编：100081　　E-mail：beijing@ncschina.com　　网址：www.ncschina.c
电话：010—62182188　　传真：010—62182155　　客服中心：400—622—8866

为了更好的为用户提供销售和售后服务钢研纳克目前在全国设立26个分支机构

上海分公司021—62915511	合肥办事处0551—63635170	广州办事处020—38846727	南宁办事处0771—5584055	武汉办事处027—5980526
黄石办事处0714—6283811	济南办事处0531—86970151	长沙办事处0731—89876340	西安办事处029—87453118	重庆办事处023—6292591
沈阳办事处024—31301599	成都办事处028—85222271	太原办事处0351—8717278	包头办事处0472—5363924	石家庄办事处0311—85516
无锡办事处0510—85857492	宁波办事处0574—87875506	温州办事处0577—86896822	郑州办事处0371—66220591	杭州办事处0571—876489
南昌办事处0791—88858595	昆明办事处0871—63336590	南京办事处025—83207661	乌鲁木齐办事处0991—3663981	福州办事处0591—888877
天津办事处022—24335583				

B1

苏州中门子科技有限公司
SUZHOU ZHONGMENZI TECHNOLOGY CO., LTD.

公司成立于2001年,坐落在苏州新加坡工业园,是各种工业炉装备的专业设计、制造商;在冶金材料(钢铁、有色金属)、机械零部件、非金属、复合材料及其它非标行业的加热及热处理领域得到广泛应用。

中门子科技致力于向金属工业提供先进可靠的热能工程及热处理工艺的技术解决方案。

中门子科技致力于为客户提高产品质量、节约能源、保护环境。

中门子科技致力于热能装备及热处理技术的发展,为客户提供及时的技术服务,为国家的经济发展发挥重要的作用。

Our company was founded in 2001, is located in the Suzhou Singapore Industrial Park, is a professional design, various industrial furnace equipment manufacturers; in metallurgy and materials (steel, non-ferrous metals), machinery parts, non metal, composite material and other non-standard industry field of heating and heat treatment to obtain wide application.

We are committed to the metal industry to provide thermal energy engineering and heat treatment technology of advanced and reliable technology solutions.

We are committed to providing customers improve product quality, save energy, protect environment.

We are committed to the development of heat energy equipment and heat treatment technology, provide timely technical service for customers, play an important role to the economic development of the country.

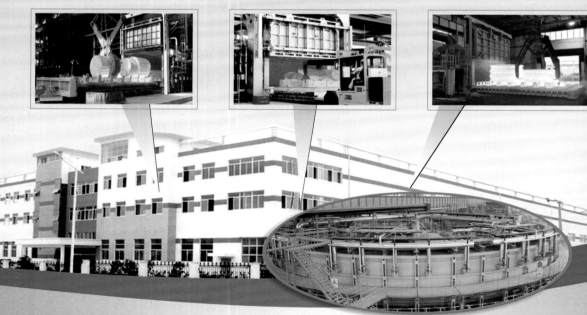

- 钢铁热成型材料及热处理
- 有色金属材料热处理及工业炉装备
- 机械零部件热处理
- 其他装备

地址:江苏省苏州工业园区江浦路18号　　邮编:215126　　网址:www.szzmz.com

电话:+86 512-62820539、62827521　　传真:+86 512-62820633　　E-mail: service@szzmz.com

B4

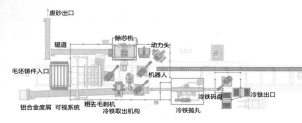
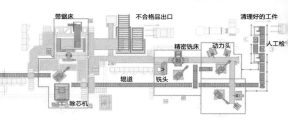

瑞泓翔——中美欧工业合作平台

北京瑞泓翔（RHX）宏大科技发展有限公司是致力于铸造技术及装备开发、引进、制造和技术服务的科工贸一体的高新技术企业，并与欧美12家铸造界知名品牌企业构成RHX中美铸造工业合作平台，为中美欧铸造架起合作的桥梁，将世界先进的铸造技术引入中国。

组芯工艺与低压铸造

 德国摩森纳公司

北京摩森纳切割技术装备有限公司

集成机器人的铸件精整单元和生产线，包括铝合金铸铁、铸钢铸件的自动化除芯、磨削、切割浇冒口、打磨毛刺等

 德国GUT公司

自硬砂设备和工程设计专家：特长有机械砂再生、铬铁矿砂分离、大件造型、经济造型法。

德国GAT铸造装备技术有限公司

高效率、多功能连续式混砂机

ExOne 德国易思万公司

砂型、砂芯3D打印机 最终灵活、高效的生产

适合于砂型铸造，从CAD数据直接生产出复杂的砂型和砂芯，模型。这种无需模具就能铸造的能力在几个小时候就可以改善整个铸造工艺链。

 北京瑞泓翔宏大科技发展有限公司

树脂砂机械再生线

冷芯盒和覆膜砂旧砂再生线

kurtz ersa 德国库茨公司

砂型/金属型低压铸造专家！适用于铝合金、镁合金等高档铸件生产

 德国FLA公司

流态床热法系统——落砂、除芯、热法再生一体化

BECKER 德国BECKER公司

组芯工艺专家：未来绿色铸造的领跑者

北京瑞泓翔宏大科技发展有限公司   www.rhx.com

地址：北京市通州区富壁路富豪工业园101号   邮编：101119   电话：010-69557599   传真：010-69557538

PANGBORN GROUP
美国潘邦集团

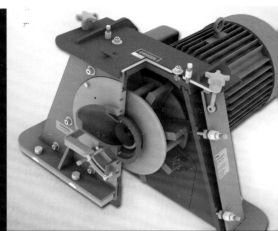

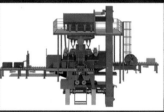

华铸软件

华铸CAE可以完成多种合金材质（包括铸钢、球铁、灰铁、铝合金、铜合金、镁合金、钛合金等）、多种铸造方法（砂型铸造、金属型铸造、压铸、低压铸造、熔模铸造、消失模铸造、离心铸造等）下铸件的凝固分析、流动和传热耦合计算分析以及应力应变分析，能预测铸造过程中可能产生的卷气、夹渣、冲砂、浇不足、冷隔、缩孔、缩松、裂纹、变形等缺陷。实践应用证明，本系统在预测铸造缺陷，提高产品质量，降低废品率，减少浇冒口消耗、提高工艺出品率，缩短产品试制周期，降低生产成本，赢得外商订单，减少工艺设计对经验对人员的依赖，保持工艺设计水平稳定等诸多方面都有明显的效果。

华铸CAE／InteCAST铸造工艺分析系统

InteCAST®, the casting process simulation software, is a professional tool of analyzing and optimizing casting process.

InteCAST® is the most famous casting process simulation software in China. There are more than 1000 licenses used in about 500 foundries and 40 universities. And there are more than 15 licenses used in Singapore, Malaysia and Indonesia.

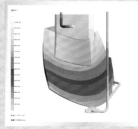

华中科技大学华铸软件中心拥有一支由50多位教授、博士、硕士组成的研究团队，专门从事铸造行业的计算机应用技术的开发，开发了华铸CAE等系列华铸软件产品，致力于为21世纪国内外铸造企业提供一套完整的计算机数字化、信息化解决方案。

经过30余年的持续开发和完善，华铸CAE已成为协助技术人员进行铸造工艺设计与优化的成熟应用工具，是国内铸造行业享有盛誉的完全自主版权的铸造模拟软件。新版本华铸CAE11.0推出并行计算、微观组织分析、3D显示等功能。目前国内外用户累计超过500家，企业装机数已超过1000套；40多所高校使用本软件进行教学科研；已推出英文版并销往多个国家与地区，是国内唯一走出国门的铸造CAE系统。

地　址：武汉市珞喻路1037号华中科技大学材料学院
邮　编：430074　　　　传真：027－87541922
关系人：周建新 /廖敦明 /庞盛永 /殷亚军 /计效园/
　　　　沈 旭 /冯海波 /满文胜 /栾天舒 /刘瑞祥
电　话：027－87541922　87557494
网　址：www.intecast.com　邮箱：intecast@163.com

哈尔滨科德威冶金股份有限公司
Harbin KeDeWei(CoredWire)Metallurgy Co.,Ltd.

　　哈尔滨科德威冶金股份有限公司是集科工贸于一体的高新民营企业，是用喂线技术进行铁水和钢水处理的专业队伍，是拥有几十项专利技术和Know-how的预上市公司。该公司可以向国内外用户提供用以净化钢水和生产优质球铁和蠕铁的设备（各种喂线机和处理站）、工艺（包括钢水的脱氧、脱硫、合金成分微调和变质处理，以及铁水的脱硫、球化和孕育处理）、各种包芯线（包括合金包芯线，球化线、蠕化线和孕育线）、高性能包芯线成型机组以及各种合金。

　　该公司的产品除供给我国的冶金、铸造和机器制造工厂外，还出口意大利、韩国、俄罗斯、乌克兰、法国、印度、泰国等国家。

喂线法解决的问题

◎ 回炉料的利用问题

◎ 提质降耗与节能减排的问题

用喂线技术使铸造厂节能减排的装置与技术

◎ 铸造厂用喂线技术一步完成铁水脱硫，球化和孕育处理的情形

◎ 为意大利DANIELI公司生产的双线喂线机

用喂线工艺生产风电球铁铸件的装置与技术

◎ 铁水处理装置

◎ 风电铸件产品

用喂线工艺生产厚大断面球铁的装置与技术

◎ 正从感应炉往处理包中出铁

◎ 注塑机用球铁制品

用喂线工艺生产特大型球铁铸件的装备与技术

◎ 处理能力达250吨的球化孕育处理站照片

◎ 正在出铁

◎ 正进行喂线处理

◎ 正进行浇铸

联系人：吴玉彬、吴斐

地址：黑龙江·哈尔滨市高新技术产业开发区迎宾路集中区滇池路17号　　邮编：150078
电话：0451-84348468　传真：0451-84348469　企业邮箱：coredwire@126.com MSN:hrbkedewei@hotmail.com

B9

杭州合立机械有限公司

　　杭州合立机械有限公司是国内领先的铸造模具生产企业，公司位于杭州市工业重镇良渚，是一家高起点、高定位集国际先进制造技术和管理理念的铸造模具生产基地。自成立年以来，公司本着诚信、高效、创新原则，追求卓越、致力专精，为客户提供前瞻性的铸造模具全方位服务。

　　公司具备从工艺到产品质量全套流程交钥匙的承运能力，以致于全面满足不同客户的产品要求。公司于2002年实现ISO9001:2000质量体系，2003年建立6S现场管理体系，严把质量关，全面实现规范化质量管理。

　　目前，公司已与上海大众、上海通用、华东泰克西铸造、丰田工业、江淮铸造、奇瑞铸锻、中国重汽杭州汽车发动机、中国重汽济南动力、上海圣德曼铸造、广西玉柴、上柴股份等上百家国内外大型汽车发动机生产企业建立了长期稳定的合作关系，深受广大铸造厂家好评。

合立愿景：成为最受关注、尊重和世界铸造模具领先的企业。
合立使命：为客户创造更多价值、为员工创造梦想舞台，承担企业公民的社会责任。

FA制芯中心缸体冷芯盒

LORAMENDI制芯中心缸体冷芯盒

SPO缸体组芯下芯夹具

缸体外模HWS线一模二型

减速器壳芯组

HWS线缸体组芯下芯夹具

合作单位

杭州合立
HANGZHOU HELI

地　　址：杭州市余杭区良渚新兴产业园
市场部：0571—57872608
　　　　　13634160874　柴仁爱
总　　机：0571—57872600
邮　　编：310012
邮　　箱：hl@hz-hl.com
网　　址：www.hz-hl.com

埃博普感应系统（上海）有限公司
ABP Induction Systems(Shanghai)Co.,Ltd

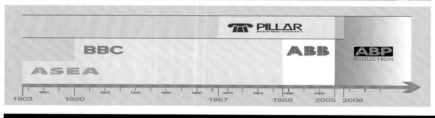

百年悠久历史　始终德国品质

　　1903年，ABP公司的前身ASEA公司是世界上有芯感应电炉的率先制造者。一百多年来，ABP公司秉承了ASEA，BBC，PILLAR公司的众多技术创新和丰富实践经验，专注服务于全球铸造和锻造的高品质客户。无论您是在欧洲还是在亚洲，ABP电源系统只有一个——德国制造。整套电炉系统设计充分体现着德国工业技术的先进和严谨，确保全球用户享受世界一流的设备和服务。ABP在铸锻工业的精深背景和不断的创新为您应对当今铸锻业的挑战提供全面的解决方案。

　　在全球，ABP的技术和设备服务于ThyssenKrupp蒂森克虏伯、Caterpillar卡特彼乐、Bosch Rexroth博世力士乐、SaintGobain圣戈班等国际著名企业集团。

　　在中国，ABP为玉柴集团、重汽集团杭州发动机、潍柴华动铸造、安徽合力叉车、烟台胜地等客户提供大功率高效节能的感应熔化和浇注系统。

　　ABP——您值得信赖和拥有的德国品质。

Website:www.abpinduction.com

SUSTAINABLE
TECHNOLOGY

埃博普感应系统（上海）有限公司
ABP Induction Systems(Shanghai)Co.,Ltd

地址：上海市宝山区富联二路289弄118号　　Fax:021-33854218
Tel:021-56391278　　　　　　　　　　　　E-mail:sales.cn@adpinduction.com

年产5000吨白区案例

通过ISO9001认证　　中铸协会员证书　　山西省铸协会员证书　　专利证书

年产5000吨生产线

电加热预发泡机　　触屏成型机　　蒸汽预发泡机

液压翻箱机　　三维震实台　　可行走震实台

年产10000吨生产线

年产20000吨生产线

大丰市龙发铸造除锈设备有限公司

| 二〇一一年度
纳税先进单位
中共大丰市西团镇委员会
大丰市西团镇人民政府
二〇一二年二月 | 大丰市龙发铸造除锈设备有限公司
财税贡献先进企业
江苏省大丰市抛丸机商会
二月 | 2005-2006年度
重合同守信用企业
A级
盐城市大丰工商行政管理局 | 盐城市知名商标
Yancheng Famous Trademarks
(2011年12月-2014年11月)
江苏省盐城工商行政管理局 | **AAA**
二〇〇六年度
江苏远东国际评估咨询有限公司 |

　　大丰市龙发铸造除锈设备有限公司是全国著名的铸造机械生产企业,专业致力于抛丸器总成、抛丸清理机铸造机械与钢板、工字钢梁预处理除锈设备的设计、制造、销售和服务。公司现有固定资产5000万元,占地面积66000平方米,拥有员工235人,其中技术人员12人,中级职称6人,高级职称4人,质量管理人员10人。公司具有多年的抛丸清理铸造机械与除锈设备设计、制造技术和质量管理经验,拥有诚信敬业、技术精湛的员工队伍,并铸就了"精诚所至为用户"的龙发企业精神,产品远销新加坡、沙特及印尼等国,深受广大用户的赞誉。公司建有全新的标准化厂房,完善的工艺协作配套服务体系,拥有成套金加工设备及动平衡仪等检测设备,在苏北工业重镇西团镇大龙抛丸机工业基地率先建立了ISO9001:2000标准国际质量管理体系。企业始终坚持"诚信敬业,精诚所至为用户"的质量宗旨,"精心制造,台台铸机保满意"的质量承诺,决心以用质量回报社会为己任,不断地进行技术革新,树立"龙发" 品牌的良好信誉,为我国铸造机械工业的发展而尽力。公司全体同仁热忱欢迎国内外各界朋友莅临指导,交流合作,共创辉煌!

地址:大丰市西团镇龙发工业园　　　邮编:224125　　　电话:0515-83752076　　　传真:0515-83752808
手机:13805112900　18361116666　　　信箱:jslfpwj@163.com

洛阳凯林铸材有限公司
Luoyang Chellin Casting Material Co., Ltd.

company profile

洛阳凯林铸材有限公司是开发、生产经营各种铸造原辅材料的专业化企业。公司坚持"创新"的经营理念，以精、诚、信、实为立业之本，为国内外企业提供品质优良、质量可靠的铸造材料。公司部分业绩：产品出口日本、韩国、美国、德国、马来西亚；国内被广泛使用的有潍柴，玉柴、鞍钢等。公司主要设备产能：宝珠砂生产线18条，年产量2万余吨；铸造涂料生产线3条，年产量1千吨；铸造过滤网生产线2条，年产量2万平方米。

公司主要产品：宝珠砂、铸造涂料、铸造过滤网等。

"宝珠砂"是我公司自主研制开发的低膨胀，耐高温，易溃散，回用性高的绿色环保用砂。
宝珠砂主要技术指标及特性：

1、化学成份：$Al_2O_3 \geq 75\%$ $Fe_2O_3 \leq 5\%$ TiO_2 2.5～3.5% SiO_2 8～12%
2、粒形：球形 角形系数：≤1.1 粒度：0.053mm～3.0mm
3、耐火温度：≥1790℃

凯林宝珠砂已通过专利申请，专利号：2005100177996

宝珠砂

科技创新 服务永恒

4、热膨胀率：0.13%（1000℃加热10分钟）
5、宝珠砂属中性材料，它耐高温，易溃散，低膨胀，高温性质稳定，不龟裂，回用性好。
6、球形：流动性好，粘结剂加入量少（可减少30%-50%）
7、它广泛适用于：树脂砂、水玻璃砂、精密铸造、消失模铸造等。

宝珠砂的应用实例

亚（1.6L)水道芯

再生宝珠砂

宝珠砂造型

铸造过滤网

缸机体

消失模铸造

涂料（凯林系列铸造涂料是我公司技术人员自主研制开发的高科技产品）
它应用胶体化学原理，选用先进的设备、优良的工艺配制而成，使用方便，对人体无害。该涂料具有优异的防粘砂性，铸件便于清理，表面光洁度好，并且具有良好的悬浮稳定性，发气量低，抗裂性好。满意的流平性和触变性，能满足刷涂、流涂、浸涂、喷涂等施涂工艺，可长期贮存、不沉淀、不结块、易搅拌。
该涂料有水基、醇基两大类，品种有：锆英粉、高铝粉、刚玉、镁砂粉、滑石粉、复合涂料、离心浇铸涂料、金属型涂料、防缩松渗漏涂料、消失模涂料、V法涂料等。涂料有浆状、粉状、颗粒状。

铸造过滤网： 我公司生产的铸造过滤网能有效地除去铸件中的夹杂物、气体，不会影响金属液的流动速度，不会改变金属液的化学成份，能有效地降低铸件的废品率，提高铸件的质量，增加企业的经济效益。
种类： 铁水过滤网、钢水过滤网、铜合金过滤网、铝合金过滤网、熔模精铸帽式过滤网

地　　址：洛阳·涧西区联盟路3号文兴现代城17楼C03室　　　　邮编：471003
联系人：刘满对　王柏勤　电话：0379-64282439 64832135　　　传真：0379-64832129
开户行：洛阳市农行涧西支行天津所　账号：306159801040000028　网址：www.kailinzc.com

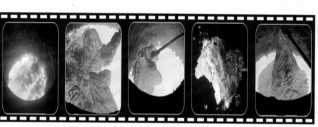

焦作鸽德新材料有限公司
JIAOZUO GEDE NEW MATERIAL CO.,LTD.
（原焦作鸽迪新材料有限公司）

焦作鸽德新材料有限公司是一家集高温新材料及铸造辅材产品研发、生产、经营为一体的高新技术企业，为科技部专项资金项目承担单位。

公司坐落于世界地质公园、国家著名旅游景区——云台山南麓的焦作市西部工业聚集区，占地面积3.5万余平米，固定资产1.1亿元 ，员工120余名。2012年完成销售产值5600多万元，2013年1~6月实现销售2300多万元。

铸造材料：目前公司生产销售的铸造材料主要包括

保温发热冒口

保温发热冒口具有保温同时发热的优点，能有效解决铸件缩松缩孔、明显降低铸件夹渣气孔等缺陷的发生、有效提高铸件工艺出品率、减少清理和焊补工作量，以此达到提高铸件致密度、提高铸件质量、节能降耗、提高经济效益，有效利用能源之目的，从而被广泛地应用于大型、特大型及中型铸钢、铸铁及合金铸件生产领域。

泡沫陶瓷过滤器

具有独特的三维立体网络骨架和相互贯通气孔结构的多孔陶瓷制品，可有效去除紧身熔铸液中的夹杂物及气孔，从而提高铸件的质量和成品率。

涂 料

铸造涂料是涂覆于铸型（芯）表面的一薄层耐火涂层。它对于改善铸型（芯）工作表面的质量，获得表面质量优良的铸件具有重要的意义。

覆膜砂

我公司生产的覆膜砂产品具有高强度、低发气、速固化、低膨胀、耐高温、易溃散的特点，可满足各种金属、各种结构复杂精密铸件生产工艺的要求，产品以优质的原材料、先进的流水线，严格的质量检测手段为依托，从而保证了产品的质量稳定性与可靠性。

承德围场三星造型材料有限公司

承德围场三星造型材料有限公司是专门从事铸造材料研究、开发、生产的民营企业。

公司是以沈阳铸造研究所等科研机构、大专院校为依托,集科研、开发、生产、商贸为一体的产业实体。

公司位于中国北部素有"皇家名苑"美称的木兰围场,是京通线铁路和国家111线公路的交汇处,距北京300公里,承德"避暑山庄"130公里,交通便利。

围场的天然硅砂资源极为丰富,原砂品质优良,具有SiO_2含量高、含泥量低、粒度组成均匀合理、粒形圆整、表面光洁、流动性、透气性、复用性好等特点。不仅是铸造业理想的造型材料,还广泛用于建材、石油、电子等行业。

"避暑山庄"牌ZGS系列擦洗砂:这是一种经特殊工艺、高度表面处理的硅砂。含硅量高、表面洁净、粒度均匀、颗粒呈圆形,极低的微粉含量,用极少的粘结剂,即可得最大的粘结强度。是铸钢、铸铁和有色合金树脂砂用最理想的材料。

"避暑山庄"牌FMS系列覆膜砂:有适于普通铸钢铸铁用覆膜砂和适用于各类特种铸造有色合金用高强度、低发气、易溃散覆膜砂;离心铸管用覆膜砂;耐高温低膨胀覆膜砂;湿态覆膜砂等。

公司拥有一条36个货位的铁路专用线,一次能装20个车皮,可装专列,年发运量可达30万吨,目前我县唯一有专用线的厂家。公司在专用线上又新上一条年产10万吨擦洗砂生产线,焙烧烘干车间直接建在专用线站台上,烘干车间面积3000平方米(5个货位),日产焙烧砂30吨,烘干砂150吨,总占地面积24000平方米。

此外,根据用户需要还可提供"避暑山庄"牌水洗砂、烘干砂、单目砂、焙烧砂、石油压裂砂等多个品种,年产各种铸造用砂十多万吨。

公司生产工艺先进、机械化程度高、检测手段齐全、质量稳定,经五十多家用户批量使用证明,质量稳定可靠。

公司地址:中国 河北 承德 河北省承德市围场县四合永镇营字村

联系人:张建华　　　移动电话:15028932227　　　电话:0314-7841161传　　　传真:0314-7840799

B18

苏州沙特卡铸造有限公司

AM55床身

公司简介

苏州沙特卡铸造有限公司（STK）位于江苏省苏州市相城区黄埭镇潘阳工业园，毗邻京沪高铁，沪宁高速公路，交通方便，环境宜人。

公司是由苏州铸件厂有限公司、日本沙迪克公司、日本东和公司、日本兼松KGK公司于一九九五年九月合资建立的铸造专业化企业。

公司总占地面积32700m²，建筑面积17410m²，具有年产1.5万吨铸铁件和模型生产及机加工的能力，公司现有员工193人，其中工程技术人员30余人。

工艺及设备

公司全部采用先进的呋喃树脂砂生产工艺。公司拥有15t/h砂处理再生系统1套；5t/h～10t/h混砂机5台；7t/h中频感应电炉2台；各类台式和悬挂式抛丸机4台；20m³退火炉1台等铸造相关设备。

公司具备先进的铸件质量分析检测设备。主要检测设备有化学成分分析仪、金相分析设备、型砂性能试验仪、万能强度试验机、直读光谱分析仪、超声波探伤仪、炉前成分快速分析仪等，能准确、快速检测铸件的机械性能、化学成分和金相组织。

底座

主要产品及主要用户

公司生产各类HT200～HT300灰铸铁件和QT400～QT600球墨铸铁件，产品主要以高档机床铸件为主。

公司产品60%为内销，40%为外销，出口日本、德国、波兰等国家。

墙板类铸件

产品品质及认证情况

本公司已通过ISO 9001－2008的质量体系认证和德国GL船用铸件认证，荣获首届"全国铸造分行业排头兵企业"和"中国铸造行业千家重点骨干企业"。

公司能按不同国家的标准和用户的要求生产用户满意的铸铁件，产品质量稳定。

热忱欢迎国内外客户来我公司指导、赐教！

移动模板

机架

拖板

AQ550下立柱

地址：江苏省苏州市相城区黄埭镇潘阳工业园
邮编：215143
电话：（0512）85185526（办公室）　85185533（营销部）
　　　　85185534（营销部）　85185537（生产部）
传真：（0512）85185525（办公室）　85185536（营销部）
网址：http://www.sz-stk.com
邮箱：szstkbgs@163.com

漳浦县福鑫硅砂厂

漳浦县福鑫硅砂厂是一家专业生产石英砂(硅砂)、铸造砂、过滤砂、普通干湿石英砂等产品的生产加工、销售为一体的实体企业。

公司位于福建省漳浦县六鳌镇,拥有得天独厚的天然砂矿加工生产基地漳浦县海岛砂矿区。公司拥有贮存量1000万吨,可开采30年的石英砂矿,年产各种石英砂数十万吨。具有先进的生产管理水平,是目前行业规模较大、具有一定影响力的石英砂生产、销售的实体厂家。

公司设有业务部、生产部、开发部等职能部门。实施岗位责任制,严格执行水处理用滤料CJ/T43—2005部颁技术标准、JB/JQ8200—90铸造用硅砂技术标准,并贯彻实施GB/T19001—2000idt、ISO9001:2000生产质量保证体系,"完善的管理制度、高品质的生产经营理念"是我们二十多年来不懈努力为用户建起一座稳定、有力、可信赖的服务平台,深受国内外用户的赞赏及肯定。公司将秉承以人为本的宗旨,以优良的产品、合理的价格、完善的服务竭尽全力满足客户的需求,携手各企业共创铸造行业的辉煌。

地址:福建省漳州市漳浦县六鳌镇龙美村
电话:0596—3796806　15960862298　　传真:0596—3796816

70~140目 铸造

40~70目 铸造硅

50~100目 铸造

30/50目 铸造

铸造用硅砂

宁源
NINGYUAN

宁津县宁源铸造过滤网厂

质量第一 顾客至上

无烟铸铝过滤网

铸铁陶瓷过滤片

无烟铸铝过滤网

铸铝过滤网

铸钢过滤网片

铸铁过滤网

铸铁过滤网片

B21

宁津县宁源铸造过滤网厂是生产经营各种铸造材料的专业厂家，已有二十多年的生产历史，主要以生产耐高温纤维铸造钢过滤网、铸铁过滤网、无烟铸铝过滤网、陶瓷过滤器、铸钢专用冒口、铸铁专用冒口、铸铝专用冒口、铸造钢套专用石棉垫子、球化剂、孕育剂、脱氧剂、脱硫剂、发热保温剂、粘芯膏、封箱泥条、脱膜剂、呋喃树脂、酚醛树脂等铸造材料，我厂坚持"质量第一、顾客至上"的宗旨，热忱欢迎各界朋友到此洽谈。

耐高温纤维铸造过滤网产品说明：

将铸造过滤网放置在浇注系统中，对金属熔体进行过滤净化处理，可使铸件废品率降低50%～60%。

泡沫陶瓷过滤器：

能降低铸件废品率，减少必要的调整，提高铸件质量；可以使许多合金的机械性能得到改善，使用方便。

地址：山东省宁津县八里庄
电话：0534-5236157
传真：0534-5234157
邮箱：sdningyuan@163.com
手机：13953416228　王总　　15666861111　王经理

![辉旺 HUIWANG]

宁波辉旺由两个公司组成即宁波市北仑辉旺铸模实业有限公司和宁波辉旺机械有限公司组成，公司位于中国浙江宁波北仑，毗邻宁波港和杭甬高速公路，交通十分方便。

模具公司成立于1994年，是以专业设计、开发、制造大型精密压铸模具为主，系中国最大压铸模具企业；机械公司成立于2004年，是以专业生产压铸件以及机加工为主的企业。两公司均为国家高新技术企业。

公司现有员工320人，其中工程技术人员50人，占总职工人数比例17%，工程部为市级工程技术中心，年产大、中型压铸模210套，压铸件6000吨。年销售额达2.7亿元。其中出口占20%。连续三年被通用评为"优秀模具供应商"。

自动档变速器项目
荣获2008年中国汽车工业科学技术进步一等奖

V6缸体压铸件荣获2009年中国铸件博览会
金奖；中国模协"精模奖"一等奖

福特马自达四缸体
荣获2010年中国铸件博览会金奖

捷豹镁合金仪表支架压铸模具荣获
2013年中国压铸模具博览会金奖

主要模具顾客

详情请登录：
模具公司网址：**www.cn-huiwang.com**
机械公司网址：**www.huiwang.com.cn**

地址：浙江省宁波市北仑庐山西路2号
电话：0086-574-86141999
传真：0086-574-86142222
E-mail：huiwang@cn-huiwang.com

地址：浙江省宁波市北仑庐山西路7号
电话：0086-574-86812500
传真：0086-574-86813501
E-mail：hw@huiwang.com.cn

宁波市沧海铸造材料有限公司

一流的品质
诚信的服务

公司简介
Gong Si Jian Jie

　　宁波市沧海铸造材料有限公司，从事涂料及涂料悬浮剂等造材料的生产已二十余年。目前成为产品门类众多，品质优良，能满足不同铸造企业的需求材料公司。产品畅销全国各地（包括台湾地区），并为用户带来了巨大经济和社会效益，取得了新老用户的依赖。于2003年3月通过ISO900:12000国际质量管理体系认证。现在公司已由原来的生产服务型企业向科研创新、标准检验、先进管理的科技型公司转变。为此，近年来被宁波市授予"科技创新型企业"的称号，并连续取得宁波市"崇尚科技奖"。

　　在广大用户的支持下，我公司在不断壮大，先后成立了安吉沧海精细化工有限公司及安吉沧海铸造材料分公司、山东烟台沧海造型铸造材料有限公司及宁波市沧海新材料开发有限公司等，并开发了属于自己的非金属矿产资源，相信这一切定会为企业增添巨大潜力。2006年，我们与国内著名高校华中科技大学签订了长期合作协议，以便迅速跟踪国内外科技前沿，为铸造企业提高质量而提供最优质的铸造原辅材料，并有效解决客户面临技术问题。

　　本公司十分重视铸造原辅材料试验及检测手段的开发，不断修订并完善产品的企业标准。在产品生产中，严格执行生产技术检验标准，以保证产品质量，决心缔造响亮的"沧海"品牌。我们的宗旨是：紧跟国际铸造发展水平，为铸造企业当好配角，以一流的产品、诚信的服务，取信于广大铸造业用户。

公司地址：余姚市三七市二六市村　　电话：0574—87382639　87606572　　邮编：315412
宁波办公地址：宁波市江北区环城北路134号D楼3楼　　邮编：315020　　颜敏华 13957477005

河南省西峡汽车水泵股份有限公司
Henan Province Xixia Automobile Water Pump Co., Ltd.

BMD气冲线

德国HWS线

负压线

日本东久造型线

铁膜覆砂线

自动化造型线

河南省西峡汽车水泵股份有限公司是国内生产汽车配件的主要企业，具有近50多年生产汽车水泵的历史，其主导产品为汽车水泵、发动机进、排气歧管、飞轮壳等，汽车水泵产品市场占有率30%，居国内同行业首位，是行业内第一家上市企业（股票名称：西泵股份，代码002536）。公司辖设5个子公司：河南飞龙（芜湖）汽车零部件有限公司、南阳飞龙汽车零部件有限公司、西峡县飞龙铝制品有限公司、西峡县西泵特种铸造有限公司和重庆飞龙江利汽车部件有限公司。

公司现有职工3000余人，注册资金9600万元，资产总额20亿元，占地面积80万m²，拥有生产、试验、检测设备千余台（套）、开发能力居国内同行业之首，先后通过ISO/TS16949、ISO14001和OHSAS18001"三标一体"认证，具备年产700万只汽车水泵、500万只排气歧管及年产铸件10万吨的生产能力，铸件材质种类有：灰铸铁、蠕墨铸铁、球墨铸铁、中硅钼球铁、高硅钼球铁、高镍球墨铸铁、耐热钢、铸钢等。

公司铸造实力雄厚，铸造工厂占地面积30万平方米，拥有各类先进的铸造生产线及专业检测设备。主要包括从德国HWS进口的双主机造型线、日本东久线、丹麦DISA造型线、特种铁膜覆砂造型线等；检测设备主要包括直读光谱仪、碳、硫分析仪、蔡司金相显微仪、机械性能试验机、X光无损探伤机等。公司铸造生产自动化程度较高，不仅全面实现了机械化，同时采用先进的除尘系统，有效降低了废料、废气、粉尘等铸造三废的污染。公司拥有工程技术人员460余人，中高级职称以上技术人员90余人。能熟练的运用AUTOCAD、PRO/E、UG、CIMATRON等各种CAD软件进行设计；并有专职的模拟分析工程师，应用各种CAD软件，对产品进行有限元分析（FEA）和流体分析（CFD），优化产品性能。

公司秉承质量第一、客户至上的原则，坚持以市场为导向，以新产品研发为动力，以提升品质为重点，竭诚为客户提供优质可靠的产品和服务，推动企业快速健康发展，为中国汽车工业做出积极的贡献。

运用以色列Cimatron软件对产品进行设计和分析模拟加工

运用MAGMA软件进行工艺设计

万能材料试验机

蔡司M2M全自动智能材料显微镜

地址：河南省西峡县工业大道299号 邮编：474500   国际热线：0086-377-69697329   网址：www.xixia-waterpump.com
国内热线：0086-377-69662280   传真：0086-377-69688557   Email：xsb@xixia-waterpump.com

销售网络

产品

工厂

阳城县华王通用离心铸管厂

　　阳城县华王通用离心铸管厂创建于1997年10月，建厂时总投资2900万元，现已发展为固定资产3600万元，流动资金1800万元。1998年6月正式投产，年生产能力5万吨，现有职工500余人、中、高级专业技术人员38名。

　　我厂生产设备先进，检测手段齐全，技术力量雄厚，质保体系有力，以科学的管理，创造高品质的产品。主要产品为φ1.5"～15"排水用柔性接口铸铁管及管件，是国家建设部等四部委局重点推广的新型建筑材料之一，是国内外高层建筑创优工程的升级换代产品。质量达到GB/T12772—2008国家标准，同时可按ISO6594国际标准和美国ASTM A-888标准、欧州EN877标准、韩国KS标准组织生产，产品远销美国、加拿大、德国、英国、奥地利、韩国、新加坡、台湾、香港等国家和地区，深受广大用户青睐。

　　1998年10月，我厂的1.5"直管在上海举办的98国际有色及特种铸造展览会上荣获"铸件展品一等品"，填补了我国小口径灰口铸造的空白。1999年我厂系列产品获山西省建委"新产品推广许可证书"，山西省经贸委"新产品投产鉴定验收合格证书"，山西省经贸委、质管协会颁发的"山西省名牌产品证书"；并经全国品牌认证机构，军品唯一认证机构新时代认证中心审核，通过了"ISO9002国际质量体系认证"。2000年9月又获得国家建设部"科技成果推广转化指南项目证书"。2001年取得"自营产品进出口权"；并投资700万元，从清华大学引进目前国际上称为"绿色铸造"的高科技负压消失模（EPC）铸件生产线，为产品配套供应奠定了坚实的基础，2002年我厂又被中国建筑金属结构协会批准为"管道委员会常务委员单位"。2012年又投资1500多万元新建了国际上先进的"亨特铸造"铸件生产线，产品种类和品质进一步提升。

企业证书

地址：山西省晋城市阳城县润城镇王村村　　传真：0356-4816326
邮编：048103　　　　　　　　　　　　　　电邮：hwzgc@126.com
电话：0356-4816222　手机：13903564371　网址：www.huawangzhuguan.com

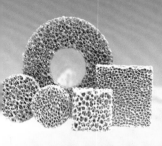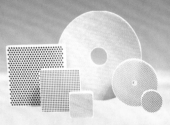

仁创砂产业
小沙粒 高科技 大产业
北京仁创砂业科技有限公司

北京仁创砂业科技有限公司是北京仁创科技集团的全资控股子公司，成立于1992年，是专业从事铸造用覆膜砂生产的国家高新技术企业。

1985年 研制成功覆膜砂技术，填补国内铸造业空白；

1987年 研制出第一代产品--铸造用覆膜砂，荣获部级科技进步三等奖；

1990年 研制成功"耐高温覆膜砂"技术，荣获部级科技进步一等奖、国家发明奖；

2003年 研制出快速固化覆膜砂，荣获中国专利金奖。

● 国家"创新型企业"

● 国家 企业"国家重点实验室"建设单位

● 北京市"高新技术企业"

● 中关村国家自主创新示范区"十百千工程重点培育企业"

主要产品："长城牌"系列覆膜砂产品（8大类26个系列），国家名牌产品

"捷能牌"快速固化覆膜砂产品（10大类37个系列），高效节能覆膜砂产品

"仁聚"废砂再生成套生产线——化害为利、变废为宝，高品质再生砂的创造者

公司特点："仁创"为客户提供的不仅是优质的产品，更是解决问题的方案

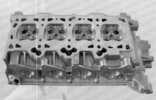 

废砂再生成套生产线

地址：北京上地东里一区科贸大厦　　　邮编：100085

电话：010-62988502　　　　　　　　传真：010-62987792

http://www.rechsand.com

自主创新、产业发展——战略性新兴砂产业开拓者

B27

哈尔滨市易合铸造材料有限公司

　　哈尔滨市易合铸造材料有限公司(简称易合铸材)始建于1997年，是集科研、开发、销售服务为一体的新型实体。自建厂以来至今，经过不断的调整和发展。现已拥有先进的生产设备、完善的测试手段及雄厚的技术力量，能为铸造生产提供质量精良、价格合理的铸造材料。

　　易合铸材由原集体企业——哈尔滨市义和粘合剂厂转制而来，它依托哈工大、哈理工大学、一汽铸造研究所等多家科研院所，由原来单一生产合脂油的小工厂，现已开发、生产型砂增强光亮剂、复合PVA粘结剂、粉状合脂、溃散剂、α淀粉等五大系列铸造材料。

　　易合铸材本着以诚信服务，会铸造同仁；以优质铸材，创铸造辉煌的经营理念，围绕铸造生产中出现的新问题开展相关研究与生产，取得了明显的社会效益，也使公司得以快速成长，受到了铸造同仁的好评。为了更好的服务于铸造，为了把中国这一世界铸造大国，尽快变成世界铸造强国。我们将一如既往的开展新型铸造材料的研发，满足日益精进的铸造生产的需要。让我们与智慧、勤劳的铸造同仁携手共进，实现易合铸材新的腾飞！

地址：黑龙江省哈尔滨市宾西经济开发区B区　　网址： www.yihezhz.com

靠科技求发展 靠诚信求生存

型砂增强光亮剂

我公司生产的型砂增强光亮剂产品(以下简称光亮剂),按Q／BYH标准生产,用于灰铸铁、球墨铸铁,在型砂中加入光亮剂可以得到表面光洁、无粘砂、结疤的优质铸件。且对改善铸造环境、简化生产工艺,方便管理、降低生产成本、减轻工人劳动强度、保障工人身心健康起到重要作用。型砂增强光亮剂是由多种有机和无机成份组成的呈深灰色或黑色的粉状物,它无毒、无味、无粉尘、无污染是大中小铸造企业优先选择的最佳材料。可用于高压、机械、手工造型。

型砂增强光亮剂(Ⅲ型)

型砂增强光亮剂Ⅲ型是在原光亮剂Ⅰ、Ⅱ型的基础上,结合我省资源状况,经哈理工和哈工大多名专家学者反复试验论证,确定的最新科学组方。它是由多种有机、无机、纤维质等成分组成的混合物,它集多种附加物优点于一身。光亮剂与同类产品相比,因不含沥青、机油、渣油等憎水物,故不破坏膨润土,淀粉的粘结作用,不对型砂湿压强度和热湿拉强度产生不良影响而长期使用旧砂复用性好。机械造型顶出率高,它可以完全取代型砂中的煤粉、碳酸钠、淀粉、糊精、一部分膨润土等所有附加物,只加入光亮剂(Ⅲ型)一种材料,即可得到表面光洁、无粘砂、结疤的铸件。实践证明对铸件夹砂起皮等铸造缺陷效果非常显著。

◆ 功能:

全面提高型砂湿压强度、透气性、韧性及流动性;降低型砂含泥量、水份;减少型砂对水份的敏感性,可提高造型性能,减少型废。有极强的防止铸件粘砂、夹砂、起皮、结疤的功能。它适于所有的大、中、小铸造企业。

◆ 使用说明:

1、单一砂工艺:初加量为0.8%~1.5%左右,循环后的补加量为0.3%~0.8%左右。

2、面砂工艺:型砂75／150或70／140目的水洗砂,全新砂、光亮剂(Ⅲ型)的加入量为8%～10%C,新砂补加小于30%光亮剂(Ⅲ型)的加入量为4%～6%C,循环后补加量,根据各厂砂铁比及铸件大小、型砂粗细等情况而定(参考为2%~4%)。为降低成本在保证铸件表面光洁度的情况下为确保型砂的湿压强度,适量补加膨润土。

HA

欧区爱·中国

COMPANY PROFILE

✚ 树脂粘结剂

- 冷芯盒工艺
- 热/温芯盒工艺
- 碱酚醛工艺
- 快速自硬工艺
- 无机粘结剂工艺

✚ 涂料

- 水基涂料
- 醇基涂料
- 干粉涂料
- 消失模涂料

✚ 冒口

- 发热/保温真空吸附系列
- 发热/保温射芯系列
- 易割片

提供质量稳定的产品是我们的基础，服务铸造企业是我们的职

与铸造企业共赢是我们的目的，欧区爱愿与中国经济共成长。

总机电话：021-60406701/6702　　总部传真：021-60406700　　销售部直线：021-6040 6705/

网址：www.ha-china.com　　E-mail:market@ha-china.com

德国欧区爱化工有限公司(Hüttenes-Albertus Chemische Werke GmbH)具有100多年的生产经营历史，依靠其雄厚的技术、先进的铸造理念、严谨的管理方式，成为目前全球最大的铸造辅助材料的专业生产及销售公司之一，其下属的子公司、代理、技术转让许可证接受商遍布全球的二十几个国家和地区。

为了能够让中国铸造行业分享到世界同步的先进的铸造材料和铸造工艺，同时降低国内铸造企业的综合成本，自1998年起，已在中国先后成立了一家投资公司、一家贸易公司和三家铸造材料生产工厂，为国内铸造厂提供优质环保的铸造树脂、铸造涂料、覆膜砂、冒口、砂芯等产品。

上海欧区爱国际贸易有限公司作为欧区爱在中国的窗口，履行着采购、销售、行政财务管理等职能。我们的营销网络遍布全国，目前设有八个办事处或联络处，全球产品服务经理、国内产品服务经理和销售工程师共同组成欧区爱中国的优秀营销服务团队。

欧区爱铸造材料（中国）有限公司是欧区爱在南通新建的国际化工厂，占地面积约35,000多平方米。一期工程总投资超过万美金，目前已经全部建成投产，共计11,000多平米。二期树脂项目已经启动预计将于2014年3月建成使用。南通工厂全部建成后，将形成年产树脂及固化剂21,000吨、铸造涂料20,000吨、铸造冒口300万片的生产能力，成为欧区爱在中国乃至亚洲重要的现代化生产基地，为中国将来5-10年的发展奠定坚实的基础。

➕ 覆膜砂

- 低膨胀
- 低发气
- 高强度

➕ 成品砂芯

- 冷芯盒砂芯
- 热/温芯盒砂芯
- 壳芯

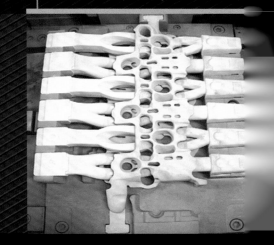

YOUR PARTNER INTO THE FUTURE

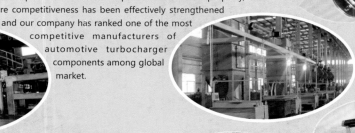